工业和信息化
精品系列教材

U0683783

JavaScript+jQuery
Web前端开发技术

微课版

张晓玲 于丽娜 刘少坤 / 主编

魏云素 耿琳 王颜羽 李招康 / 副主编

W eb Front-end Development
Technology with JavaScript and jQuery

人民邮电出版社

北 京

图书在版编目（CIP）数据

JavaScript+jQuery Web 前端开发技术：微课版 / 张晓玲, 于丽娜, 刘少坤主编. -- 北京：人民邮电出版社, 2025. --（工业和信息化精品系列教材）. -- ISBN 978-7-115-65784-8

Ⅰ. TP312；TP393.092

中国国家版本馆 CIP 数据核字第 2024C1J793 号

内 容 提 要

　　JavaScript 是一门广泛应用于 Web 前端开发的脚本语言，能够为网页添加各式各样的动态效果和交互功能，为用户提供美观的界面，带来舒适的体验，具有简单、安全、跨平台的特点。

　　本书采用任务驱动教学的思路编写，共 8 个学习单元、16 个任务，分别介绍初识 JavaScript、JavaScript 语言基础、函数、DOM 操作、BOM 操作、事件处理、对象以及 jQuery 应用。本书在全面、系统地讲解知识的基础上，配有丰富精彩的案例、颗粒化的微课视频，以及覆盖全面的习题，帮助读者加深对知识的理解。

　　本书可作为职业本科、高职高专院校计算机相关专业的入门教材，也可作为 JavaScript 爱好者及相关技术人员的自学参考书。

◆ 主　　编　张晓玲　于丽娜　刘少坤
　　副 主 编　魏云素　耿　琳　王颜羽　李招康
　　责任编辑　刘　尉
　　责任印制　王　郁　焦志炜

◆ 人民邮电出版社出版发行　　北京市丰台区成寿寺路 11 号
　　邮编　100164　　电子邮件　315@ptpress.com.cn
　　网址　https://www.ptpress.com.cn
　　三河市君旺印务有限公司印刷

◆ 开本：787×1092　1/16
　　印张：17.25　　　　　　　　　2025 年 6 月第 1 版
　　字数：387 千字　　　　　　　2025 年 6 月河北第 1 次印刷

定价：59.80 元

读者服务热线：(010)81055256　印装质量热线：(010)81055316
反盗版热线：(010)81055315

前　言

　　JavaScript 是一门脚本语言，主要用于 Web 前端开发，其可以通过动态效果和交互功能提升用户体验，通过与服务器进行数据交互实现网页的动态加载与更新，通过实现前端业务逻辑减轻服务器负载，还可以结合 HTML5 和 CSS3 开发网页应用程序。随着现代 Web 应用复杂度的增加，JavaScript 也越来越重要，它为开发者提供了更多的可能性和创造性。对于 Web 前端开发者而言，JavaScript 已经成了一门必修的语言。

　　本书中的案例均来自企业实际应用，本书从现实需求出发，融入新技术、新规范，激发学生的学习兴趣，培养学生的动手能力、思考能力、规范意识及创新精神。本书在知识和案例的设计中融入素质教育的相关内容，引导学生树立正确的世界观、人生观和价值观，进一步提升学生的素养。

一、本书结构

　　本书共 8 个学习单元，每个学习单元都由单元概述、学习目标、任务、知识拓展、单元小结、单元实训以及习题组成。每个任务由任务描述、任务分析、知识链接、任务实施 4 个部分组成，具体内容如下。

　　学习单元 1　初识 JavaScript：通过"为网页添加欢迎弹出框"和"查看网页运行时数据"两个任务，分别介绍 JavaScript 的相关概念、特点、结构组成、引入方式、基本语法规则，以及 JavaScript 的开发与调试等相关知识。

　　学习单元 2　JavaScript 语言基础：通过"为网页添加时间和问候语"和"格式化显示星期数"两个任务，分别介绍常用的输入输出语句、关键字和标识符、变量与常量、数据类型、运算符和表达式、流程控制语句、分支结构、循环结构、跳转语句以及数组等相关知识。

　　学习单元 3　JavaScript 函数：通过"优化设计时间显示模块"和"实时更新时间显示"两个任务，分别介绍 JavaScript 函数定义、函数调用、函数参数、函数的返回值、变量作用域、函数表达式、JavaScript 匿名函数、JavaScript 回调函数、JavaScript 嵌套函数、JavaScript 递归函数以及 JavaScript 内置函数等相关知识。

　　学习单元 4　JavaScript 中的 DOM 操作：通过"为注册页面添加注册验证功能"和"为注册页面添加验证响应特效"两个任务，分别介绍 DOM 的相关概念、DOM 节点树的概念、查找元素、元素操作以及节点操作等相关知识。

　　学习单元 5　JavaScript 中的 BOM 操作：通过"添加验证码发送特效"和"完善注册按钮响应事件"两个任务，分别介绍 BOM 的相关概念、BOM 的构成、window 对象、location 对象、history 对象、navigator 对象以及 screen 对象等相关知识。

　　学习单元 6　JavaScript 中的事件处理：通过"登录页面显示/隐藏密码明文效果设计"和

"登录页面快捷键、禁止复制粘贴等功能效果设计"两个任务，分别介绍事件处理、事件对象、页面事件、鼠标事件、键盘事件、表单事件以及剪贴板事件等相关知识。

学习单元 7　JavaScript 对象：通过"登录页面动态生成验证码"和"强化注册页面验证功能"两个任务，分别介绍对象的基本概念、自定义对象、内置对象，以及正则表达式的概念、定义、使用，正则表达式中的特殊字符等相关知识。

学习单元 8　JavaScript 框架之 jQuery 应用：通过"为网页添加定时广告特效"和"为网页添加轮播图特效"两个任务，分别介绍 jQuery 的相关概念、优势、版本对比、库文件的引入方式、对象，以及 jQuery 元素获取、元素处理、事件机制、动画特效等相关知识。

二、本书特色

1. 传承中华优秀传统文化，强化素质教育

本书以传承中华优秀传统文化的"诗歌赏析"网站为案例贯穿全书，每一个任务的设计都围绕着网站的一个功能的实现，每一个案例的设计都围绕着中华优秀传统文化进行展开，让学生在收集素材、动手实践的过程中不断提升文化底蕴。

2. 融入专业标准，提升职业技能

本书以企业实际项目为载体组织内容，同时参考"学历证书+若干职业技能等级证书（1+X 证书）"Web 前端开发职业技能等级证书标准中的能力标准与知识要求，引入 ECMAScript6 标准中相关新技术。这些专业标准的引入能够帮助学生熟悉和适应实际工作环境，从而提升其职业技能。

三、教学建议

本书作为教材使用时，建议采用理实一体的教学模式，课堂教学建议安排 28 学时左右，上机指导建议安排 28 学时左右。各学习单元主要内容和学时分配建议如下表所示，教师可以根据实际教学情况进行调整。

学时分配表

学习单元	主要内容	课堂教学学时	上机指导学时
学习单元 1	初识 JavaScript	2	2
学习单元 2	JavaScript 语言基础	4	4
学习单元 3	JavaScript 函数	4	4
学习单元 4	JavaScript 中的 DOM 操作	4	4
学习单元 5	JavaScript 中的 BOM 操作	2	2
学习单元 6	JavaScript 中的事件处理	2	2
学习单元 7	JavaScript 对象	4	4
学习单元 8	JavaScript 框架之 jQuery 应用	6	6
学时总计		28	28

四、配套资源

为方便教学，编者开发了丰富的配套数字化教学资源，如 PPT 课件、微课视频、案例源代码以及习题答案等。如有需要，教师可在人邮教育社区（www.ryjiaoyu.com）注册并登录后下载相关教学资源，也可扫描书中的二维码观看配套的微课视频。

本书编者来自河北工业职业技术大学、浪潮软件股份有限公司和河北新龙科技集团股份有限公司，是一支由学校教师和行业企业工程师紧密结合的教材编写团队。本书主编、副主编均具有多年的教学经验和项目开发经验，本书由企业工程师提供案例及技术支持，由学校教师转化案例、锤炼内容，校企双方合作，几经探讨修改而成。全体编者在近一年的编写过程中付出了大量辛勤的劳动，同时得到了学校领导和企业领导的大力支持，在此对其表示衷心的感谢。由于编者水平有限，书中难免存在不足之处，欢迎读者来函提出宝贵意见，我们将不胜感激。电子邮箱：67084579@qq.com。

编者

2025 年 4 月

目　　录

学习单元 4

JavaScript 中的 DOM 操作

学习单元 5

JavaScript 中的 BOM 操作

学习单元 6

JavaScript 中的事件处理

学习单元 7

学习单元 8

学习单元1
初识JavaScript

单元概述

在 Web 前端开发中，开发者利用 HTML（Hypertext Markup Language，超文本标记语言）和 CSS（Cascading Style Sheets，串联样式表）能够开发出各式各样的精美网页，若想让网页具有良好的交互性，并能减轻服务器端的负载、具有动态效果等，JavaScript 是一个极佳的选择。JavaScript 拥有近 30 年的发展历史，简单、安全、跨平台的特点，使其经久不衰。本单元主要介绍 JavaScript 的基本概念及搭建 JavaScript 的开发环境。

学习目标

1. 知识目标
（1）了解 JavaScript 的基本概念、特点。
（2）了解常用的开发工具以及常用的浏览器。
（3）掌握 JavaScript 的结构组成。
（4）掌握 JavaScript 的引入方式及基本语法规则。

2. 技能目标
（1）能够独立完成 JavaScript 开发工具的选择、安装与使用。
（2）能够编写、运行一个简单的 JavaScript 程序。
（3）能够灵活运用控制台进行程序的调试。

3. 素养目标
（1）培养学生自主学习的能力。
（2）鼓励学生了解国内前端开发工具的技术发展，激发学生的爱国情怀。

任务 1.1　为网页添加欢迎弹出框——JavaScript 概述

任务描述
为传承和弘扬中华优秀传统文化，本任务选取以诗歌为主题的利用 HTML5+CSS3 技术开发的"诗歌赏析"网站为设计载体，读者可以根据个人喜好，为某一网页设置打开时的欢迎弹出框，以表达好客之情，欢迎弹出框可以手动关闭，也可自动关闭。

任务分析

要添加欢迎弹出框效果，可以借助 JavaScript 实现。在网页中引入 JavaScript 有 3 种方式：行内式、内嵌式和外链式。因为只为一个页面添加弹出框，在此选择用内嵌式实现。

JavaScript 概述

知识链接

在 Web 开发中，HTML 和 CSS 是构建网页的基础，其中 HTML 定义了网页的结构，而 CSS 则设定了网页的表现样式。这两者配合使用，能够开发出多种页面布局。JavaScript 作为一种脚本语言，进一步扩展了网页的功能，它为网页提供了动态的交互效果，从而极大地丰富和增强了用户的浏览体验。

1.1.1　认识 JavaScript

JavaScript 最初由 Netscape 公司的布兰登·艾奇（Brendan Eich）设计，是一种解释型的、基于对象和事件驱动的、具有安全性能的脚本语言。JavaScript 作为一种脚本语言，已经被广泛地应用于 Web 页面开发中，通过嵌入 HTML 代码来实现各种"炫酷"的动态效果，为用户提供赏心悦目的浏览效果。除此之外，JavaScript 也可以用于控制 Cookies 以及基于 Node.js 技术进行服务器端编程。无论是用在客户端还是服务器端，JavaScript 应用程序都要下载到浏览器的客户端中执行，从而减轻服务器的负载。

1.1.2　JavaScript 的特点

JavaScript 有如下特点。

1. 解释型脚本语言

JavaScript 是一种解释型脚本语言，不同于编译型的程序设计语言 C、C++等的源代码需要先编译后执行，JavaScript 的源代码不需要进行编译，而是在程序的运行过程中在浏览器中逐行进行解释执行。它的解释器被称为 JavaScript 引擎，是浏览器的一部分。

2. 基于对象

JavaScript 是一种基于对象的脚本语言，它的许多功能来自脚本环境中对象的方法与脚本的相互作用。它不仅可以使用自定义对象，也可以使用预定义对象。

3. 简单

JavaScript 中采用的是弱类型的变量类型，对使用的数据类型未做出严格的要求，是基于 Java 基本语句和控制的脚本语言，其设计简单、紧凑。

4. 事件驱动

JavaScript 是一种基于事件驱动的脚本语言，它不需要经过 Web 服务器就可以对用户的输入做出响应。例如，在访问一个网页时，用鼠标在网页中进行单击、滑动或拖动等操作时，

JavaScript 都可直接对这些操作给出相应的响应。

5. 跨平台性

JavaScript 不依赖于操作系统，仅需要浏览器的支持。因此一个 JavaScript 脚本在编写后可以在任意计算机上运行，前提是计算机上的浏览器支持 JavaScript，目前 JavaScript 已被大多数的浏览器所支持。

6. 安全性

作为一种安全语言，JavaScript 不被允许访问本地硬盘，不能将数据存储到服务器中，也不允许修改和删除网络文档。它只能浏览信息或通过浏览器进行动态交互，这可以有效地防止数据丢失或出现非法访问系统的问题。

1.1.3 JavaScript 的结构组成

完整的 JavaScript 实现包含 3 个部分：ECMAScript、文档对象模型（Document Object Model，DOM）和浏览器对象模型（Browser Object Model，BOM），其结构组成如图 1-1 所示。

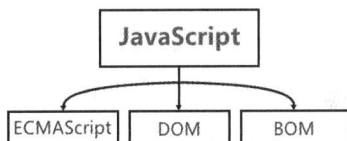

图 1-1 JavaScript 的结构组成

① ECMAScript：ECMAScript 是 JavaScript 的核心，它规定了 JavaScript 的编程语法和基础核心内容，是所有浏览器厂商共同遵守的一套 JavaScript 语法工业标准。ECMAScript 标准主要描述了语法、变量和数据类型、运算符、逻辑控制语句、关键字、对象等相关内容。

② DOM：DOM 是 W3C（World Wide Web Consortium，万维网联盟）组织推荐的处理可扩展标记语言的标准编程接口，用来访问和操纵 HTML 文档。

③ BOM：BOM 提供了独立于内容的、可以与浏览器窗口进行互动的对象结构。通过 BOM，用户可以对浏览器窗口进行操作。

1.1.4 JavaScript 的引入方式

在网页中引入 JavaScript 有 3 种方式：行内式、内嵌式和外链式。

1. 行内式

行内式是指将单行或少量的 JavaScript 代码写在 HTML 标签的事件属性中，使用方法参照案例 1-1。

JavaScript 的
引入方式

【案例 1-1】使用行内式实现单击按钮，弹出提示对话框。

参考代码如下：

```
<!DOCTYPE html>
<html>
    <head>
        <meta charset="UTF-8">
        <title>行内式测试</title>
```

```
    </head>
    <body>
        <input type="button" value="欢迎" onclick="JavaScript:alert('hello,
欢迎访问我们的网站！');" />
    </body>
</html>
```

程序运行结果如图 1-2 所示。

使用行内式需要注意以下事项。

① 注意单引号和双引号的使用。尽管 JavaScript 支持单引号和双引号两种引号的使用，但通常在 HTML 中推荐使用双引号，而在 JavaScript 中推荐使用单引号。

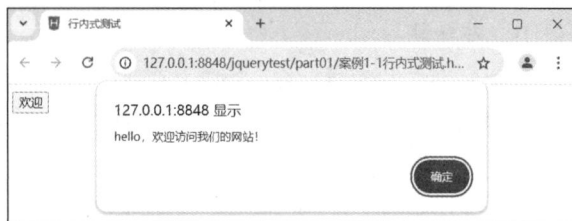

图 1-2　案例 1-1 运行结果

② 注意适用场合。行内式适用于代码量极少的情况，仅作用于当前标签。这种方式增加了 HTML 代码量，不方便阅读，也不方便后期维护，在实际开发中应用较少，一般情况下不推荐使用。

2．内嵌式

内嵌式是指使用<script>标签包裹 JavaScript 代码，<script>标签可以写在<head>或者<body>标签中。通过内嵌式，可以将多行 JavaScript 代码写在<script>标签中，当浏览器读取到<script>标签时，就解释执行其中的脚本语句，基本语法格式如下：

```
<script type="text/javascript">
    JavaScript 语句;
</script>
```

其中<script>标签的 type 属性用于告知浏览器脚本的类型，由于 HTML5 中该属性的默认值为"text/javascript"，因此在编写时可以省略 type 属性。

【案例 1-2】使用内嵌式实现单击按钮，弹出提示对话框。

参考代码如下：

```
<!DOCTYPE html>
<html>
    <head>
        <meta charset="UTF-8">
        <title>内嵌式测试</title>
        <script type="text/javascript">
            function show(){
                alert('hello, 欢迎访问我们的网站！');
            }
        </script>
    </head>
    <body>
        <input type="button" value="欢迎" onclick="show()" />
    </body>
</html>
```

程序运行结果同案例 1-1。这种方式适合 JavaScript 代码量较少，并且网站中的每个页面使用的 JavaScript 代码均不相同的情况。应用内嵌式使得 HTML 与 JavaScript 代码混合，违背了网页结构与行为分开的原则，增加了 HTML 文档的体积，影响网页本身的加载速度，同时不利于后期维护。

3. 外链式

外链式是指将 JavaScript 代码写在一个单独的文件中，一般使用 ".js" 作为文件的扩展名，在 HTML 页面中使用<script>标签进行引入，适合 JavaScript 代码量比较多的情况。外链式把 JavaScript 代码独立到 HTML 页面之外，有利于 HTML 页面代码结构化，也方便了代码重用，是推荐使用的方式。在 Web 页面中使用外链式引入 JavaScript 文件（即 JS 文件）的基本语法格式如下：

```
<script src=" JS 文件路径"></script>
```

【案例 1-3】使用外链式实现单击按钮，弹出提示对话框。

首先在当前文件的根目录下新建一个 js 文件夹，在 js 文件夹下新建一个 welcome.js 文件，该文件内容参考如下：

```
function show(){
    alert('hello,欢迎访问我们的网站!')
}
```

其次，编写 HTML 文件，参考代码如下：

```
<!DOCTYPE html>
<html>
    <head>
        <meta charset="UTF-8">
        <title>外链式测试</title>
        <script src="js/welcome.js"></script>
    </head>
    <body>
        <input type="button" value="欢迎" onclick="show()" />
    </body>
</html>
```

程序运行结果同案例 1-1。采用外链式进行网页设计时，当多个页面中引入了相同的 JS 文件时，打开第一个页面后，浏览器就将当前页面调用的 JS 文件缓存下来，当再次打开其他调用此 JS 文件的页面时，页面就不会重新下载此 JS 文件了。因此，外链式利用浏览器缓存提高了网页加载速度，是实际应用中推荐使用的一种方式。

1.1.5 JavaScript 的基本语法规则

每一种计算机语言都有自己的语法规则，开发者只有遵循语法规则，才能编写出符合要求的代码，JavaScript 的基本语法规则具体如下。

（1）语句按顺序执行

JavaScript 语句按照在 HTML 文档中的排列顺序自上而下顺序执行。

（2）字母区分大小写

JavaScript 严格区分字母大小写，大写字母和小写字母不能互相替换。

（3）代码格式

通常，每条 JavaScript 语句后面以分号（；）结尾，每个单词之间用空格隔开。以下情形下可将语句后的"；"省略。

① 语句各自独占一行，通常可以省略结尾的"；"。

② 程序结束或者"}"之前的"；"也可以省略。

例如连续定义两个变量，代码书写如下：

```
a=3;
b=4;
```

由于"a=3;"独占一行，因此 3 后面的"；"可以省略。如果定义两个变量的代码书写如下：

```
a=3; b=4;
```

此时 3 后面的"；"不能省略，上述代码还可以写成"a=3, b=4"的形式。

> **小提示**　书写 JavaScript 代码时，为保证代码的严谨性、准确性，最好在每行代码的结尾加上"；"。

（4）代码注释

注释可以用来解释程序某些部分的功能和作用，提高程序的可读性。注释还可以用来暂时屏蔽某些语句，等到需要的时候，只需要取消注释标记即可。JavaScript 中主要包含两种注释：单行注释和多行注释，具体如下。

① 单行注释：使用"//"表示。示例代码如下：

```
var i=1 ; //单行注释
```

② 多行注释：使用"/*"开头，使用"*/"结尾。示例代码如下：

```
/*
var i=1;
var u=2;
*/
```

> **注意**　多行注释可以跨多行，但不能嵌套使用。

任务实施

1. 打开基础网页

首先打开已经定义好的需要添加欢迎弹出框的基本网页，如本书素材中为读者提供的诗歌赏析网站首页，网页头部参考代码如下：

```
<!DOCTYPE html>
<html>
    <head>
        <meta charset="UTF-8">
        <title>首页-诗歌赏析</title>
        <link rel="shortcut icon" href="img/favicon.ico" type="image/x-icon" />
        <!--清除默认样式-->
        <link rel="stylesheet" type="text/css" href="css/reset.css" />
```

```
    <!--引入外部样式表-->
    <link rel="stylesheet" type="text/css" href="css/main.css" />
    ...
    <link rel="stylesheet" type="text/css" href="css/style.css"/>
</head>
<body>
    ...
</body>
</html>
```

2. 添加 JavaScript 代码

在网页头部标签<head>和</head>之间添加 JavaScript 代码。本案例中引入了多个 CSS 文件，在最后一个 CSS 文件引入语句的下面添加<script>标签，添加 JavaScript 代码。添加后的参考代码如下：

为网页添加欢迎弹出框

```
<!DOCTYPE html>
<html>
    <head>
        ......
        <link rel="stylesheet" type="text/css" href="css/style.css"/>
        <script type="text/javascript">
            alert("欢迎访问诗歌赏析网站");
        </script>
    </head>
```

3. 保存并运行文件

保存并运行文件，系统首先弹出"欢迎访问诗歌赏析网站"的欢迎弹出框，如图 1-3 所示。此时，网页一直处于加载状态，页面不显示任何内容，当用户单击弹出框中的【确定】按钮时，对话框关闭，网页内容全部显示出来，如图 1-4 所示。

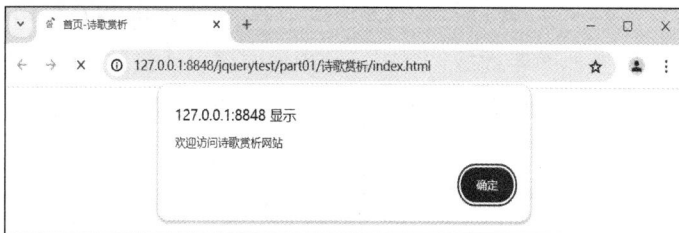

图 1-3　任务 1.1 运行效果 1

图 1-4　任务 1.1 运行效果 2

任务1.2 查看网页运行时数据——JavaScript 的开发与调试

任务描述

工欲善其事，必先利其器。为项目开发选择一款合适的开发工具可以提高开发效率，随时查看运行时数据以便更好地掌控程序的运行。

任务分析

JavaScript 作为一种脚本语言，其代码在运行时不需要编译成二进制形式，而是保持文本状态，使得任何文本编辑器都能编写 JavaScript 代码。为了提高编码效率，可以选择使用国产的先进前端开发工具 HBuilder 来编写代码，并借助浏览器控制台来进行代码的调试工作。

JavaScript 的
开发与调试

知识链接

在 JavaScript 开发中，选择合适的前端开发工具进行代码的编写可以提高代码编写效率，选择一个或多个常用浏览器进行代码的调试与运行可以提高程序的开发效率及兼容性。

1.2.1 常用开发工具

在 Web 前端开发中，常用开发工具有 HBuilder、WebStorm、Adobe Dreamweaver、Visual Studio Code 等。

1. HBuilder

HBuilder 是 DCloud［数字天堂（北京）网络技术有限公司］推出的一款支持 HTML5 的 Web 开发编辑器，在前端开发、移动开发方面提供了丰富的功能和贴心的用户体验。HBuilder 具有较全的语法库和浏览器兼容数据，其轻巧、极速，可以凭借强大的语法提示等功能帮助 Web 前端开发者大幅提升 HTML、JavaScript、CSS 的开发效率。

2. WebStorm

WebStorm 是 JetBrains 公司推出的一款商业 JavaScript 开发工具，支持许多流行的前端技术，如 jQuery、AngularJS、Prototype 等，它提供了智能代码辅助和无缝工具集成，深受 JavaScript 开发者欢迎。

3. Adobe Dreamweaver

Adobe Dreamweaver 简称"DW"，中文名称为"梦想编织者"，它是集网页制作和管理网站功能于一身的所见即所得网页代码编辑器，它支持使用代码、拆分、设计、实时视图等多种方式来创作、编写和修改网页，它拥有可视化编辑功能，初学者无须编写代码就能快速创建一些简单的 Web 页面。但是其可视化编辑功能会产生大量的冗余代码，不适合用于开发结构复杂、需要大量动态交互的网页。

4. Visual Studio Code

Visual Studio Code 简称 VS Code，是一款由微软公司推出、功能十分强大的轻量级编辑器。它提供了丰富的快捷键，集成了语法高亮、可定制热键绑定等特性，并且支持多种语法和文件格式的编写。

1.2.2 常用浏览器

浏览器是访问互联网中各种网站所必备的工具。浏览器种类繁多，对于 Web 前端开发者来说，网页开发的过程中需要解决各个浏览器的兼容性问题，以确保用户能准确地浏览网页。常用的主流浏览器及其特点如表 1-1 所示。

表 1-1　常用的主流浏览器及其特点

浏览器	内核	特点	开发商
Edge	Edge 排版引擎、Chakra JavaScript 引擎	Windows 10 操作系统的内置浏览器，速度快、功能多。区别于 IE 的主要功能，Edge 支持现代浏览器功能，比如扩展等	微软
Chrome	WebKit 排版引擎、V8 JavaScript 引擎	市场占有份额较高的浏览器，该浏览器基于其他开源软件开发，目标是提升稳定性、速度和安全性，并创造出简单且有效率的使用者界面	谷歌
Firefox	Gecko 排版引擎、SpiderMonkey（1.0～3.0）/ TraceMonkey（3.5～3.6）/ JaegerMonkey（4.0）JavaScript 引擎	一个自由并开放源代码的网页浏览器，支持多种操作系统，如 Windows、macOS 及 Linux 等	Mozilla
Safari	WebKit 排版引擎、JavaScriptCore JavaScript 引擎	是各类 Apple 设备（如 Mac、iPhone、iPad、iPod touch）的默认浏览器	Apple

用户可以根据浏览器的内核来解决网页的兼容性问题。浏览器内核主要分为两部分：排版引擎和 JavaScript 引擎。排版引擎负责将读取的网页内容进行解析和处理，然后显示到浏览器中；JavaScript 引擎用于解析和执行 JavaScript 代码，JavaScript 引擎的执行效率越高，动态网页中 JavaScript 的处理速度就越快，从而能够更快地响应用户操作和更新页面内容。

1.2.3 控制台的使用

1. 利用控制台进行输入与输出

在浏览器的控制台中可以直接输入 JavaScript 代码执行，也可以在显示程序中利用 console.log()语句来输出结果，这为程序调试提供了极大便利。

【案例 1-4】通过控制台进行程序的输入与输出。

利用控制台进行
输入与输出

参考代码如下：

```html
<!DOCTYPE html>
<html>
    <head>
        <meta charset="UTF-8">
        <title>控制台的使用</title>
```

```
        <script>
            for(var i=1,sum=0;i<=10;i++)
              sum+=i;
            console.log('1到10累加和为: '+sum);
        </script>
    </head>
    <body>
        这是一个控制台程序
    </body>
</html>
```

保存并浏览网页，然后按【F12】键打开浏览器控制台，程序运行效果如图 1-5 所示。

图 1-5　案例 1-4 运行效果

查看运行效果，在浏览器左侧显示的是网页内容，即"这是一个控制台程序"文字的展示；右侧显示的是控制台对 JavaScript 代码的解析内容，即利用循环计算 1 到 10 的累加和，并将计算结果显示到控制台页面上。

控制台还提供了代码编辑功能，用户可以在控制台的">"提示符后输入表达式或者语句，控制台会对输入的表达式或者语句进行解析并输出结果。比如用户首先输入表达式"12*12"，然后按【Enter】键查看结果；之后输入 JavaScript 循环代码，再按【Enter】键查看结果，运行效果如图 1-6 所示。

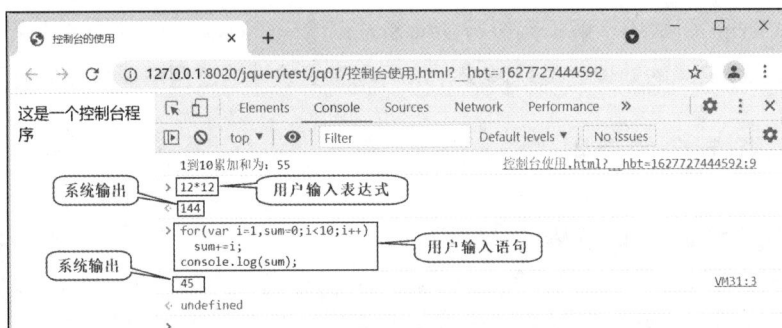

图 1-6　利用控制台进行输入与输出

> **小提示**　在控制台中输入程序段时，如果直接按【Enter】键，程序会直接输出结果，要想输出图 1-6 所示的换行格式，可以按【Shift+Enter】快捷键实现。

2. 利用控制台进行程序调试

对于用户输入的程序，还可以利用控制台进行程序调试。

【**案例 1-5**】将案例 1-4 中的 for 循环代码进行如下改写。

```
<script>
    for(var i=1,sum=0;i<=10;i++)
        sum+=j;
    console.log('1 到 10 累加和为: '+sum);
</script>
```

浏览网页，按【F12】键打开浏览器控制台，看到图 1-7 所示的错误提示。

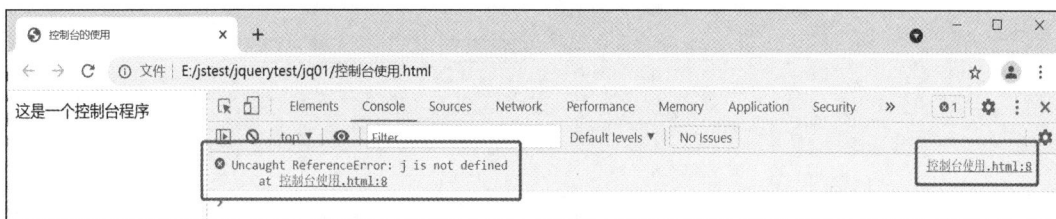

图 1-7　利用控制台进行程序调试 1

提示信息显示在"控制台使用.html"文件的第 8 行，变量 j 没有定义。单击"控制台使用.html:8"超链接，打开调试页面，如图 1-8 所示。

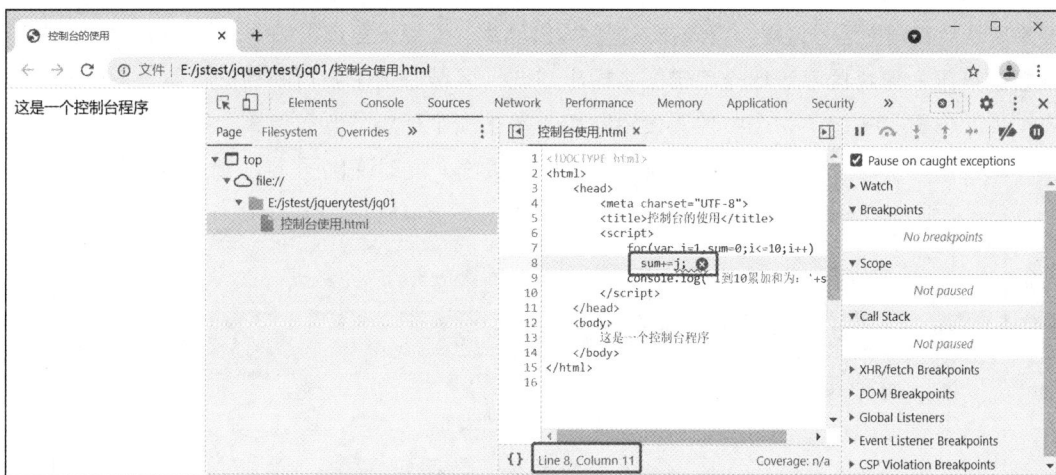

图 1-8　利用控制台进行程序调试 2

系统给出更详细的提示，在程序第 8 行第 11 列有一个错误。我们返回案例 1-5 的代码编辑页面，将 for 循环中的变量 j 修改为 i，保存文件重新运行，按【F12】键打开浏览器控制台，如图 1-9 所示。

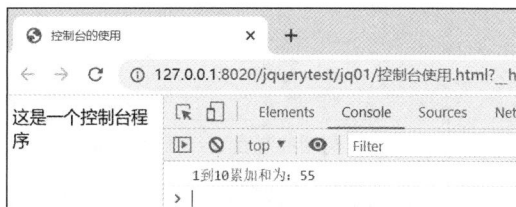

图 1-9　利用控制台进行程序调试 3

此时，单击浏览器上方的"Sources"标签，打开"Sources"选项卡，如图1-10所示。

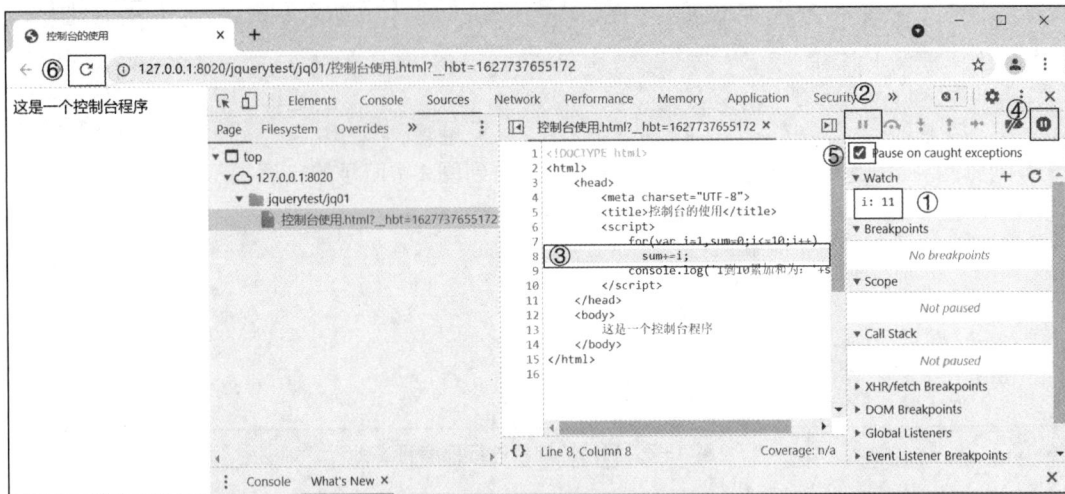

图1-10　利用控制台进行程序调试4

在图1-10所示标志"①"的位置，变量i的值为11，说明程序已经运行完毕。此时用户要想单步查看程序运行过程，首先要为程序设置断点。断点设置过程如下：单击图中标志"②"位置的按钮，停止程序运行→单击图中标志"③"区域，选中设置断点的位置→单击图中标志"④"位置的按钮，为选中位置设置断点→单击图中标志"⑤"位置，选中断点选项复选框→单击图中标志"⑥"位置的刷新按钮来刷新页面。此时弹出图1-11所示的页面。

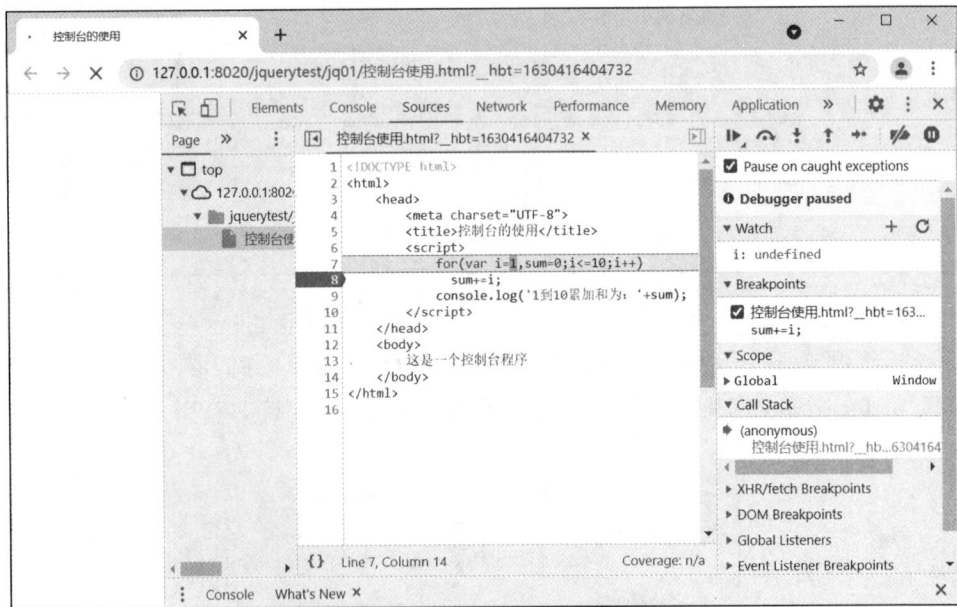

图1-11　利用控制台进行程序调试5

在页面右侧的"Watch"栏下方显示i变量的值，"i:undefined"表示变量i还没有被赋值。为了便于观察程序的运行过程，可以新增一个监控变量sum，增加过程如图1-12所示。

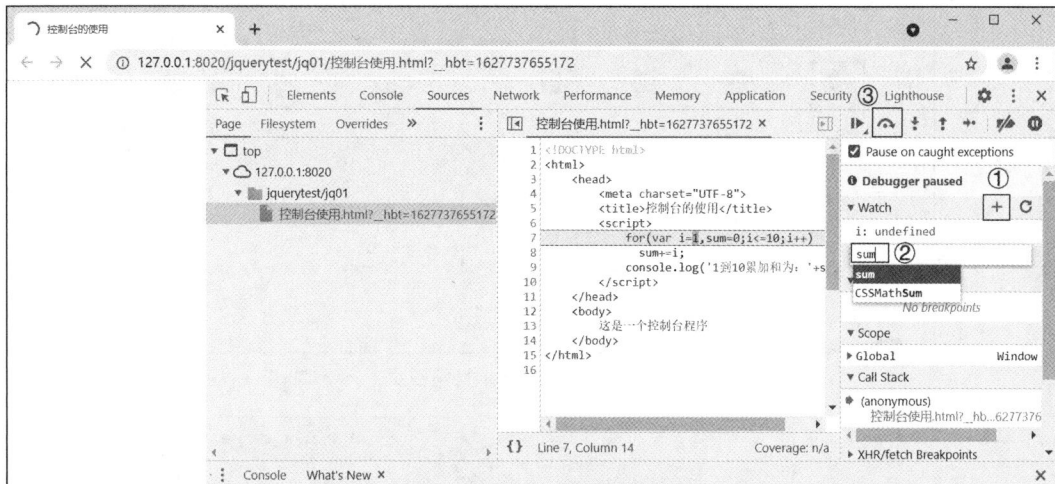

图 1-12　利用控制台进行程序调试 6

首先单击图 1-12 所示标志"①"位置的按钮，新增一个监控变量，在图中标志"②"位置输入变量名"sum"后完成监控变量的新增，然后单击图中标志"③"位置的【单步调试】按钮执行单步调试。图 1-13 所示为单步调试过程中的运行效果。

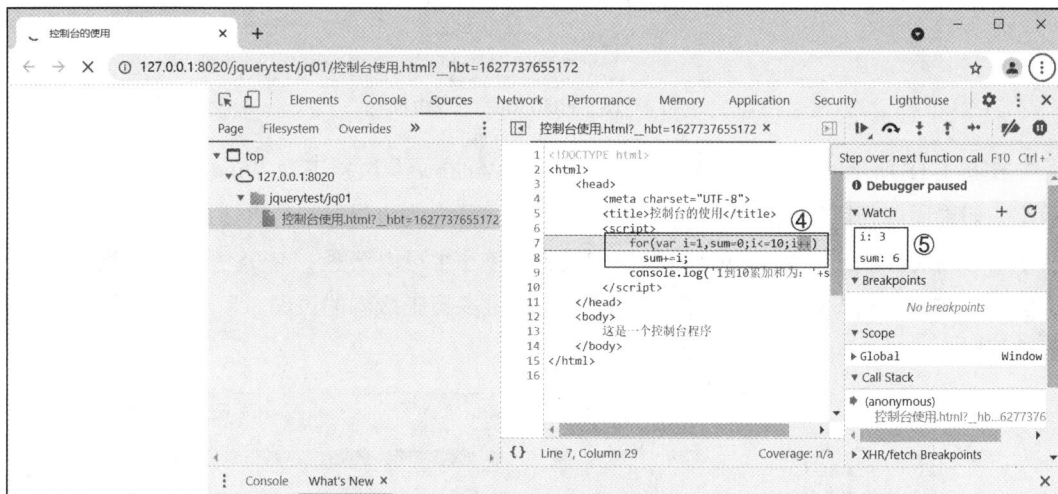

图 1-13　利用控制台进行程序调试 7

当单击【单步调试】按钮时，程序会在图 1-13 所示标志"④"的区域进行单步执行，在图中标志"⑤"处会实时显示变量 i 和变量 sum 值的变化，图 1-13 所示为当变量 i=3、sum=6 时的一个中间运行状态。一直单击【单步调试】按钮，直到 i=11、sum=55 时循环结束，程序进行控制台输出后显示网页，当网页内容全部显示后程序运行完毕。

任务实施

1. 软件下载与安装

利用搜索引擎搜索并打开 HBuilder 官网首页，如图 1-14 所示，单击"HBuilderX 极客开发工具"，打开下载页面，如图 1-15 所示。

图 1-14　HBuilder 官网首页

图 1-15　HBuilder 下载页面

在图 1-15 所示的页面中单击"Download for Windows"直接下载 Windows 系统下的最新版本。如果用户将鼠标指针移动到"more"上方，系统自动展开的版本选择窗口，如图 1-16所示。用户既可以选择 Windows 系统下的最新版本，也可以选择 MacOS 系统下的最新版本，还可以通过单击右下角的"历史版本"链接打开更多历史版本的页面，用户可以根据实际需要选择版本，单击相应链接即可完成下载。

图 1-16　HBuilder 版本选择页面

HBuilder 是一款免安装软件，安装文件下载完毕后直接解压文件，在解压后的文件夹中双击 HBuilder 快捷方式即可打开使用。

2. 编辑 JavaScript 代码

打开任务 1.1 的诗歌赏析网站，对其网页头部的 JavaScript 代码进行改进，改进代码如下：

```
<!DOCTYPE html>
<html>
    <head>
        ...
        <link rel="stylesheet" type="text/css" href="css/style.css"/>
        <script type="text/javascript">
            var vname =prompt("请输入您的姓名");
            console.log("用户姓名是: "+vname);
            if(vname!="")
                alert("欢迎访问诗歌赏析网站");
            else{
                alert("您没输入姓名，网站将关闭");
                window.close();
                }
        </script>
    </head>
```

3. 保存并运行网页文件

浏览网页时首先会弹出一个输入对话框，提示用户输入姓名。用户可以根据提示输入姓名"张三"，如图 1-17 所示，然后单击【确定】按钮。此时会弹出一个"欢迎访问诗歌赏析网站"对话框，如图 1-18 所示，单击对话框中的【确定】按钮打开诗歌赏析网站。如果在图 1-17 所示对话框中没有输入姓名，直接单击【确定】按钮，此时则会弹出"您没输入姓名，网站将关闭"对话框，如图 1-19 所示，单击对话框中的【确定】按钮，系统会直接关闭当前对话框，同时诗歌赏析网站也不会显示。

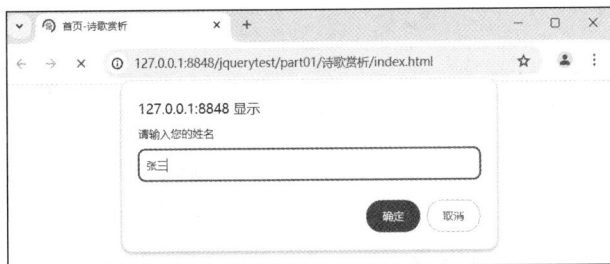

图 1-17　任务 1.2 运行页面 1

图 1-18　任务 1.2 运行页面 2

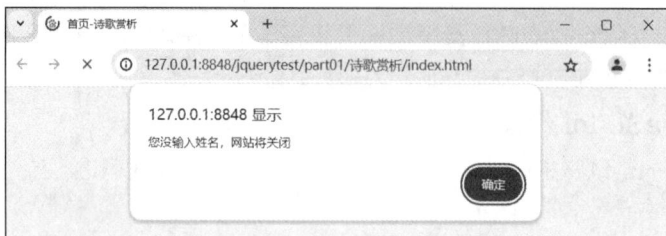

图 1-19　任务 1.2 运行页面 3

4. 查看运行时数据

在第 3 步中，用户根据提示信息输入姓名后打开诗歌赏析网站，按【F12】键打开控制台调试页面，如图 1-20 所示。浏览器的左侧是网页显示内容，右侧是控制台显示内容。通过控制台，用户可以查看网站运行时的一些数据。

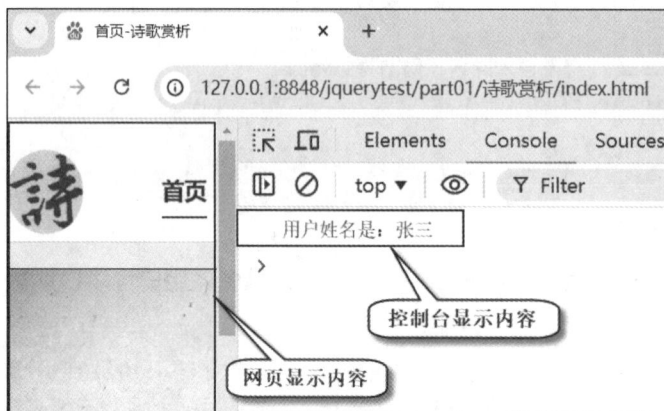

图 1-20　任务 1.2 运行页面 4

知识拓展

1. JavaScript 与 Java

JavaScript 和 Java 从表面上看似乎存在某些联系，但本质上讲，它们是两种不同的语言。JavaScript 是 Netscape 公司的产品，主要设计原则来自 Self 和 Scheme，是一种解释型的脚本语言；而 Java 是 Oracle 公司的产品，是一种面向对象的程序设计语言。从语法上看，JavaScript 比较灵活、自由，而 Java 是一种强类型语言，语法比较严谨。Netscape 公司最开始时将 JavaScript 命名为 LiveScript，而 Java 是当时最流行的编程语言之一，带有"Java"的名字有助于这门新生语言的传播与推广。因此，Netscape 公司为了营销而与 Sun 公司达成协议，将 LiveScript 改为 JavaScript。

（1）JavaScript 和 Java 的相同之处

① 浏览器兼容性：两种语言都可以应用于浏览器。

② 编程和语法概念：虽然两者是两种不同的语言，但都共享相同的核心编程概念和一些语法概念，比如使用循环编程、使用条件语句，以及使用一些相同的语法符号等。

③ 相似名称：JavaScript 在命名时参照了 Java。

（2）JavaScript 和 Java 的不同之处

① 编程范式：JavaScript 遵循多范式，包括面向对象、过程化和脚本语言，而 Java 严格遵循面向对象编程范式。

② 类型检查：JavaScript 是弱类型的，即变量在使用前不需要声明，而由浏览器解释器在运行时检查数据类型。Java 是强类型语言，即所有变量在编译前必须进行声明。

③ 对象：JavaScript 的面向对象是基于原型（Prototype-Based）实现的，而 Java 的面向对象是基于类（Class-Based）实现的。

④ 多线程：JavaScript 不支持多线程，而 Java 支持多线程。

2. JavaScript 异步加载

在浏览器执行 JavaScript 代码时，无论使用内嵌式还是外链式，页面的下载和渲染都会暂停，等待 JavaScript 代码执行完成后才会继续。为了尽可能减少对整个页面下载的影响，推荐将不需要提前执行的<script>标签放在<body>标签的底部。

为了降低 JavaScript 阻塞问题对页面加载造成的影响，可以使用 HTML5 为<script>标签新增两个可选属性：async 和 defer。

① async：用于异步脚本加载，即在下载脚本的同时，浏览器会继续解析和渲染页面。一旦脚本下载完成，它会立即执行，而不会等待其他脚本或 DOM 构建完成。参考代码如下：

```
<script src="js/welcome.js" async></script>
```

② defer：用于延迟脚本的执行，即在下载脚本时，浏览器会继续解析和渲染页面。当整个页面解析完成后，所有脚本和其他资源才会按照它们在文档中出现的顺序依次被执行。参考代码如下：

```
<script src="js/welcome.js" defer></script>
```

添加以上两个属性后，即使脚本下载失败，也不会阻塞后面 JavaScript 代码的执行，因为浏览器会继续处理后续的脚本标签。这种处理方式提高了页面加载的并行性，优化了用户体验。

单元小结

本单元首先介绍了 JavaScript 相关概念、特点、结构组成、引入方式，以及基本语法规则等基础知识，之后介绍了 JavaScript 常用开发工具、常用浏览器及控制台的使用。通过本单元内容的学习，读者可以了解 JavaScript 相关概念、掌握 JavaScript 相关基础知识，同时能掌握搭建 JavaScript 程序开发环境、编写并运行简单的 JavaScript 程序，以及调试 JavaScript 程序等基本技能。

单元实训

编写 JavaScript 脚本代码，实现信息的输入与输出，具体要求如下。

① 通过输入文本框输入用户名，如图 1-21 所示。

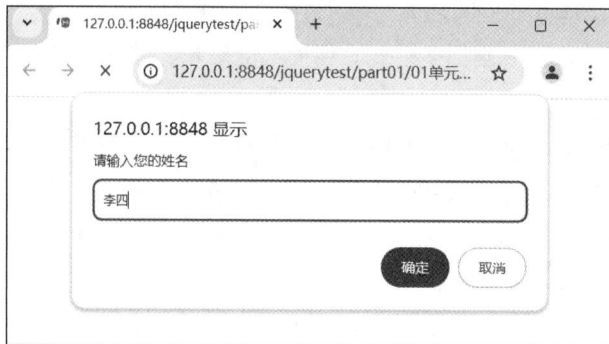

图 1-21 单元实训要求 1 运行参考效果

② 将输入的信息显示在对话框中，如图 1-22 所示。

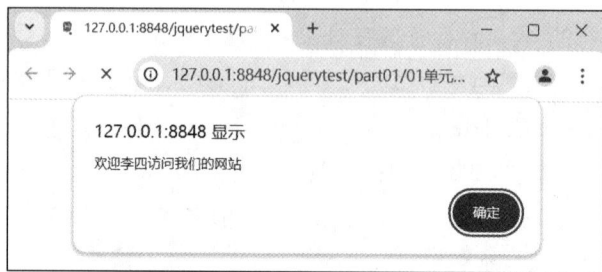

图 1-22 单元实训要求 2 运行参考效果

③ 将输入的信息显示在控制台区域，如图 1-23 所示。

图 1-23 单元实训要求 3 运行参考效果

习题

一、单选题

1. 下列选项中，不能用于编辑 JavaScript 程序的是（   ）。

A. 记事本   B. Dreamweaver   C. Photoshop   D. WebStorm

2. 下列关于变量的说法错误的是（   ）。

A. JavaScript 中变量名不区分大小写   B. 在声明变量时 var 关键字可以省略

C. 未赋初始值的变量值为 undefined   D. _it123 为合法的变量名

3. 以下不属于 JavaScript 语言特点的是（　　　）。

A. 依赖于操作系统　　B. 可以跨平台　　　　C. 支持面向对象　　　　D. 脚本语言

4. 以下代码

```
<a href="javascript:alert('Hello');">test</a>
```

是通过（　　　）引入的 JavaScript 代码。

A. 内嵌式　　　　　　　　　　　　　　B. 外链式

C. 行内式　　　　　　　　　　　　　　D. 以上答案都不正确

5. 下列（　　　）标签可在页面中直接嵌入 JavaScript。

A. <script>　　　　　B. <href>　　　　　C. <link>　　　　　D. <style>

6. 下列不属于<script>标签属性的是（　　　）。

A. src　　　　　　　　B. type　　　　　　C. href　　　　　　D. defer

7. 下列链接外部 JavaScript 正确的是（　　　）。

A. <script src="animation.js"></script>　　　B. <link src="animation.js">

C. <script href="animation.js"></script>　　　D. <style src="animation.js"></style>

8. 下列属性中，用于引入外部 JavaScript 文件的是（　　　）。

A. src　　　　　　　　B. type　　　　　　C. language　　　　D. defer

9. 下列选项中，可以实现弹出警告框的是（　　　）。

A. alert()　　　　　　B. prompt()　　　　C. document.write()　　D. console.log()

10. 下列关于 console.log("Hello")的说法正确的是（　　　）。

A. 可以在警告框内输出 Hello　　　　　B. 可以在网页中输出 Hello

C. 可以在控制台输出 Hello　　　　　　D. 以上说法都不正确

二、多选题

1. JavaScript 由以下哪几部分组成（　　　）。

A. ECMAScript　　　　B. JScript　　　　　C. BOM　　　　　　D. DOM

2. 下列选项中，属于 JavaScript 注释的是（　　　）。

A. //　　　　　　　　　B. #　　　　　　　　C. -　　　　　　　　D. /* */

三、判断题

1. alert("test")与 Alert("test")都表示以警告框的形式弹出 test 提示信息。（　　　）

2. JavaScript 代码对空格、换行、缩进不敏感，一条语句可以分成多行书写。（　　　）

3. JavaScript 中 age 与 Age 代表不同的变量。（　　　）

4. JavaScript 与 Java 本质上是两种不同的编程语言。（　　　）

5. JavaScript 不可以跨平台。（　　　）

学习单元2
JavaScript语言基础

02

单元概述

　　九层之台，起于累土。同样，掌握一门编程语言，基础语法的学习是第一步。JavaScript语言基础语法包括数据结构、流程控制语句和数组。JavaScript的数据结构主要包括输入输出语句、关键字、标识符、变量、常量、数据类型、运算符和表达式等，流程控制语句主要包括分支结构、循环结构和跳转语句等，数组主要包括数组的定义、创建、访问以及遍历等。

学习目标

1. 知识目标

（1）掌握输入输出语句、关键字、标识符、变量、常量、数据类型、运算符和表达式等基本概念。

（2）掌握 JavaScript 流程控制语句的定义与使用。

（3）掌握 JavaScript 数组的定义与使用。

2. 技能目标

（1）能够根据实际需求选择一种输入输出语句进行数据的输入与输出。

（2）能够灵活运用分支结构、循环结构和跳转语句进行程序流程的控制。

（3）能够利用数组解决一些实际应用问题。

3. 素养目标

（1）通过让学生不断调试代码，培养学生的严谨性和细致性。

（2）通过对实现任务的技术不断进行升级改进，培养学生精益求精的工匠精神。

任务 2.1　为网页添加时间和问候语——数据类型和分支语句

任务描述

为网页添加时间和问候语可以提升用户界面的友好程度。网页根据不同时间段自动显示不同问候语，如早上好、上午好、下午好、晚上好等，可更具动态性。

任务分析

要完成显示时间并根据不同时间段显示不同问候语的功能，可以将一天 24h 分为多个时间段，在相应时间段用户访问页面时分别显示早上好、上午好等问候语。在此，可以选用 JavaScript 分支结构中的 if...else...if 多条件判断语句来实现。由于本任务在实施时还没有介绍函数相关知识，因此页面暂时不具备自动刷新功能，可以先借助手动刷新操作来显示不同时间段的问候语，在后续的学习中，将对本任务做进一步的完善。

知识链接

JavaScript 是一门编程语言，它包含输入输出语句、关键字和标识符、变量和常量、数据类型、运算符和表达式、流程控制语句和数组等基本语法知识。

2.1.1 常用的输入输出语句

JavaScript 提供了一些常用的输入输出语句，用于一些提示信息的输出或用户信息的输入。

1. alert()

alert()用于弹出一个警告框，包括一个提示信息字符串和一个【确定】按钮，用于确保用户看到某些信息。alert()方法的基本语法格式如下：

```
alert("提示信息");
```

警告框是当前运行的网页弹出的，在对其做出处理前，当前网页将不可用，其后的代码也不会被执行。只有对警告框进行处理（单击【确定】按钮或者直接将其关闭）后，当前网页才会继续显示后面的内容。

2. console.log()

console.log()用于在浏览器的控制台中输出内容。

【案例 2-1】运行诗歌赏析网站时在控制台输出"你好！"。

为实现此功能，可以在诗歌赏析网站源文件中添加如下 JavaScript 代码：

```
<script type="text/javascript">
                console.log("你好！");
</script>
```

使用浏览器浏览该网站，按【F12】键（或在网页空白区域右击，在打开的快捷菜单中选择"检查"命令）进入开发者模式，然后切换到"Console"选项卡查看运行结果，运行结果如图 2-1 所示。

3. document.write()

此方法用于在 HTML 文档页面中输出内容，具体用法如下。

图 2-1　console.log()案例运行结果

【案例 2-2】利用 document.write()方法在 HTML 文档页面中输出内容。

参考代码如下：

```html
<!DOCTYPE html>
<html>
    <head>
        <meta charset="UTF-8">
        <title>write()的使用</title>
        <script>document.write('<p>少年中国说</p>')</script>
    </head>
    <body>
        <script>document.write('<p>作者：梁启超</p>少年智则国智，<br>')</script>
        少年富则国富，<br>
        少年强则国强。
    </body>
</html>
```

运行网页文件，运行结果如图 2-2 所示。

图 2-2　document.write()案例运行结果

4．prompt()

prompt()方法用于显示一个带有提示信息，并且用户可以输入内容的对话框。基本语法格式如下：

```
prompt(text,defaultText);
```

其中，text 可选，表示要在对话框中显示的提示信息（纯文本）；defaultText 可选，表示默认的输入文本。

【案例 2-3】将用户输入的姓名显示在网页上。

参考代码如下：

```html
<!DOCTYPE html>
<html>
    <head>
        <meta charset="UTF-8">
        <title>prompt()方法的用法</title>
        <script>
            var useName = prompt('请输入您的姓名');
            document.write("欢迎"+useName+"访问我们的网站");
        </script>
    </head>
    <body>
    </body>
</html>
```

保存并运行网页文件，网页首先会弹出一个带有"请输入您的姓名"提示信息的对话框等待用户输入信息，如图 2-3 所示。当用户输入姓名后单击【确定】按钮，此时通过输入文本框输入的姓名被保存进 useName 变量中，然后通过 document.write()方法将该变量的值最终显示在网页上，如图 2-4 所示。

图 2-3　输入文本框提示用户输入信息　　　　图 2-4　将用户输入信息显示在网页上

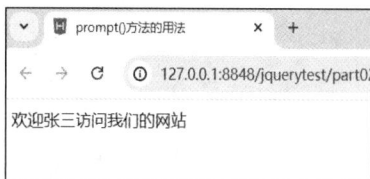

2.1.2　关键字和标识符

任何一种计算机语言都有一定的使用规则和命名规范，而在计算机语言中，关键字是不能作为变量名和函数名使用的。

1. 关键字

JavaScript 关键字又被称为保留字，其在 JavaScript 中被事先定义好并赋予特殊含义。JavaScript 关键字不能作为变量名和函数名使用，否则会使 JavaScript 在载入过程中出现编译错误，有些保留关键字是为 JavaScript 将来扩展使用的。JavaScript 关键字具体参见表 2-1。

表 2-1　JavaScript 关键字

abstract	arguments	boolean	break	byte	case	catch
char	class*	const	continue	debugger	default	delete
do	double	else	enum*	eval	export*	extends*
false	final	finally	float	for	function	goto
if	implements	import*	in	instanceof	int	interface
let	long	native	new	null	package	private
protected	public	return	short	static	super*	switch
synchronized	this	throw	throws	transient	true	try
typeof	var	void	volatile	while	with	yield

* 标记的关键字是 ECMAScript 5 中新添加的关键字。

2. 标识符

用 JavaScript 编写程序时经常需要定义一些符号来标记一些名称，如函数名、变量名等。

可以将定义符号时使用的字符序列称为标识符。这些标识符必须遵循以下命名规则。

① 标识符只能由字母、数字、下画线和美元符号的一种或几种组成，不能包含空格、标点符号、运算符等其他符号。

② 标识符的第一个字符不能是数字。

③ 标识符不能与 JavaScript 中的关键字名称相同，如 for、return、break 等。

例如，以下为合法的标识符。

```
news_list、myAge、$bookPrice、num2
```

以下为不合法的标识符。

```
new、my-Age、book Price、2num
```

2.1.3　JavaScript 变量与常量

在 JavaScript 编程中经常要用到变量与常量，它们是构成表达式、循环等结构等的重要组成部分。

1. 变量

变量是程序在内存中申请的一块存放数据的空间，用于保存程序运行过程中可以发生改变的量，它的主要作用就是为数据操作提供存放信息的容器。变量的命名要符合标识符命名规则。

在 JavaScript 中，使用变量前需要对其进行声明。所有的变量都由关键字 var 声明，语法格式如下：

```
var 变量名;
```

例如，声明一个用于保存图书数量的变量 booksNum，格式如下：

```
var booksNum;
```

使用 var 关键字声明变量后，计算机会自动为变量分配内存空间。booksNum 是自定义的变量名，通过变量名可以访问变量在内存中分配的空间。

变量声明后没有值，系统默认其为 undefined，用户可以为变量赋值，其赋值方式如下：

```
booksNum = 100;
```

上述代码实现了将 100 这个值存入 booksNum 变量中，在后续编程中用户就可以直接通过 booksNum 变量名来引用 100 这个值。用户还可以在声明变量的同时进行变量的赋值，实现变量的初始化，其格式如下：

```
var booksNum = 100;
```

变量使用说明如下。

① 可以使用一个关键字 var 同时声明多个变量，变量之间用逗号"，"隔开即可，如声明变量 i、j 和 k，参考代码如下：

```
var i,j,k;
```

② 可以在声明多个变量的同时直接赋值，参考代码如下：

```
var i=1,j=2,k=3;
```

变量的命名及使用

> **小提示** 在 JavaScript 中，变量可以先不声明，而是在使用时根据变量的实际用法来确定其所属的数据类型。但是，由于 JavaScript 采用动态编译，在变量命名方面并不容易发现代码中的错误，因此建议在使用变量前先对其声明，以便能够及时发现代码中的错误。

2. 常量

常量是指自始至终不能被改变的数据，JavaScript 中有 7 种基本类型的常量。

（1）字符型常量

字符型常量是使用单引号（'）或双引号（""）标识的一个或几个字符，如'hello'、"JavaScript"等。

（2）整型常量

整型常量是不能被改变的数据，可以使用十进制、十六进制、八进制的数表示其值。

（3）实型常量

实型常量由整数部分加小数部分表示，如 3.14、0.456 等，还可以使用科学记数法表示，如 3E4、2e5 等。

（4）布尔值

布尔值只有两种值——true 或 false，主要用来表示逻辑上的真和假。布尔值通常用于 JavaScript 的控制结构。

（5）空值

JavaScript 中有一个空值类型 null，表示什么也没有。如果引用一个没有定义的变量，则返回一个 null 值。

（6）NaN

JavaScript 中有一种特殊类型的数字常量 NaN（Not a Number，非数字）。当程序由于某种原因计算错误后，将产生一个没有意义的数字，此时 JavaScript 返回的数值就是 NaN。

（7）特殊字符

JavaScript 中有以反斜杠（\）开头的不可显示的特殊字符，通常称为控制字符。

常量使用 const 关键字进行创建，在声明时必须初始化。常量一旦创建，其值就不允许改变。习惯上，常量名全部大写。

【案例 2-4】声明一个 PI 常量，并进行输出。

参考代码如下：

```
<!DOCTYPE html>
<html>
    <head>
        <meta charset="UTF-8">
        <title>常量的使用</title>
        <script>
            const PI = 3.1415926;//声明一个常量
            console.log(PI);
```

```
        </script>
    </head>
    <body>
    </body>
</html>
```

运行网页文件，按【F12】键，查看控制台运行结果，如图 2-5 所示。

图 2-5　输出常量运行结果

若对程序进行修改，在声明常量的同时修改常量，参考代码如下：

```
<!DOCTYPE html>
<html>
    <head>
        <meta charset="UTF-8">
        <title>常量的使用</title>
        <script>
            const PI = 3.1415926;    //声明一个常量
            console.log(PI);
            PI = 3.14;               //修改常量，系统会报错
            console.log(PI);
        </script>
    </head>
    <body>
    </body>
</html>
```

再次运行程序，按【F12】键查看控制台运行结果，此时控制台对第 9 行代码给出错误信息，提示用户给 const 类型的常量定义了初始值，然后又要改变其值，错误提示如图 2-6 所示。

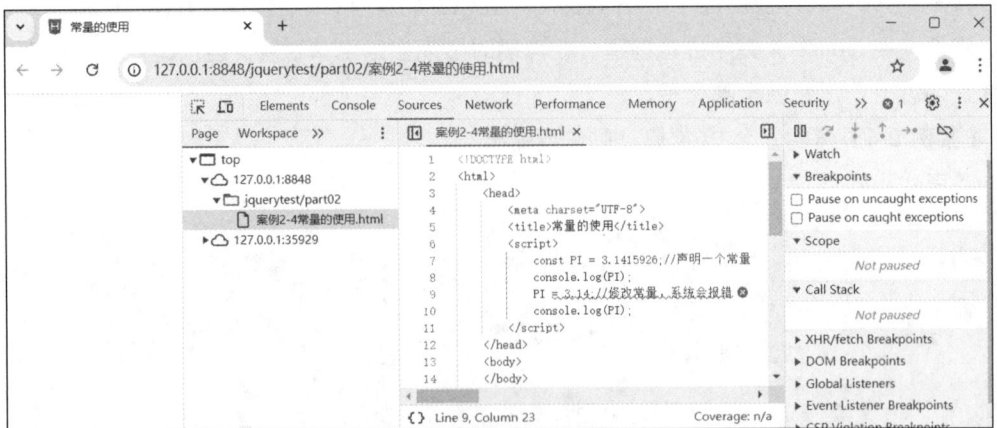

图 2-6　修改常量后的错误提示

2.1.4　JavaScript 的数据类型

数据类型是对一种数据的描述，任何一种程序语言都可以处理多种类型的数据。JavaScript 采用的是弱类型，变量没有固定的数据类型。采用 var 关键字声明变量时，可以没有初始值，声明的变量的数据类型是不确定的。当第一次给变量赋值时，变量的数据类型才确定下来，使用过程中，变量的数据类型也可以随意改变。JavaScript 的数据类型主要包括 3 类：简单数据类型、复合数据类型和特殊数据类型。

1. 简单数据类型

JavaScript 中常用的 3 种简单数据类型为：数值型（number）、字符串型（string）和布尔型（boolean）。

数据类型

（1）数值型

数值型就是数字，它是最基本的数据类型。在 JavaScript 中，没有整型数字和浮点型数字的区分，所有数字无论是否带小数点，都属于数值型。JavaScript 采用 IEEE 754 标准定义的 64 位浮点格式表示数字。JavaScript 对整数提供 4 种进制的表示方法：十进制、十六进制、八进制和二进制。

【案例 2-5】使用多种数值型数字为变量赋值。

参考代码如下：

```html
<!DOCTYPE html>
<html>
    <head>
        <meta charset="UTF-8">
        <title>数值型的应用</title>
        <script>
            var a = 123;          //使用十进制数字赋值
            var b = 0x12ABF;      //使用十六进制数字赋值
            var c = 0567;         //使用八进制数字赋值
            var d = 0b01;         //使用二进制数字赋值
            var e = 123.456;      //使用小数赋值
            var f = 2e5;          //使用科学记数法赋值
            console.log(a, b, c, d, e, f);
        </script>
    </head>
    <body>
    </body>
</html>
```

运行网页文件，按【F12】键，查看控制台运行结果，如图 2-7 所示。

（2）字符串型

字符串是由双引号或单引号标志的 0 个或多个字符组成的序列，它可以包括大小写字母、数字、标点符号或其他可显示字符，以及特殊字符。在使用字符串时，应注意以下几点。

① 作为字符串定界符的引号必须成对出现：字符串前面使用的是双引号，那么后面也必

须使用双引号，此规则同样适用于单引号。在用双引号作为定界符的字符串中可以直接含有单引号，在用单引号作为定界符的字符串中也可以直接含有双引号。

图 2-7　数值型应用案例运行结果

② 空字符串中不含任何字符，其用一对引号表示，引号之间不包含空格。

③ 引号必须在英文状态下输入。

④ 通过"\"可以在字符串中添加不可显示的特殊字符，这些特殊字符通常被称为转义字符。JavaScript 常用的转义字符如表 2-2 所示。

表 2-2　JavaScript 常用的转义字符

转义字符	代表字符	转义字符	代表字符
\0	null 字符（\u0000）	\b	退格符（\u0008）
\t	水平制表符（\u0009）	\n	换行符（\u000A）
\v	垂直制表符（\u000B）	\f	换页符（\u000C）
\r	回车符（\u000D）	\"	双引号（\u0022）
\'	撇号或单引号（\u0027）	\\	反斜杠（\u005C）
\xHH	由 2 位十六进制数值 HH 指定的 Latin-1 字符，范围为 00～FF		
\uhhhh	由 4 位十六进制数值 hhhh 指定的 Unicode 字符		
\ooo	由 1～3 位八进制整数指定的 Latin-1 字符，范围为 000～777		

【案例 2-6】使用多种形式为字符串变量赋值。

参考代码如下：

```html
<!DOCTYPE html>
<html>
    <head>
        <meta charset="UTF-8">
        <title>字符串型的应用</title>
        <script>
            var s1 = "《少年中国说》\n"; //使用双引号定义包含转义字符的字符串
            var s2 = '"少年智则国智"意思是只有少年聪明了，才能带领国家变得聪明';
            //单引号定界的字符串中可以包含双引号
            console.log(s1+s2);
        </script>
    </head>
    <body>
```

```
        </body>
</html>
```

运行网页文件，按【F12】键，查看控制台运行结果，如图 2-8 所示。

图 2-8　字符串型应用案例运行结果

（3）布尔型

布尔型也称为逻辑型，主要用于进行逻辑判断，它只有两个值 true 和 false，分别表示真和假。在 JavaScript 中还可以用 0 表示 false，用非 0 整数表示 true。

2. 复合数据类型

JavaScript 中常用的 3 种复合数据类型为：数组、函数和对象。

（1）数组

在 JavaScript 中，数组主要用来保存一组相同或不同数据类型的数据。

（2）函数

在 JavaScript 中，函数用来保存一段程序，这段程序可以在 JavaScript 中反复被调用。

（3）对象

在 JavaScript 中，对象用来保存一组不同类型的数据和函数等。

3. 特殊数据类型

除了上面介绍的几种数据类型，JavaScript 还包括一些特殊数据类型，如未定义类型和空值。

（1）未定义类型

未定义类型变量的值是 undefined，表示变量还没有被赋值，或者被赋予了一个不存在的属性值。

（2）空值

JavaScript 中的关键字 null 是一个特殊的值，它表示空值，用于定义空的或者不存在的引用。在程序中，如果引用一个没有定义的变量，则返回一个 null 值。需要注意的是，null 不等于空字符串（""）和 0。

> **小提示**　null 与 undefined 的区别是，null 表示一个变量被赋予了一个空值，而 undefined 则表示该变量尚未被赋值。

2.1.5　运算符和表达式

运算符是程序处理的基本元素之一，其主要作用是操作 JavaScript 中的各种数据。将同类型的数据（如常量、变量、函数等），用运算符按一定的规则

运算符和表达式

连接起来形成有意义的式子，该式子称为表达式。

1. 运算符

按照常用功能来划分，运算符主要包括算术运算符、比较运算符、逻辑运算符、赋值运算符和条件运算符5种，具体如下。

（1）算术运算符

算术运算符用于连接运算表达式，主要包括+、-、*、/、%、++、--等运算符，分别表示加法、减法、乘法、除法、取模（余数）、自增和自减，常用算术运算符如表2-3所示。

表2-3 常用算术运算符

运算符	描述	例子	x运算结果	y运算结果
+	加法	y=3; x=y+2;	5	3
-	减法	y=3; x=y-2;	1	3
*	乘法	y=3; x=y*2;	6	3
/	除法	y=3; x=y/2;	1.5	3
%	取模	y=3; x=y%2;	1	3
++	自增	y=3; x=++y;	4	4
		y=3; x=y++;	3	4
--	自减	y=3; x=--y;	2	2
		y=3; x=y--;	3	2

（2）比较运算符

比较运算符用于对两个数据进行比较，其结果是一个布尔值，即true或false。常用比较运算符如表2-4所示。

表2-4 常用比较运算符

运算符	描述	例子	返回值
==	等于（只根据值进行判断，不涉及数据类型）	5==8	false
		"5"==5	true
===	绝对等于（值和类型均参与判断）	5==="5"	false
		5===5	true
!=	不等于（只根据值进行判断，不涉及数据类型）	5!=8	true
!==	不绝对等于（值和类型均参与判断，值和类型有一个不相等，或两个都不相等返回值均为true）	5!=="5"	true
		5!==5	false
>	大于	5>8	false
<	小于	5<8	true
>=	大于或等于	5>=8	false
<=	小于或等于	5<=8	true

（3）逻辑运算符

逻辑运算符用于对布尔值进行运算，其返回值也是布尔值，常用逻辑运算符如表2-5所示。

表 2-5　常用逻辑运算符

运算符	描述	例子
&&	逻辑与	若 x=6、y=3，则表达式(x < 10 && y > 1)返回值为 true
||	逻辑或	若 x=6、y=3，则表达式(x==5 || y==5)返回值为 false
!	逻辑非	若 x=6、y=3，则表达式!(x==y)返回值为 true

小提示　JavaScript 逻辑运算符的优先级（从高到低）是 !、&&、||。

（4）赋值运算符

赋值运算符用于将运算符右边的值赋给左边的变量。在 JavaScript 中，最基本的赋值运算符是"="，还可以将其他运算符和赋值运算符"="联合构成复合赋值运算符，常用赋值运算符如表 2-6 所示。

表 2-6　常用赋值运算符

运算符	例子	等同于	运算结果
=	x=10;　y=5;　x=y;	x=y	x=5
+=	x=10;　y=5;　x+=y;	x=x+y	x=15
-=	x=10;　y=5;　x-=y;	x=x-y	x=5
*=	x=10;　y=5;　x*=y;	x=x*y	x=50
/=	x=10;　y=5;　x/=y;	x=x/y	x=2
%=	x=10;　y=5;　x%=y;	x=x%y	x=0

（5）条件运算符

条件运算符是 JavaScript 中的一种特殊的三目运算符，其语法格式如下：

```
条件表达式?结果 1:结果 2
```

在上述语法格式中，先求条件表达式的值，如果为 true，则整个表达式的返回结果为"结果 1"，否则为"结果 2"。

【案例 2-7】根据用户输入的年份判断是否是闰年，并输出结果。

参考代码如下：

```html
<!DOCTYPE html>
<html>
    <head>
        <meta charset="UTF-8">
        <title>条件运算符的使用</title>
        <script>
            var year = prompt('请输入需要判断的年份: ');
            var isLeap = (year%4==0 && year%100!=0 || year%400==0)?"闰年":"平年";
            alert(year+"是"+isLeap);
        </script>
    </head>
```

```
        <body>
        </body>
    </html>
```

保存并运行网页文件，用户根据提示信息输入年份，如图 2-9 所示，系统会自动判断该年份是平年还是闰年，并通过消息弹出框输出结果，运行效果如图 2-10 所示。

图 2-9　用户根据提示输入年份

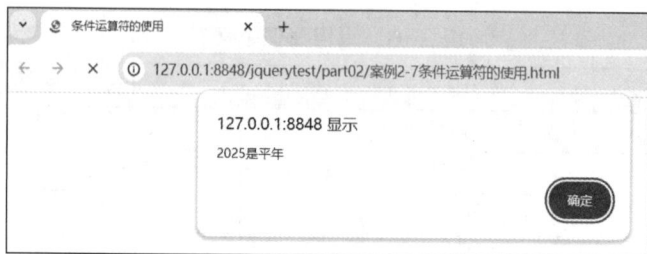

图 2-10　判断输入年份是平年还是闰年

（6）运算符优先级

运算符的种类很多，JavaScript 运算符有着明确的结合性和优先级，JavaScript 中常用运算符的结合性和优先级如表 2-7 所示。

表 2-7　常用运算符的结合性和优先级

运算符	结合性	优先级
.、[ ]、( )	从左到右	高
++、--、-、!、new、typeof	从右到左	
*、/、%	从左到右	
+、-	从左到右	
<、<=、>、>=、in、instanceof	从左到右	
==、!=、===、!==	从左到右	
&&	从左到右	
||	从左到右	
?:	从右到左	
=、*=、/=、%=、+=、-=、&=、^=、!=	从右到左	
,	从左到右	低

说明　同一行的运算符优先级相同；不同行的运算符，从下往上，优先级由低到高。

2. 表达式

表达式是由变量、常量、运算符、函数调用和关键字等元素构成的代码片段。它能够被解析和计算，并最终返回一个明确的值。根据所使用的运算符和操作数的不同，表达式可以分为多种类型，如算术表达式、赋值表达式、逻辑表达式和条件表达式等。这些表达式在程序中用于执行各种计算任务和条件判断、赋值、修改变量等操作。

2.1.6　流程控制语句

在程序的执行过程中，代码的不同执行顺序会直接影响运行结果。用户可以通过流程控制语句来控制代码的执行顺序，以达到实现某一功能的目的。

流程控制语句主要有 3 种结构，分别是顺序结构、分支结构和循环结构，这 3 种结构代表了代码的 3 种执行顺序。

顺序结构是程序中最基本的结构，代码会按照先后顺序依次执行，前文的案例 2-6 和 2-7 中均有用到；分支结构是根据条件判断来决定要执行的分支代码；循环结构则是根据条件判断来决定是否重复执行某一段代码。

2.1.7　分支结构

在代码自上而下的执行过程中，根据不同的条件执行不同的代码，从而得到不同的结果，这样的结构就是分支结构。JavaScript 主要提供了以下几种分支结构。

分支结构

1. if 语句

if 语句也被称为单分支语句，它先判断给定条件表达式的值，根据判断结果来决定是否要执行代码，其基本结构如下：

```
if(条件表达式){
    //语句块
}
```

当 if 语句中的条件表达式值为 true 时，执行花括号中的语句块，否则将跳过语句块执行花括号后面的语句。if 语句语法格式的几点说明如下。

① if 关键字后面的一对圆括号不能省略，括号中的条件表达式返回值一定是布尔型的 true 或 false。

② if 语句里一对花括号中的是语句块，当语句块只有一条语句时，花括号可以省略，为了遵循编码规范，建议保留花括号。

③ if 语句条件表达式后一定不能添加分号，如果添加分号，那么当条件表达式成立后执

行空语句，而不是用户指定的语句块。

【案例 2-8】利用 if 语句判断成绩，如果及格则进行提示。

参考代码如下：

```
<!DOCTYPE html>
<html>
    <head>
        <meta charset="UTF-8">
        <title>判断成绩是否及格</title>
        <script type="text/javascript">
            var score = 65;
            if(score >= 60) {
                result = "恭喜您及格了！"
            }
            alert(result);
        </script>
    </head>
    <body>
    </body>
</html>
```

运行网页文件，结果如图 2-11 所示。

图 2-11　if 语句应用案例运行结果

2. if...else 语句

if...else 语句也被称为双分支语句，它先判断给定条件表达式的值，值为 true 执行语句块 1，为 false 执行语句块 2，其基本结构如下：

```
if(条件表达式){
    //语句块 1
}else{
    //语句块 2
}
```

【案例 2-9】利用 if...else 语句进行成绩判断，提示及格或不及格。

参考代码如下：

```
<!DOCTYPE html>
<html>
    <head>
        <meta charset="UTF-8">
        <title>判断并提示成绩是否及格</title>
        <script type="text/javascript">
```

```
            var score = 55;
            if(score >= 60) {
                    result = "恭喜您及格了！";
            }
            else{
                    result="很遗憾您没及格";
            }
            alert(result);
        </script>
    </head>
    <body>
    </body>
</html>
```

运行网页文件，结果如图 2-12 所示。

图 2-12　if...else 语句应用案例运行结果

3. if...else if...else 语句

if...else if...else 语句也被称为多分支语句，其基本结构如下：

```
if(条件表达式 1){
        //语句块 1
}else if(条件表达式 2){
        //语句块 2
}…
else if(条件表达式 n){
        //语句块 n
}else{
        语句块 n+1
}
```

当 if...else if...else 语句执行时，它先判断给定条件表达式 1 的值，值为 true 执行语句块 1，如果为 false 则继续判断给定条件表达式 2 的值，值为 true 则执行语句块 2，为 false 则以此类推继续判断，若所有条件表达式的值都为 false，则执行语句块 $n+1$，如果最后没有 else 分支，则程序什么也不执行。

【案例 2-10】利用 if...else if...else 语句进行成绩判断，并提示成绩等级。

参考代码如下：

```
<!DOCTYPE html>
<html>
    <head>
```

```
    <meta charset="UTF-8">
    <title>判断并提示成绩等级</title>
    <script type="text/javascript">
        var score = 85;
        if(score < 60) {
            result = "不及格";
        } else if(score >= 60 && score < 70) {
            result = "及格";
        } else if(score >= 70 && score < 80) {
            result = "中等";
        } else if(score >= 80 && score < 90) {
            result = "良好";
        } else {
            result = "优秀";
        }
        alert(result);
    </script>
</head>
<body>
</body>
</html>
```

运行网页文件，结果如图 2-13 所示。

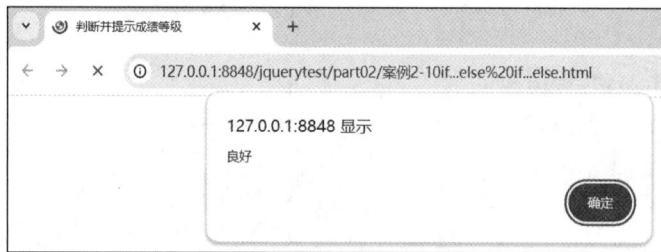

图 2-13　if…else if…else 语句应用案例运行结果

4．if 语句的嵌套

if 语句可以单独使用，也可以嵌套。所谓嵌套是指在 if 语句的语句块部分再嵌套完整的 if 语句，此结构用法与 if…else 语句用法类似，在此不赘述。

5．switch 语句

switch 语句属于典型的多分支语句，等价于嵌套的 if 语句。相比较而言，switch 语句代码更加清晰、简洁，比嵌套的 if 语句可读性更强。其基本结构如下：

```
switch(条件表达式) {
    case 值 1:
        语句块 1;
        break;
    case 值 2:
        语句块 2;
        break;
    ...
```

```
        default;
            语句块 n;
}
```

执行 switch 语句时，首先判断条件表达式的值，然后将条件表达式的值自上向下依次与每个 case 的值进行比较，如果和某个 case 的值相同，则执行该 case 后相应的语句块，直到执行到 break 语句时，跳出整个 switch 语句；如果条件表达式的值与每个 case 的值都不相同，则执行 default 后面的语句块。

【案例 2-11】对用户输入的成绩进行判断，并提示成绩等级。

参考代码如下：

```html
<!DOCTYPE html>
<html>
    <head>
        <meta charset="UTF-8">
        <title>switch 语句的应用</title>
        <script type="text/javascript">
            var score = prompt("请输入您的成绩！（只能输入 0~100 的数。）");
            switch(parseInt(score / 10)) {
                case 10:
                    result = "优秀";
                    break;
                case 9:
                    result = "优秀";
                    break;
                case 8:
                    result = "良好";
                    break;
                case 7:
                    result = "中等";
                    break;
                case 6:
                    result = "及格";
                    break;
                default:
                    result = "不及格";
            }
            alert("您的成绩是：" + result);
        </script>
    </head>
    <body>
    </body>
</html>
```

运行网页文件，首先弹出输入对话框，如图 2-14 所示，提示用户输入成绩。当用户输入值并单击【确定】按钮后，switch 语句会对条件表达式进行运算，并执行相对应的 case 后面的语句块，执行到 break 语句时跳出整个 switch 语句，最后通过一个对话框输出判断结果，运行结果如图 2-15 所示。

图 2-14　switch 语句应用案例

图 2-15　switch 语句应用案例运行结果

任务实施

1. 添加 HTML 代码

打开诗歌赏析网站的首页 index.html 文件，在 header 部分的<nav>的最后加入显示问候
语的网页结构，即 id 值为"showTime"的<div>区块，导航条部分代码如下：

```html
<!--导航条 begin-->
        <nav class="navbar">
            <!--图片 logo-->
            <img src="img/shi1.jpg" class="logo" id="logo" />
            <!--索引-->
            <ul class="list">
                <li>
                    <a href="#" class="curChoose">首页</a>
                </li>
                ...
                <li>
                    <a href="#">乐府诗歌</a>
                </li>
            </ul>
            <!--右侧问候语-->
            <div id="showTime">
            </div>
        </nav>
<!--导航条 end-->
```

2. 添加 CSS 样式

打开 css 文件夹中的 header.css 文件，在文件末尾添加美化问候语区块的 CSS 样式，添
加后的代码参考如下：

```
/*导航栏右侧问候语样式*/
nav  #showTime{
    float: right;
    width:300px;
    height:40px;
    padding-top: 15px;
    /*background:red;*/
    margin-left: 300px;
    text-align: left;
    font-size: 13px;
}
```

为网页添加时间
和问候语

3. 添加 JavaScript 脚本

再次打开诗歌赏析网站的首页 index.html 文件, 在导航栏<nav>区块之后添加显示问候语功能的 JavaScript 代码, 添加后的代码参考如下:

```
<!--问候语显示 begin-->
<script type="text/javascript">
    //处理时间 begin
    var currentTime = new Date();          //定义一个日期对象
    var year = currentTime.getFullYear();  //获取系统年份
    var month = currentTime.getMonth();    //获取系统月份
    var day = currentTime.getDate();       //获取系统当月天数
    var dayCycle = currentTime.getDay();   //获取系统星期数
    var hour = currentTime.getHours();     //获取小时数
    var minute = currentTime.getMinutes(); //获取分钟数
    var sec = currentTime.getSeconds();    //获取秒数
    //处理时间 end
    //处理问候语 begin
    if(hour < 6) {
        sayHello = "凌晨好! ";
    } else if(hour < 9) {
        sayHello = "早上好! ";
    } else if(hour < 12) {
        sayHello = "上午好! ";
    } else if(hour < 14) {
        sayHello = "中午好! ";
    } else if(hour < 17) {
        sayHello = "下午好! ";
    } else if(hour < 19) {
        sayHello = "傍晚好! ";
    } else if(hour < 22) {
        sayHello = "晚上好! ";
    } else {
        sayHello = "夜里好! ";
    }
    //处理问候语 end
    //组合显示结果
```

```
    sayHello += "现在是" + year + "年" + month + "月" + day + "日" + "星期" +
dayCycle + " " + hour + ":" + minute + ":" + sec;
    document.getElementById("showTime").innerHTML = sayHello; //进行组合
</script>
<!--问候语显示 end-->
```

保存并运行网页，运行效果如图 2-16 所示。

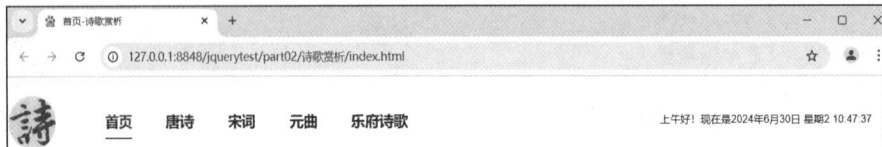

图 2-16　任务 2.1 运行效果

任务 2.2　格式化显示星期数——循环结构和数组

任务描述

任务 2.1 完成了诗歌赏析网站时间和问候语的添加，在显示星期数的时候显示的是阿拉伯数字，如"星期 2"。对星期数的显示进行格式化处理，使之显示成"星期二"的形式。

任务分析

利用 JavaScript 的循环结构和数组即可实现格式化显示星期数的操作。JavaScript 的循环结构与数组的配合使用是本任务实施的关键，由于循环次数是固定的，因此本任务中可以选择使用 for 循环语句。由于本任务在实施时依旧没有介绍函数的相关知识，因此页面暂时不具备自动刷新功能，需要手动刷新来查看不同时间段的问候语和时间等，在后续的学习中，我们将对本任务做进一步的完善。

知识链接

循环结构和数组是学习 JavaScript 过程中必须掌握的重要基础知识。

2.2.1　循环结构

循环结构可实现在满足一定条件的情况下，重复地执行某个代码段。在 JavaScript 中，常用的循环语句包括 for、while 和 do…while 这 3 种。

1. for 循环语句

for 循环又称计次循环，是最常用的循环语句之一，一般用在循环次数已知的情况下，其基本结构如下：

```
for(初始值语句①;条件表达式②;操作表达式③){
        //循环体
}
```

for 循环语句的执行过程是：先执行初始值语句①，再进行条件表达式②的判断；如果判断值为 false 则直接退出循环，如果为 true，则执行循环体；然后执行操作表达式③改变循环

变量的值，之后再次进行条件表达式②的判断；如果判断值还为 true 则再次执行循环体，进行新一轮的循环，直到条件表达式②的值为 false 时结束循环。

【案例 2-12】利用 for 循环语句求 100 以内所有奇数的和。

参考代码如下：

```html
<!DOCTYPE html>
<html>
    <head>
        <meta charset="UTF-8">
        <title>求 100 以内所有奇数的和</title>
        <script type="text/javascript">
            var sum = 0;
            for(i = 1; i < 100; i += 2) {
                sum += i;
            }
            alert(sum);
        </script>
    </head>
    <body>
    </body>
</html>
```

运行网页文件，运行结果如图 2-17 所示。

图 2-17   for 循环语句案例运行结果

2. while 循环语句

while 循环又称前测试循环，其特点是先判断后执行，基本结构如下：

```
while(条件表达式){
        循环体;
}
```

while 循环语句首先判断条件表达式，如果条件表达式的值为 false 则退出 while 循环；如果条件表达式的值为 true 则执行循环体，之后再次进行条件表达式的判断；如果条件表达式的值为 true 则进行新一轮循环，直到为 false 时结束循环。

【案例 2-13】利用 while 循环语句求 1～100 所有整数的和。

参考代码如下：

```html
<!DOCTYPE html>
<html>
    <head>
        <meta charset="UTF-8">
        <title>求 1～100 所有整数的和</title>
```

```
        <script type="text/javascript">
            var sum = 0;
            var i = 0;
            while(i <= 100) {
                sum += i;
                i++;
            }
            alert("1~100 所有整数的和是: " + sum);
        </script>
    </head>
    <body>
    </body>
</html>
```

运行网页文件，运行结果如图 2-18 所示。

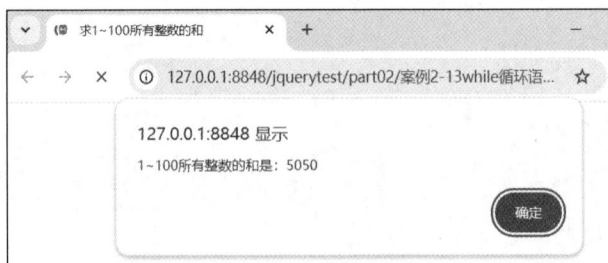

图 2-18　while 循环语句案例运行结果

3．do...while 循环语句

与 while 循环不同，do...while 循环又称后测试循环，其特点是先执行后判断，其基本结构如下：

```
do{
        //循环体
}while(条件表达式)
```

do...while 循环语句的执行过程是：先执行一次循环体，然后进行条件判断，当条件表达式的值为 true 时，继续执行循环体，否则结束循环。

【案例 2-14】利用 do...while 循环语句求 100 以内所有偶数的和。

参考代码如下：

```
<!DOCTYPE html>
<html>
    <head>
        <meta charset="UTF-8">
        <title>求 100 以内所有偶数的和</title>
        <script type="text/javascript">
            var sum = 0;
            var i = 100;
            do {
                sum += i;
                i = i - 2;
            } while (i >= 0);
            alert(sum);
```

```
            </script>
        </head>
        <body>
        </body>
</html>
```

运行网页文件，运行结果如图 2-19 所示。

图 2-19　do...while 循环语句案例运行结果

2.2.2　跳转语句

在实际应用中，循环语句并不是必须等到循环条件不满足之后才结束循环，很多情况下，用户希望循环进行到一定阶段时，能根据某种情况终止某一次循环或提前退出循环。要满足此需求，需要使用 continue 语句或 break 语句。

跳转语句

1. continue 语句

continue 语句用于终止当前循环，并马上进入下一轮循环，其基本结构如下：

```
continue;
```

continue 语句的执行通常需要设定某个条件，当满足该条件时，执行 continue 语句。值得注意的是，continue 语句只能用在 for、while、do...while 或 switch 语句中。

【案例 2-15】利用 continue 语句筛选 1 ~ 20 的偶数，并对其进行求和运算。

参考代码如下：

```
<!DOCTYPE html>
<html>
    <head>
        <meta charset="utf-8">
        <title>continue 语句的应用</title>
        <script>
            var sum = 0;
            var str = "1 ~ 20 的偶数有：";
            //把 1 ~ 20 的偶数进行累加
            for(var i = 1; i < 20; i++) {
                if(i % 2 != 0) //判断 i 的奇偶性，如果为奇数，执行 continue 语句
                    continue; //如果执行该语句，终止当前循环，执行下一轮循环
                sum += i;
                //如果执行 continue 语句，循环体内的该行以及后面的代码都不会被执行
                str += i + " ";
```

```
            }
            str += "\n 这些偶数的和为: " + sum;
            alert(str);
        </script>
    </head>
    <body>
    </body>
</html>
```

程序执行过程中，使用 i%2!=0 作为 continue 语句执行的条件，如果条件表达式的值为 true，即 i 为奇数时，执行 continue 语句终止当前循环，执行下一轮循环，此时 continue 语句后续的代码都不会被执行，因而奇数都不会被累加。可见，通过使用 continue 语句就可以保证只累加偶数。

运行网页文件，运行结果如图 2-20 所示。

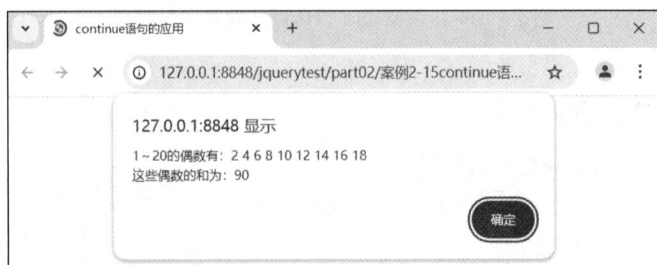

图 2-20　continue 语句案例运行结果

2. break 语句

break 语句的使用情况通常有两种，一种是用在 switch 语句中跳出 switch 语句，另一种是用在循环语句中退出整个循环，其基本结构如下：

```
break;
```

break 语句和 continue 语句一样，执行时也需要设定某个条件，当满足该条件时，执行 break 语句。

【案例 2-16】利用 break 语句筛选 1～20 的被累加的偶数，并对其进行求和运算。

参考代码如下：

```
<!DOCTYPE html>
<html>
    <head>
        <meta charset="utf-8">
        <title>break 语句的应用</title>
        <script>
            var sum = 0;
            var str = "1~20 的被累加的偶数有: ";
            //把 1~20 的偶数进行累加
            for(var i = 2; i < 20; i += 2) {
                if(sum > 60)
                    break; //执行 break 语句后，整个循环立刻终止
                sum += i;
                str += i + " ";
```

```
                }
                str += "\n 这些偶数的和为: " + sum;
                alert(str);
        </script>
    </head>
    <body>
    </body>
</html>
```

程序执行过程中,使用 sum>60 作为 break 语句执行的条件,如果条件表达式的值为 true,执行 break 语句终止整个循环, 此时 break 语句后续的代码以及后面的循环都不会被执行。

运行网页文件,运行结果如图 2-21 所示。

图 2-21　break 语句案例运行结果

2.2.3　数组

数组是 JavaScript 中最常用的数据类型之一, 一个数组类型的变量可以保存一组数据,并且数据可以是任意类型的, 通过一个变量就可以访问一组数据。利用数组可以很方便地对数据进行分类和批量处理。

为了方便理解,我们可以把数组想象成一张一行多列的表格,表格的每个单元格都可以存储一个数据,且每个数据的数据类型可以不同, 我们把一个单元格称为一个数组元素。

1. 创建数组

在 JavaScript 中, 可以通过两种方法来创建数组,一种是通过实例化 Array 对象来创建数组,另一种是直接使用"[]"字面量来创建数组,基本语法格式如下:

```
var arrayObj=new Array(元素 0,元素 1,元素 2,…);          //通过"new Array ()"创建数组
//或
var arrayObj=[元素 0,元素 1,元素 2,…];                  //使用"[]"创建数组
```

例如,分别用两种方法声明数组类型的变量,参考代码如下:

```
var arr1=new Array(1,2,3,'苹果','香蕉','橘子');
//或
var arr1=[1,2,3,'苹果','香蕉','橘子'];
```

数组的定义与
遍历

在上述数组创建过程中,new Array()是一个实例化对象的过程,使用"[]"来创建数组是一个字面量赋值过程,相对而言前者创建效率较低。通常,推荐使用"[]"方法来创建数组。

2. 访问数组元素

在 JavaScript 中，可以借助数组名及其索引访问数组元素。索引又称下标，数组索引从 0 开始编号，之后的每个数组索引递增加 1，即索引 0、索引 1……以此类推。

例如，访问已经创建的数组的数组元素，参考代码如下：

```
var arr1=new Array(1,2,3,'苹果','香蕉','橘子');
var s1=arr1[0];   //访问数组 arr1 的索引为 0 的第一个元素 1
var s2=arr1[3];   //访问数组 arr1 的索引为 3 的第 4 个元素"苹果"
```

3. 遍历数组

数组是一个变量存储一组值，在实际应用中，用户访问数组的每个元素就是遍历数组。

在 ECMAScript 6（以下简称 ES6）中，新增了一种 for...of 语法，可以很方便地对数组进行遍历。

【案例 2-17】利用循环遍历输出数组中的所有元素。

参考代码如下：

```
<!DOCTYPE html>
<html>
    <head>
        <meta charset="UTF-8">
        <title></title>
    </head>
    <body>
        <script type="text/javascript">
            var weekArray = ["星期日", "星期一", "星期二", "星期三", "星期四",
            "星期五", "星期六"];
            for(var value of weekArray) {
                document.write(value + '<br>');
            }
        </script>
    </body>
</html>
```

在上述代码中，变量 value 表示每次遍历时对应的数组元素的值，weekArray 表示待遍历的数组，运行网页文件，查看运行结果，如图 2-22 所示。

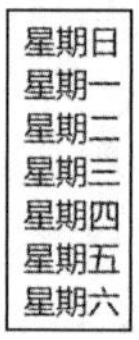

4. 操作数组元素

操作数组元素包括查看或修改数组长度、添加或修改数组元素、删除数组元素、截取数组元素、合并数组元素、设置数组元素的排列顺序、将数组转换成字符串等。

（1）查看或修改数组长度

使用数组的 length 属性可以查看或修改数组长度，查看或修改数组长度的语法格式如下：

```
arrayObj.length
```

【案例 2-18】查看并修改已创建的数组的长度。

JavaScript 部分代码参考如下：

```
var arr1 = new Array(1, 2, 3, 4, 5, 6, 7, 8);
console.log("数组的长度是: "+ arr1.length);
```

星期日
星期一
星期二
星期三
星期四
星期五
星期六

图 2-22　遍历数组案例运行结果

```
arr1.length = 10; //加长数组元素的长度
console.log("数组的第 9 个元素是: "+arr1[8]+"。"+"数组的第 10 个元素是: "+arr1[9]);
arr1.length = 3;
console.log("数组的第 3 个元素是: "+arr1[2]+"。"+"数组的第 4 个元素是: "+arr1[3]);
```

程序中首先声明了含有 8 个元素的数组，所以首先输出数组的长度为 8；之后将数组的长度设置为 10，由于原数组一共 8 个元素，因此新增的第 9 个和第 10 个元素为空元素，访问元素时显示为 undefined；再次将数组的长度调整为 3，即数组中仅留下前 3 个元素，第 4 个及后面的所有元素都被舍弃，所以再次访问第 4 个元素时显示 undefined。运行网页文件，按【F12】键查看控制台运行结果，运行结果如图 2-23 所示。

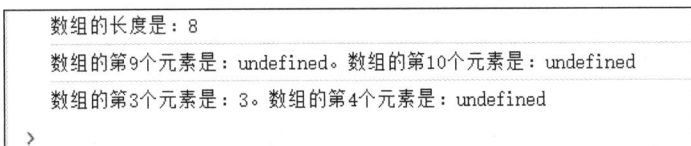

```
数组的长度是：8
数组的第9个元素是：undefined。数组的第10个元素是：undefined
数组的第3个元素是：3。数组的第4个元素是：undefined
>
```

图 2-23　查看并修改数组长度案例运行结果

（2）添加或修改数组元素

使用索引可以添加或修改数组元素。如果给定的索引值超过了数组中的最大索引值，则表示添加新数组元素，否则表示修改数组元素。

【案例 2-19】添加并修改数组元素。

JavaScript 部分代码参考如下：

```
var arr = ['红色', '绿色', '蓝色'];
arr[3] = '粉色';    //添加新数组元素
console.log("添加元素后数组: "+arr);
arr[0] = '橙色';    // 修改索引为 0 的第一个数组元素
console.log("修改元素后数组: "+arr);
```

代码中声明了长度为 3 的数组，然后为第 4 个数组元素赋值为"粉色"，因原数组不存在此元素，此操作相当于为数组增加一个元素；之后将第一个数组元素赋值为"橙色"，因原数组已经存在此元素，此操作相当于修改数组元素。保存并运行文件，按【F12】键查看控制台运行结果，运行效果如图 2-24 所示。

```
添加元素后数组：红色,绿色,蓝色,粉色
修改元素后数组：橙色,绿色,蓝色,粉色
```

图 2-24　添加并修改数组元素案例运行结果

通过循环语句可以很方便地为数组添加多个元素，JavaScript 部分代码参考如下：

```
var arr = [];
    for(var i = 0; i < 10; i++) {
        arr[i] = i + 1;
    }
alert(arr);
```

运行网页文件，利用 for 循环语句将 1～10 添加到数组中，查看运行结果，如图 2-25 所示。

（3）删除数组元素

数组元素不仅可以查看、添加、修改，还可以根据需要进行删除，删除数组元素有 3 种情况。

47

图 2-25　通过循环语句为数组添加多个元素案例运行结果

第一种情况，删除数组中最后一个元素并返回该元素值。语法格式如下：

```
arrayObj.pop();
```

第二种情况，删除最前面第一个元素并返回该元素值，数组中后面元素自动前移。语法格式如下：

```
arrayObj.shift();
```

第三种情况，删除从指定位置开始的指定数量的元素，返回值为数组形式，其中包含所有删除的元素。语法格式如下：

```
arrayObj.splice(指定位置,数量);
```

【案例 2-20】删除数组最后一个、第一个和任意位置元素，并返回数组元素。

JavaScript 部分代码如下：

```
var arr = [1, 2, 3, 4, 5, 6, 7, 8];
console.log("原数组元素为: " + arr);
var deleLast = arr.pop();   //删除最后一个元素，并返回
console.log("被删除数组元素为: " + deleLast + "。新数组元素为: " + arr);
var deleFirst = arr.shift();   //删除第一个元素，并返回
console.log("被删除数组元素为: " + deleFirst + "。新数组元素为: " + arr);
var deleCondition = arr.splice(1, 4); //从索引 1 开始删除 4 个元素，并返回
console.log("被删除数组元素为: " + deleCondition + "。新数组元素为: " + arr);
```

数组首先被赋值 8 个元素并输出；然后删除数组中最后一个元素，输出删除的元素及删除元素后的数组；之后删除数组第一个元素，输出删除的元素及删除元素后的数组；最后删除从索引 1 开始的 4 个元素，输出删除的元素及删除元素后的数组。运行文件，按【F12】键查看控制台运行结果，运行结果如图 2-26 所示。

图 2-26　删除数组元素案例运行结果

（4）截取数组元素

截取数组元素是指以数组的形式返回数组的一部分，通过 slice()方法实现。其语法格式如下：

```
arrayObj.slice(索引开始位置, [索引结束位置]);
```

参数说明：截取不包括"索引结束位置"对应的元素，如果省略"索引结束位置"，将截取从"索引开始位置"到数组结束的所有元素；如果"索引结束位置"取值为负值，则将从数组尾部开始算起。

（5）合并数组元素

合并数组元素是指将其他数组连接到当前数组的尾部，通过 concat()方法实现。合并的多个数组可以是字符串，也可以是数组和字符串的混合。其语法格式如下：

```
arrayObj.concat(数组 1[,数组 2,…,数组 n]);
```

【案例 2-21】首先截取数组中某段数组元素，之后与其他数组进行合并。

JavaScript 部分代码参考如下：

```javascript
var arr1 = [1, 2, 3, 4, 5, 6];
var arr2 = [7, 8, 9, 0, "a", "b", "c"];
var arr3 = arr1.slice(2); //从索引为 2 的第 3 个元素开始截取到最后
console.log("被截取数组元素为: " + arr3 + "。原数组元素为: " + arr1);
var arr4 = arr1.slice(1, 4); //截取索引为 1~4 的元素，注意索引为 4 的元素不被截取
console.log("被截取数组元素为: " + arr4 + "。原数组元素为: " + arr1);
var arr5 = arr1.concat(arr2, ["d", "e"], "f", "g");
console.log("合并后: " + arr5);
```

运行网页文件，按【F12】键查看控制台运行结果，如图 2-27 所示。

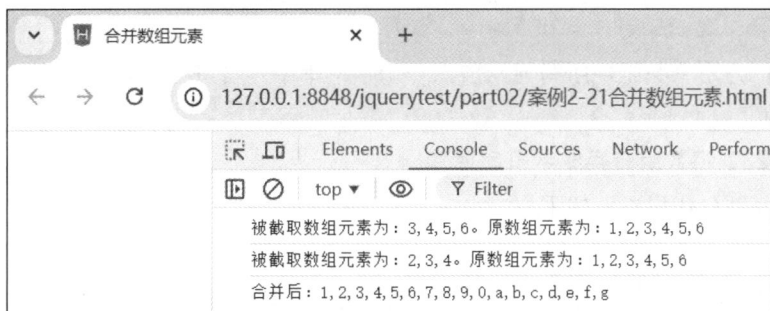

图 2-27　截取与合并数组元素案例运行结果

（6）设置数组元素的排列顺序

将数组中的元素按指定顺序进行排列。通过 reverse()方法反转数组中元素的位置，通过 sort()方法对数组元素进行排序。

反转数组元素位置的语法格式如下：

```
arrayObj.reverse();
```

对数组元素进行排序的语法格式如下：

```
arrayObj.sort(排序函数);
```

49

【案例 2-22】首先将原数组元素输出，然后对数组元素进行反转输出，最后对数组元素进行排序输出。

JavaScript 部分代码参考如下：

```
var arr1 = [5, 1, 4, 2, 3];
console.log("原数组元素是: " + arr1);
arr1.reverse();
console.log("反转后数组元素是: " + arr1);
arr1.sort();
console.log("排序后数组元素是: " + arr1);
```

运行网页文件，按【F12】键通过控制台查看运行结果，如图 2-28 所示。

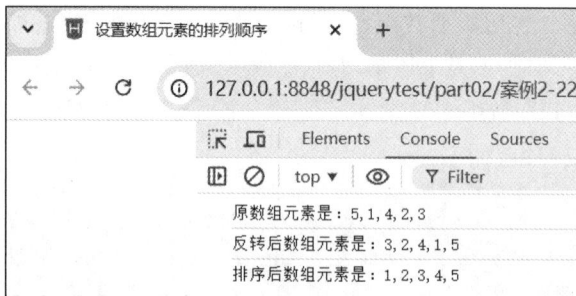

图 2-28　反转、排序数组元素案例运行结果

（7）将数组转换成字符串

在实际开发中，如果需要将数组转换成字符串，可通过 JavaScript 提供的 toString()和 join()两种方法来实现。

通过 toString()方法将数组转换成字符串，语法格式如下：

```
arrayObj.toString();
```

通过 join()方法将数组中所有元素放入一个字符串中，语法格式如下：

```
arrayObj.join(分隔符);
```

【案例 2-23】将数组转换成字符串后输出。

JavaScript 部分代码参考如下：

```
var arr1 = [5, 1, 4, 2, 3];
console.log("原数组元素是: " + arr1);
var str1=arr1.toString();
console.log("将数组转换成字符串后: " + str1);
var str2=arr1.join();
console.log("将数组转换成字符串后: " + str2);
var str3=arr1.join("#")
console.log("将数组中所有元素通过#连接后: " + str3);
```

运行文件，按【F12】键查看控制台运行结果，如图 2-29 所示。

通过上例可以看出，toString()和 join()方法将数组转换成字符串时，生成的字符串默认情况下使用逗号连接。两种方法不同的是，join()方法可以指定连接数组元素的符号。另外，如果数组元素为 undefined、null，或者数组为空数组时，在转换成字符串时对应的元素会被转换为空字符串。

图 2-29 将数组转换成字符串案例运行结果

任务实施

1. 编写 JavaScript 代码

打开任务 2.1 中完成的诗歌赏析网站的首页 index.html 文件，在导航栏 <nav> 区块后找到任务 2.1 新增加的显示问候语功能的 JavaScript 代码，在 if 语句后面添加代码，添加代码及位置参考如下：

格式化显示星期

```javascript
//处理问候语 begin
if(hour < 6) {
    sayHello = "凌晨好！";
}
    ...
} else {
    sayHello = "夜晚好！";
}
//处理问候语 end
//使用循环和数组更改星期数显示样式 begin
var weekArray = ["日", "一", "二", "三", "四", "五", "六"];
for(var i = 0; i < 7; i++) {
    if(dayCycle == i) {
        dayCycle = weekArray[i];//将 weekArray 中对应的值赋值到系统星期数中去
    }
}
//使用循环和数组更改星期数显示样式 end
//组合显示结果
sayHello += "现在是" + year + "年" + month + "月" + day + "日" + "星期" +
dayCycle + " " + hour + ":" + minute + ":" + sec;
document.getElementById("showTime").innerHTML = sayHello; //进行组合
<!--问候语 end-->
```

2. 保存并运行文件

保存并运行文件，运行效果如图 2-30 所示。

图 2-30　添加时间后运行效果

知识拓展

1. for...in 循环

该循环常用于对数组元素或者对象的属性进行循环，基本语法格式如下：

```
for(变量　in　对象){
        //JavaScript 语句
}
```

其中，"变量"为指定的变量，可以是数组元素，也可以是对象的属性。

例如，要将一个数组中的元素依次取出并输出到页面上，其代码可参考如下：

```
<script type="text/javascript">
        var weekArray = ["星期日", "星期一", "星期二", "星期三", "星期四", "星期五",
        "星期六"];
        for(var i in weekArray) {
                document.write(weekArray[i]+'<br>');
        }
</script>
```

2. 解构赋值

除了前面学习过的传统赋值方式，ES6 中还提供了另一种赋值方式——解构赋值。例如，若把数组["Tom",20,"石家庄"]中的元素分别赋值给 name、age 和 address，传统赋值方式和解构赋值方式对比如下：

```
//传统赋值方式需要 4 条语句
var arr = ["Tom",20,"石家庄"];
var name = arr[0];
var age = arr[1];
var address = arr[2];
//解构赋值只需一条语句
[name,age,address] = ["Tom",20,"石家庄"];
```

解构赋值时，JavaScript 会将"="右侧"[]"中的元素依次赋值给左侧"[]"中的变量。其中当左侧变量的数量小于右侧元素的个数时，则忽略多余的元素；当左侧变量的数量大于右侧元素的个数时，则多余的变量会被初始化为 undefined。

除此之外，解构赋值时右侧的内容还可以是一个变量名，通过解构赋值可以方便、快捷地完成两个变量值的交换，应用示例如下：

```
[name,age,address] = ["Tom",20];
console.log(name,age,address);    //输出 Tom 20 undefined
[name,age] = [age,name];
console.log(name,age);            //输出 20 Tom
```

单元小结

本单元首先介绍了 JavaScript 中的输入输出语句、关键字和标识符、变量与常量、数据类型、运算符和表达式、流程控制语句以及分支结构，使读者能够利用分支结构控制程序的执行流程；之后讲解了循环结构、跳转语句以及数组，使读者能够利用循环、数组等相关知识的组合优化程序代码设计，提高程序执行效率。通过对本单元内容的学习，读者可以增强对 JavaScript 数据结构的了解，能够利用流程控制语句和数组解决一些实际应用问题。

单元实训

利用循环及数组知识实现"猴子选大王"趣味小游戏，游戏基本规则为一群猴子围成一圈，按照"1,2,3,...,n"依次编号。之后从第 1 只猴子开始报数，数到第 m 只时，把它踢出圈；它后面的猴子再次从 1 开始报数，数到第 m 只猴子再把它踢出圈……如此不停地进行下去，直到最后剩下一只猴子为止，这只猴子就是要找的大王，具体要求如下。

① 通过输入文本框输入猴子总数，如图 2-31 所示。

图 2-31　单元实训要求 1 运行参考效果

② 通过输入文本框输入踢出第几只猴子，如图 2-32 所示。

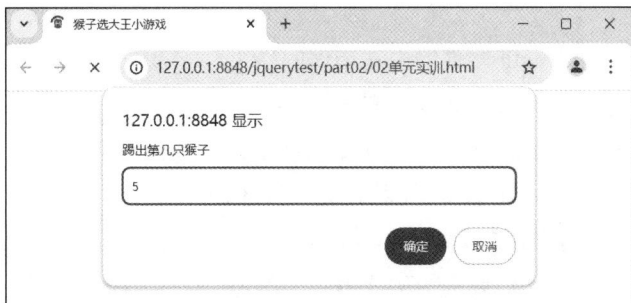

图 2-32　单元实训要求 2 运行参考效果

③ 最后输出大王编号，如图 2-33 所示。

图 2-33　单元实训要求 3 运行参考效果

习题

一、单选题

1．下列关于逻辑运算的说法错误的是（　　）。

A．逻辑运算有时会出现短路的情况

B．!a 表示若 a 为 false，则结果为 true，否则相反

C．逻辑运算的返回值是布尔型数据

D．a||b 表示 a 与 b 中只要有一个为 true，则结果为 true

2．下列关于运算符的说法错误的是（　　）。

A．逗号运算符的优先级最低　　　　　　　B．同一表达式中&的优先级高于&&

C．表达式中赋值运算符总是最后执行的　　D．表达式中圆括号的优先级最高

3．表达式"22 == 22"的比较结果为（　　）。

A．1　　　　　　　B．true　　　　　　C．0　　　　　　D．false

4．下列选项中不属于基本数据类型的是（　　）。

A．null　　　　　　B．undefined　　　　C．string　　　　D．object

5．下列选项中，不属于赋值运算符的是（　　）。

A．=　　　　　　　B．%=　　　　　　　C．==　　　　　　D．>>>=

6．下列运算符中，仅比较数据值的是（　　）。

A．===　　　　　　　　　　　　　　　　B．==

C．!==　　　　　　　　　　　　　　　　D．以上答案全部正确

7．下列关于数组中 length 属性的说法错误的是（　　）。

A．数组的 length 属性用于获取数组的长度

B．设置 length 值小于数组长度，则多余的数组元素会被舍弃

C．设置 length 值大于数组长度，会出现空的存储位置

D．数组中的 length 属性是可读不可写的属性

8．下列选项中，与三元运算符的功能相同的是（　　）。

A．if 语句　　　　　　　　　　　　　　　B．if...else 语句

C．if...else if...else 语句　　　　　　　　　D．以上答案皆正确

9. 下列选项中不属于分支结构语句的是（　　）。

A. if 语句
B. if...else 语句

C. if...else if...else 语句
D. while 语句

10. 语句 for(k=0;k=1;k++){} 和语句 for(k=0;k==1;k++){} 的执行次数分别为（　　）。

A. 无限次和 0
B. 0 和无限次
C. 都是无限次
D. 都是 0

二、多选题

1. 下列属于符号"+"的功能的是（　　）。

A. 相加
B. 正数
C. 字符串连接
D. 自增

2. 下列不属于逻辑运算符的是（　　）。

A. "&&"
B. "&"
C. "||"
D. "|"

3. 运算符"--"可以对以下哪类数据类型的数据进行操作？（　　）

A. 数值型
B. 空值
C. 字符串型
D. 布尔型

4. 下列选项中可以遍历数组的是（　　）。

A. for
B. for...in
C. while
D. for...of

三、判断题

1. 解构赋值可以完成数值的交换，如[a,b]=[b,a]。（　　）

2. 不同类型的数据不能放在一起进行比较。（　　）

3. NaN 表示非数值型的数据。（　　）

4. 逻辑运算的返回值都是布尔型数据。（　　）

5. JavaScript 是一种弱类型语言，不用提前声明变量的数据类型。（　　）

6. 循环条件永远为 true 时，则会出现死循环。（　　）

四、编程题

将数组 arr=[2, 0, 6, 1, 77, 0, 52, 0, 25, 7]中所有大于或等于 50 的元素筛选出来，放入新的数组中。

学习单元3
JavaScript函数

03

单元概述

　　人们在处理一些工作量比较大的问题时，经常采用把大问题分解成多个小问题的方式。在程序设计过程中，也常常采取这种化整为零的方式来解决问题。将一些功能相对独立或功能重复的代码定义成函数，实现程序中的代码模块化，可提高程序的可读性，减少开发工作量，同时便于程序的后期维护。JavaScript函数的主要内容包括函数的定义、调用、参数、返回值，以及函数的一些进阶应用。

学习目标

1. 知识目标

（1）熟练掌握 JavaScript 函数的基本定义与调用方式。

（2）熟练掌握 JavaScript 函数参数的定义与使用。

（3）熟练掌握 JavaScript 函数返回值的定义与使用。

（4）掌握函数表达式、JavaScript 匿名函数、JavaScript 回调函数、JavaScript 嵌套函数、JavaScript 递归函数，以及 JavaScript 内置函数等函数的一些进阶应用的定义及使用。

2. 技能目标

（1）能够根据需求调用系统函数解决实际问题。

（2）能够根据需求定义并调用自定义函数。

（3）能够灵活运用函数解决一些实际应用问题。

3. 素养目标

（1）培养学生分析问题和解决问题的基本能力。

（2）培养学生针对同一问题通过不同方法来解决的能力，通过对比时间复杂度和空间复杂度找出最优解决方案，以及面对问题时树立改革创新的自觉意识。

任务 3.1　优化设计时间显示模块——函数基础

任务描述

在前两个单元任务的功能实现部分，所有与时间显示相关的功能性代码放在一起，代码量较大，没有进行模块化设计。本任务针对这一点对代码进行优化设计。

任务分析

分析整个 JavaScript 源代码的功能实现部分，日期显示、星期数显示、时间显示以及问候语显示功能都相对独立，可以将这些内容分别封装到函数中，并在需要时调用相应函数，实现程序的模块化设计；模块化设计允许用户一次性定义函数，并在多个地方重复调用，从而避免因重复定义造成的代码冗余，减少开发工作量，提高开发效率。

知识链接

JavaScript 函数是具备一定功能且可重复调用的 JavaScript 代码段，JavaScript 函数会在某代码调用它时被执行。

3.1.1　JavaScript 函数定义

JavaScript 函数通过关键字 function、函数名和一组参数，以及花括号内需要执行的代码段定义而成，其基本语法格式如下：

```
function 函数名(参数1,参数2,...){
          代码段
}
```

【案例 3-1】使用函数实现两个数求和的功能。

参考代码如下：

```
<script type="text/javascript">
    function getSum(num1, num2) {
        return num1 + num2;
    }
</script>
```

定义函数时需要注意以下几点。

（1）函数名要满足标识符的命名规则，并尽量做到见名知意。这样便于提高代码的可读性，为后期代码的优化升级做好准备。

（2）符合约定俗成的命名习惯。

① 命名采用小驼峰式命名法，即当函数名是由一个或多个单词连接在一起构成时，除第一个单词之外，其他单词首字母大写，如 studentCount。

② 前缀一般使用动词。如获取样式时，函数名为 getStyle 等，常用动词含义如表 3-1 所示。

表 3-1　常用动词含义

动词	含义
can	判断是否可执行某个动作
has	判断是否含有某个值
is	判断是否为某个值
get	获取某个值
set	设置某个值
load	加载某些数据

③ 构造函数采用大驼峰式命名法，即当函数名是由一个或多个单词连接在一起构成时，所有单词首字母大写，如 var f=new Funciton( )或 var myCreditCard=new CreditCard( )。

3.1.2　JavaScript 函数调用

JavaScript 函数在定义后并不会自动执行，只有调用的时候才会执行。

1. JavaScript 函数调用基本语法格式

JavaScript 函数调用的语法比较简单，其基本语法格式如下：

```
函数名(参数1,参数2,...)
```

【案例 3-2】调用案例 3-1 中定义的两个数求和的函数。

参考代码如下：

```html
<body>
    <div id="MyDiv">
    </div>
    <script type="text/javascript">
        function getSum(num1, num2) {
            return num1 + num2;
        }
        var s = getSum(3, 2);
        document.getElementById("MyDiv").innerHTML = "3+2="+s;
    </script>
</body>
```

保存并运行程序，运行结果如图 3-1 所示。

运行程序，当运行到"var s = getSum(3, 2);"语句时，系统会调用已定义的求和函数 getSum(num1, num2)，同时将 3 和 2 两个数值分别赋值给变量 num1 和 num2，getSum()函数对两个变量进行相加计算，并将计算结果 5 显示在 HTML 页面中。函数中调用 document.getElementById("MyDiv").innerHTML()方法，将显示结果 5 写入 id 为 MyDiv 的区块内，此方法会在后文详细讲解。

图 3-1　案例 3-2 运行结果

2. 在页面中调用 JavaScript 函数

如果用户要实现一些比较简单的功能，可以在<head>和</head>之间进行函数的定义，然

后在\<body\>和\</body\>之间进行函数的调用。

【案例 3-3】定义并调用函数，实现问候语"Hello World!"的输出。

参考代码如下：

```html
<!DOCTYPE html>
<html>
    <head>
        <meta charset="UTF-8">
        <title>输出问候语</title>
        <script type="text/javascript">
            function sayHello(str1,str2){
                alert(str1+" "+str2);
            }
        </script>
    </head>
    <body>
        <script type="text/javascript">
            sayHello("Hello","World!");
        </script>
    </body>
</html>
```

程序运行结果如图 3-2 所示。

图 3-2　案例 3-3 运行结果

当网页运行时，函数调用语句将实参"Hello"和"World!"分别传递给函数 sayHello() 的形参 str1 和 str2，函数将"Hello"、"空串"和"World!"进行字符串连接，并将连接后的字符串显示在对话框页面上。

3. 在事件响应中调用 JavaScript 函数

用户访问页面时，会触发很多用户操作，如单击按钮、敲击键盘或滚动鼠标滚轮，这些操作都会触发相应的按钮、键盘或鼠标事件，因此用户可以借助事件响应来调用 JavaScript 函数。

【案例 3-4】定义并调用函数，实现单击按钮输出问候语的功能。

参考代码如下：

```html
<!DOCTYPE html>
<html>
    <head>
        <meta charset="UTF-8">
```

```
        <title>通过单击按钮输出问候语</title>
        <script type="text/javascript">
            function sayHello(str1,str2){
                alert(str1+" "+str2);
            }
        </script>
    </head>
    <body>
        <input type="button" value="hello" onclick="sayHello('Hello','World!')">
    </body>
</html>
```

保存并运行程序，页面中会显示一个【hello】按钮，单击【hello】按钮触发鼠标单击事件，该事件调用函数 sayHello()后会弹出一个显示有"Hello World!"字符串的对话框，运行效果如图 3-3 所示。

4. 在超链接中调用 JavaScript 函数

JavaScript 函数除了可以简单调用、在事件响应中调用，还可以通过超链接调用。

【案例 3-5】定义函数，用于在单击超链接时输出问候语。

参考代码如下：

```
<!DOCTYPE html>
<html>
    <head>
        <meta charset="UTF-8">
        <title>通过单击超链接输出问候语</title>
        <script type="text/javascript">
            function sayHello(str1,str2){
                alert(str1+" "+str2);
            }
        </script>
    </head>
    <body>
        <a href="#" onclick="sayHello('Hello','World!')">
            hello
        </a>
    </body>
</html>
```

保存并运行程序，首先显示的是一个有超链接的页面，单击超链接"hello"触发鼠标单击事件，该事件调用函数 sayHello()后会弹出一个显示"Hello World!"字符串的对话框。运行效果如图 3-4 所示。

图 3-3 案例 3-4 运行效果

图 3-4 案例 3-5 运行效果

3.1.3 JavaScript 函数参数

在函数内部的代码中，当某些值不能确定的时候，可以通过函数的参数从外部进行接收。一个函数可以通过传入不同的参数来完成不同的操作。

使用参数时应注意以下几个方面。

（1）函数参数分为形式参数（简称形参）和实际参数（简称实参），形参是指在定义函数时函数名后面圆括号中的参数，实参是指在调用函数时，函数名后面圆括号中的参数。函数形参和实参的具体语法形式如下：

```
function 函数名(形参1,形参2,...){
    ...//函数体代码
}
函数名(实参1,实参2,...)
```

（2）JavaScript 函数参数的使用非常灵活，它允许函数的形参和实参数量不同。当实参数量大于形参数量时，函数可以正常执行，多余的实参由于没有形参接收，会被忽略，除非使用其他方式（如 arguments）才能获得多余的实参。当实参数量小于形参数量时，多余的形参类似于已声明未赋值的变量，其值为 undefined。

【案例 3-6】形参定义与实参调用的数量不一致的应用。

参考代码如下：

```
<script type="text/javascript">
    function showNum(num1,num2){
        console.log(num1,num2);
    }
    showNum(123,456,789);    //实参数量大于形参数量，输出 123 456
    showNum(123);            //实参数量小于形参数量，输出 123 undefined
</script>
```

保存并运行程序，在打开的网页中按【F12】键，查看控制台运行结果，如图 3-5 所示。

图 3-5　案例 3-6 运行结果

3.1.4 使用 JavaScript 函数的返回值

当调用函数时，并不是所有情况下都需要把结果进行输出，但有时候又期待函数在调用后能够给开发者一个反馈，这个反馈称为返回值。在 JavaScript 中，函数通过 return 语句得到一个返回值。

1. 带有返回值的 JavaScript 函数语法格式

JavaScript 函数通过 return 语句得到返回值，其基本语法格式如下：

```
//声明一个带返回值的函数
function 函数名(形参1, 形参2, 形参3,...) {
    //函数体
    return 返回值;
}
//可以通过变量来接收这个返回值
var 变量 = 函数名(实参1, 实参2, 实参3,...)
```

【案例 3-7】求两数的平均值。

参考代码如下：

```
<!DOCTYPE html>
<html>
    <head>
        <meta charset="UTF-8">
        <title>求两数的平均值</title>
        <script type="text/javascript">
            function getAvg(num1,num2){
                var avg=(num1+num2)/2;
                return avg;        //返回求平均值的运算结果
            }
        </script>
    </head>
    <body>
        <script type="text/javascript">
            var getResult=getAvg(10,20);
            alert("10 和 20 的平均值为: "+getResult);
        </script>
    </body>
</html>
```

程序运行结果如图 3-6 所示。

图 3-6　案例 3-7 运行结果

2. 使用带有返回值的 JavaScript 函数的注意事项

（1）每一个函数都会有一个返回值，这个返回值通过关键字"return"进行设置。

（2）若未显式地设置函数的返回值，那么函数会默认返回 undefined。

（3）若手动设置了函数的返回值，函数将返回手动设置的值。

（4）在函数中，一旦执行完 return 语句，整个函数就结束了，return 语句后的语句将不再执行。

（5）return 语句返回的值只能有一个。

（6）如果需要函数返回多个值，需要将值组合成一个对象或数组进行返回。

3.1.5　变量作用域

在前面的内容中讲到变量需要先声明后使用，但这并不意味着声明变量后就可以在任意位置使用该变量，而限制这个变量可用性的代码范围就是这个变量的作用域。作用域机制可以有效减少命名冲突的情况出现。JavaScript 根据作用域的使用范围的不同，将其划分为全局作用域、函数作用域和块级作用域（ES6 提供的）。

1．全局作用域

不在任何函数内定义（显式定义）的变量或在函数内未使用 var 关键字定义（隐式定义）的变量，都处于全局作用域中，被称为全局变量。全局变量在整个程序的任何地方都可以访问和修改。但过多地使用全局变量可能会导致命名冲突和意外的修改，影响程序的稳定性和可维护性。

2．函数作用域

在函数内使用 var 关键字定义的变量具有函数作用域，被称为局部变量。局部变量只能在所属的函数内部被访问和使用。

3．块级作用域

使用 let 或 const 关键字在一对花括号"{}"内（如 if 语句、for 循环、while 循环等）定义的变量具有块级作用域，被称为块级变量。块级变量只能在其所在的花括号内被访问和使用。块级作用域的出现有效避免了变量的意外泄露和污染，增强了代码的逻辑性和安全性。但需要注意的是，使用 const 定义的块级变量，一旦被赋值就不能再被重新赋值。

【案例 3-8】利用变量作用域机制输出地域名称。

参考代码如下：

```javascript
<script type="text/javascript">
    var address = '河北省';        //定义并赋值全局变量
    function fn1(){
        var address = '石家庄';//定义并赋值局部变量
        console.log(address); //输出局部变量 address 的值，输出结果：石家庄
    }
    fn1();
    console.log(address);         //输出全局变量 address 的值，输出结果：河北省
    function fn2(){
        address = '沧州';        //修改全局变量
        console.log(address); //输出全局变量 address 的值，输出结果：沧州
    }
```

```
    fn2();
    console.log(address);    //输出全局变量 address 的值，输出结果：沧州
</script>
```

程序运行结果如图 3-7 所示。

任务实施

1. 利用函数优化日期定义

打开任务 2.2 中完成的诗歌赏析网站的首页 index.html
文件，修改导航栏<nav>区块之后的 JavaScript 代码，为
代码添加自定义函数 showDate()，对日期显示代码进行封
装，并在结果字符串连接处进行函数的调用，优化后的代
码参考如下：

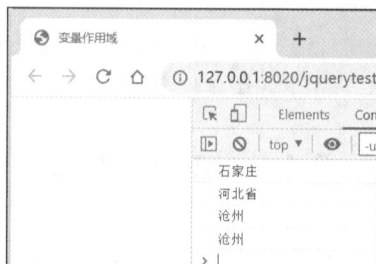

图 3-7　案例 3-8 运行结果

```
<!--问候语显示 begin-->
<script type="text/javascript">

        //定义函数，用于返回日期
        function showDate(){
            var currentTime = new Date();           //定义一个日期对象
            var year = currentTime.getFullYear();    //获取系统年份
            var month = currentTime.getMonth() + 1;  //获取系统月份
            var day = currentTime.getDate();         //获取系统当月天数
            strDate = "现在是" + year + "年" + month + "月" + day + "日";
            return strDate;                          //返回日期字符串
        }
        var currentTime = new Date();                //定义一个日期对象
        var dayCycle = currentTime.getDay();         //获取系统星期数
        var hour = currentTime.getHours();           //获取小时数
        var minute = currentTime.getMinutes();       //获取分钟数
        var sec = currentTime.getSeconds();          //获取秒数
        //处理问候语 begin
        if(hour < 6) {
            sayHello = "凌晨好！";
        } else if(hour < 9) {
            sayHello = "早上好！";
        } else if(hour < 12) {
            sayHello = "上午好！";
        } else if(hour < 14) {
            sayHello = "中午好！";
        } else if(hour < 17) {
            sayHello = "下午好！";
        } else if(hour < 19) {
            sayHello = "傍晚好！";
        } else if(hour < 22) {
            sayHello = "晚上好！";
        } else {
```

```
            sayHello = "夜晚好！";
    }
    //处理问候语 end
    //使用循环和数组更改星期数显示样式 begin
    var weekArray = ["日", "一", "二", "三", "四", "五", "六"];
    for(var i = 0; i < 7; i++) {
        if(dayCycle == i) {
        dayCycle = weekArray[i];//将 dayCycleArray 的数赋值到系统星期数中去
        }
    }
    //使用循环和数组更改星期数显示样式 begin
    //组合显示结果
    sayHello += showDate()+ "星期" + dayCycle + " " + hour + ":" +
    minute + ":" + sec;
    document.getElementById("showTime").innerHTML = sayHello; //进行组合
</script>
<!--问候语显示   end-->
```

2. 利用函数优化星期数、时间以及问候语定义

参照步骤 1，为代码添加自定义函数 showWeek()、showTime()和 showHello()，对星期数显示、时间显示和问候语显示代码进行封装，并在结果字符串连接处进行函数的调用，优化后的代码参考如下：

```
<!--问候语显示 begin-->
<script type="text/javascript">
    //定义函数，用于返回日期
    function showDate(){
        ...
    }

    //定义函数，用于返回星期数
    function showWeek(){
        var currentTime = new Date();          //定义一个日期对象
        var dayCycle = currentTime.getDay();   //获得系统星期数
        var weekArray = ["日", "一", "二", "三", "四", "五", "六"];
        for(var i = 0; i < 7; i++) {
            if(dayCycle == i) {
            dayCycle = weekArray[i];//将dayCycleArray的数赋值到系统星期数中去
            }
        }
        strWeek = "星期" + dayCycle;
        return strWeek;
    }

    //定义函数，用于返回系统时间
    function showTime(){
        var currentTime = new Date();          //定义一个日期对象
        var hour = currentTime.getHours(); //获取小时数
```

```
        var minute = currentTime.getMinutes(); //获取分钟数
        var sec = currentTime.getSeconds();     //获取秒数
        strTime = hour + ":" + minute + ":" + sec;
        return strTime;
    }


    //定义函数，用于返回问候语
    function showHello(){
        var currentTime = new Date();           //定义一个日期对象
        var hour = currentTime.getHours();      //获取小时数
        if(hour < 6) {
            sayHello = "凌晨好！";
        } else if(hour < 9) {
            sayHello = "早上好！";
        } else if(hour < 12) {
            sayHello = "上午好！";
        } else if(hour < 14) {
            sayHello = "中午好！";
        } else if(hour < 17) {
            sayHello = "下午好！";
        } else if(hour < 19) {
            sayHello = "傍晚好！";
        } else if(hour < 22) {
            sayHello = "晚上好！";
        } else {
            sayHello = "夜晚好！";
        }
        return sayHello;
    }

    //组合显示结果
    sayHello = showHello() +" " + showDate() + showWeek() + " " + showTime();
    document.getElementById("showTime").innerHTML = sayHello; //进行组合
</script>
<!--问候语显示  end-->
```

3. 定义函数，格式化输出

优化程序设计，定义格式化函数，用于调用日期显示、星期数显示、时间显示函数，并对各个函数返回值进行格式化。为代码添加自定义函数 formatTime()，对各个函数的调用进行封装，优化后的代码参考如下：

```
<!--问候语显示 begin-->
<script type="text/javascript">
        //定义函数，用于返回日期
        function showDate(){
            ...
        }
```

```
//定义函数，用于返回星期数
function showWeek(){
    ...
}

//定义函数，用于返回系统时间
function showTime(){
    ...
}

//定义函数，用于返回问候语
function showHello(){
    ...
}

// 定义函数，格式化输出，将结果显示到网页前端
function formatTime(){
    sDate = showDate();     //调用日期显示函数
    sWeek = showWeek();     //调用星期数显示函数
    sTime = showTime();     //调用时间显示函数
    sHello = showHello();   //调用问候语显示函数
    sFormatTime =sHello+" "+sDate + sWeek + " "+sTime;
                            //各个函数返回值格式化
    document.getElementById("showTime").innerHTML = sFormatTime;
                            //将格式化字符串显示到网页前端
}
formatTime();
</script>
<!--问候语显示  end-->
```

优化设计时间
显示模块

4．网页运行测试

保存并运行网页，运行效果如图 3-8 所示。

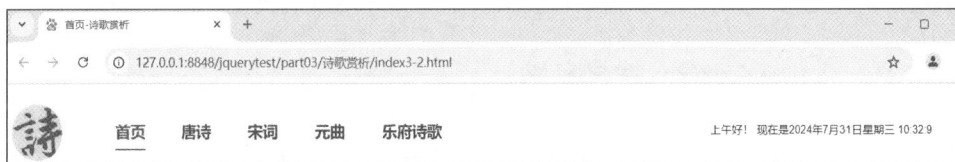

图 3-8　任务 3.1 运行效果

任务 3.2　实时更新时间显示——函数进阶

任务描述

在任务 3.1 中为网页添加了问候语和时间显示功能，并利用自定义函数优化了代码设计，但网页上显示的时间是程序运行时的时间，时间固定，不会随着时间的推移而变化；另外 JavaScript 代码的编写是通过内嵌式实现的，没有实现 JavaScript 与 HTML 的分离设计效果。本任务主要实现页面上的时间实时更新，以及 JavaScript 与 HTML 分离设计。

任务分析

在任务 3.1 中，页面时间一直显示运行时的时间，不具备自动更新的功能，用户要想查看当前的时间，可以借助手动刷新方式来实现。若要实现系统自动刷新，实时更新时间，可以借助系统的定时函数，同时利用匿名函数处理指定事件的方式优化代码设计。此外将 JavaScript 代码实现部分放到一个独立的 JS 文件中，并在需要 JS 代码功能的 HTML 文件中进行调用，通过外链式方法重构 JavaScript 代码，实现 JavaScript 与 HTML 分离的结构化设计。

知识链接

通过对函数基础知识的学习，读者可利用函数定义、调用、参数以及返回值等基础应用实现程序的模块化设计，通过函数表达式、JavaScript 匿名函数、JavaScript 回调函数、JavaScript 嵌套函数、JavaScript 递归函数、JavaScript 内置函数等函数的进阶应用可以优化代码设计，提高程序的设计效率。

函数进阶

3.2.1　函数表达式

函数表达式将声明的函数赋值给一个变量，通过变量完成函数的调用和参数的传递，它也是 JavaScript 中一种实现自定义函数的方式。

【案例 3-9】利用函数表达式的方式求两数平均值。

参考代码如下：

```
<script type="text/javascript">
    var getResult = function(num1,num2){      //定义函数表达式
        return (num1+num2)/2;
    }
    console.log(getResult(6,8));              //调用函数表达式，输出结果：7
</script>
```

从上述代码可以看出，函数表达式与函数声明的定义方式类似，不同的是函数表达式的定义必须在调用之前，而函数声明的方式不限制定义与调用的顺序。

3.2.2　JavaScript 匿名函数

在案例 3-9 中，由于 getResult 是一个变量，给这个变量赋值的函数没有函数名，所以这个函数也被称为匿名函数。程序中将匿名函数赋值给了变量 getResult 以后，变量 getResult 就能像函数一样被调用。匿名函数调用方式通常有 3 种：通过函数表达式声明方式调用、通过自调用方式调用，以及通过处理事件方式调用。

【案例 3-10】匿名函数的调用。

参考代码如下：

```
<script type="text/javascript">
    //调用方式1：通过函数表达式声明方式
    var fn = function(num1,num2){
        console.log(num1 + num2);
    };
```

```
        fn(20,20);

        //调用方式 2：通过自调用方式
        (function (num3,num4){
            console.log(num3*num4);
        })(20,21);

        //调用方式 3：通过处理事件方式
        window.onload = function(){
            fn(20,22);
        }
</script>
```

程序运行结果如图 3-9 所示。

图 3-9　案例 3-10 运行结果

在上例中，调用方式 1 是利用函数表达式的方式定义匿名函数，需要使用变量访问。调用方式 2 是利用圆括号"()"直接包裹匿名函数，将匿名函数看作函数对象，相当于获取了含有名称的函数引用位置，其后的圆括号"()"表示给匿名函数传递参数并立即执行，完成函数的自调用。调用方式 3 则是利用匿名函数处理指定的事件。

3.2.3　JavaScript 回调函数

在前面的程序设计中，函数体内所有功能均已定义完整，这种情况称之为静态编程；如果函数体内部分功能尚未定义，需由调用者定义，这种情况称之为动态编程，动态编程可以通过回调函数来实现。所谓回调函数，指的是将函数 A 作为参数传递给函数 B，然后在函数 B 的函数体内调用函数 A。其中匿名函数常用作函数的参数传递，实现回调函数。

【案例 3-11】回调函数的应用。

参考代码如下：

```
<script type="text/javascript">
    function choice(num,fn){
        return fn(num);
    }
    choice(1,function(num){
        console.log('您选择的'+num+'，欢迎进入探索新知模块！');
    });
    choice(2,function(num){
        console.log('您选择的'+num+'，欢迎进入温故知新模块！');
    });
```

```
    choice(3,function(num){
        console.log('您选择的'+num+'，欢迎进入新知闯关模块！');
    });
</script>
```

程序运行结果如图 3-10 所示。

图 3-10　案例 3-11 运行结果

在上例中，首先定义了一个 choice()函数，用于返回 fn()回调函数的结果。之后的 3 次 choice()函数的调用分别返回了 3 个不同的结果。因此，在函数中设置了回调函数后，可以根据调用时传递的不同参数，在函数体内特定的位置实现不同的功能，相当于在函数体内根据用户的需求完成不同功能的定制。

3.2.4　JavaScript 嵌套函数

JavaScript 在定义函数时，可以在函数体内部定义新的函数，这就是嵌套函数。嵌套函数可以使用外部函数的参数及函数的全局变量，嵌套函数的作用域只在函数体内部。在 JavaScript 中要谨慎使用嵌套函数，因为使用不合理会大大降低程序的可读性。

【案例 3-12】求各参数之和。

参考代码如下：

```
<!DOCTYPE html>
<html>
    <head>
        <meta charset="UTF-8">
        <title>求各参数之和</title>
        <script type="text/javascript">
            var outter =0;
            function outterAdd(num1, num2) {
                function innerAdd() {
                    alert("各参数的和为: " + (num1 + num2 + outter));
                }
                return innerAdd();
            }
        </script>
    </head>
    <body>
```

```
        <script type="text/javascript">
            outterAdd(10, 20);
        </script>
    </body>
</html>
```

程序运行结果如图 3-11 所示。

图 3-11　案例 3-12 运行结果

当网页运行时，调用外部函数 outterAdd()，嵌套函数 innerAdd()获取了外部函数 outterAdd()的参数 num1 和 num2 及全局变量 outter 的值，进行求和运算，最终将结果输出到弹出的对话框中，实现了外部函数对嵌套函数的调用。

3.2.5　JavaScript 递归函数

递归函数是嵌套函数调用中一种特殊的调用。它指的是一个函数直接或间接调用函数自身的过程。

由于递归函数是一个函数从其内部调用其本身，因此如果递归函数处理不当，就会使程序陷入"死循环"。为了防止死循环的出现，可以设计一个做自加运算的变量，用于记录函数自身调用的次数，如果次数太多就让它自动退出循环，从而避免死循环的出现。

JavaScript 递归函数的语法格式如下：

```
function 递归函数名(参数 1)
{
    递归函数名(参数 2)
}
```

> **说明**　在定义递归函数时，需要满足两个必要条件。
> （1）必须包括一个结束递归的条件。
> （2）必须包括一个递归调用的语句。

【案例 3-13】利用 JavaScript 递归函数求 10 的阶乘。

参考代码如下：

```
<!DOCTYPE html>
<html>
    <head>
```

```
    <meta charset="UTF-8">
    <title>求 10 的阶乘</title>
    <script type="text/javascript">
        function getFact (num) {
            if(num <= 1) {
                return 1;
            } else {
                return getFact (num - 1) * num;
            }
        }
    </script>
</head>
<body>
    <script type="text/javascript">
        alert("10的阶乘为: " + getFact (10));
    </script>
</body>
</html>
```

程序运行结果如图 3-12 所示。

图 3-12　案例 3-13 运行结果

当网页运行时，调用 getFact()函数，if(num<=1)作为结束递归的条件，如果条件满足则执行 "return 1;"，从而结束递归调用；如果条件不满足则执行 else 分支，即执行递归语句 "return getFact(num - 1) * num;"，调用递归函数。

3.2.6　JavaScript 内置函数

JavaScript 的函数有两种，一种是根据需要由程序员自定义的函数，另一种是 JavaScript 内部事先定义好的函数，也就是 JavaScript 内置函数。内置函数是由浏览器内核预先配备的，开发者不需要引入任何外部库就可以直接使用内置函数，从而简化了开发过程，极大地提高编程效率。

JavaScript 提供了 5 类常用的内置函数，分别是常规函数、数组函数、日期函数、数学函数和字符串函数。其中常用数组函数在"学习单元 2 JavaScript 语言基础"中已经讲过，日期函数、数学函数和字符串函数将在后文介绍，此处介绍一些使用频率较高的常规函数，如表 3-2 所示。

表 3-2　JavaScript 常用的常规函数

函数	功能
eval()	计算某个字符串，并执行其中的 JavaScript 代码
isFinite()	用于检查其参数是否是无穷大
isNaN()	用于检查其参数是否是非数字值
parseInt()	解析一个字符串，并返回一个整数
parseFloat()	解析一个字符串，并返回一个浮点数
encodeURI()	用于对整个统一资源标识符（Uniform Resource Identifier，URI）进行编码，它会对一些特殊字符进行编码，但保留了部分在 URI 中有特定用途的字符（如;、/、?、:等），不进行编码
encodeURIComponent()	对更多的字符进行编码，包括 encodeURI()中保留的那些字符。通常用于对 URI 中的参数部分进行编码
decodeURI()	对 encodeURI()编码的文本进行解码
decodeURIComponent()	对 encodeURIComponent()编码的文本进行解码

【案例 3-14】调用 JavaScript 常用内置函数。

参考代码如下：

```html
<!DOCTYPE html>
<html>
    <head>
        <meta charset="UTF-8">
        <title>调用常用内置函数</title>
        <script type="text/javascript">
            //调用 eval()函数
            num1=2
            document.write("1.调用 eval()函数<br>");
            document.write("1+num1+3="+eval("1+num1+3") + "<br><br>");
            //调用 parseInt()函数
            var num2 = "123abc";
            var num3 = "abc123";
            document.write("2.调用 parseInt()函数<br>");
            document.write("123abc = " + parseInt(num2) + "<br>");
            document.write("abc123 = " + parseInt(num3) + "<br><br>");
            //调用 parseFloat()函数
            var num4 = "123.123abc";
            document.write("3.调用 parseFloat()函数<br>");
            document.write("123.123abc = " + parseFloat(num4) + "<br><br>");
            //调用 isNaN()函数
            document.write("4.调用 isNaN()函数<br>");
            document.write("123.123abc = " + isNaN(parseFloat(num4)) + "<br>");
            document.write("abc123 = " + isNaN(parseInt(num3)) + "<br><br>");
            //调用 isFinite()函数
            document.write("5.调用 isFinite()函数<br>");
            document.write("1/0 的结果: " + isFinite(1 / 0) + "<br><br>");
```

```
        //调用 encodeURI()函数
        document.write("6.调用 encodeURI()函数<br>");
        var str1 = encodeURI("https://example.com/page?name=张三&age=20");
        document.write("对整个 URI 进行编码: " + str1 + "<br><br>");
        //调用 decodeURI()函数
        document.write("7.调用 decodeURI()函数<br>");
        document.write("对整个 URI 进行解码: " + decodeURI(str1) + "<br><br>");
        //调用 encodeURIComponent()函数
        document.write("8.调用 encodeURIComponent()函数<br>");
        var str2 = encodeURIComponent("name=张三&age=20");
        document.write("对 URI 中的参数部分进行编码: " + str2 + "<br><br>");
        //调用 decodeURIComponent()函数
        document.write("9.调用 decodeURIComponent()函数<br>");
        document.write("对 URI 中的参数部分进行解码: " +
        decodeURIComponent(str2) + "<br><br>");
    </script>
  </head>
  <body>
  </body>
</html>
```

程序运行结果如图 3-13 所示。

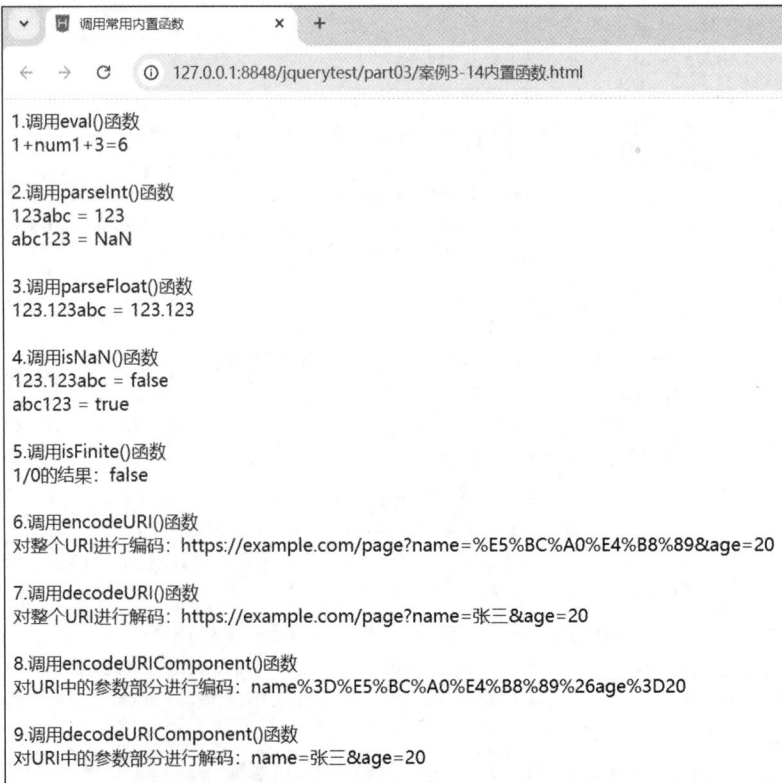

图 3-13　案例 3-14 运行结果

任务实施

1. 利用系统函数实现时间自动更新功能

打开任务 3.1 中完成的诗歌赏析网站的首页 index.html 文件，找到任务 3.1 中优化设计后的 JavaScript 代码块，找到并修改 formatTime()函数，在函数尾部添加"setTimeout("formatTime()", 1000);"定时器函数，实现每隔 1s 调用一次 formatTime()函数刷新一次页面显示的功能，参考代码如下：

```
// 定义函数，格式化时间并显示到网页前端
        function formatTime(){
            sDate = showDate();        //调用日期显示函数
            sWeek = showWeek();        //调用星期数显示函数
            sTime = showTime();        //调用时间显示函数
            sHello = showHello();      //调用问候语显示函数
            sFormatTime =sHello+" "+sDate + sWeek + " "+sTime; //各个函数返回值格式化
            document.getElementById("showTime").innerHTML = sFormatTime;
            //将格式化字符串显示到网页前端
            setTimeout("formatTime()", 1000);
        }
        formatTime();                  //函数调用
```

2. 利用匿名函数优化代码设计

在 index.html 文件头部添加 JavaScript 代码，通过 window.onload 事件调用匿名函数，匿名函数调用自定义函数 formatTime()。同时删除原位置函数调用语句（即步骤 1 代码段的最后一句），实现自定义函数的调用前移。window.onload 是窗口加载事件，当网页加载完毕后触发该事件，调用该事件对应的事件处理函数，后文将会详细介绍。调用函数的参考代码如下所示：

```
<!DOCTYPE html>
<html>
    <head>
        ...
        <link rel="stylesheet" type="text/css" href="css/style.css"/>
        <script type="text/javascript">
            window.onload = function(){
                formatTime();
            }
        </script>
    </head>
```

3. 建立 JS 文件，优化 JavaScript 代码设计

在项目文件 js 文件夹下新建 showTime.js 文件，将时间显示的 JavaScript 代码全部复制到 showTime.js 文件中，并将完成步骤 2 的 index.html 文件中从注释<!--问候语显示 begin-->开始到<!--问候语显示 end-->结束的代码段（包括注释语句）全部删除。

4. 链接 JS 文件，完成功能实现

在 index.html 文件头部引用 showTime.js 文件，formatTime()函数调用语句保持不变，参考代码如下所示：

```html
<!DOCTYPE html>
<html>
    <head>
        ...
        <link rel="stylesheet" type="text/css" href="css/style.css"/>
        <script type="text/javascript" src="js/showTime.js"></script>
        <script type="text/javascript">
            window.onload = function(){
                formatTime();
            }
        </script>
    </head>
```

实时更新时间
显示

5. 网页运行测试

运行网页，运行效果如图 3-14 所示。

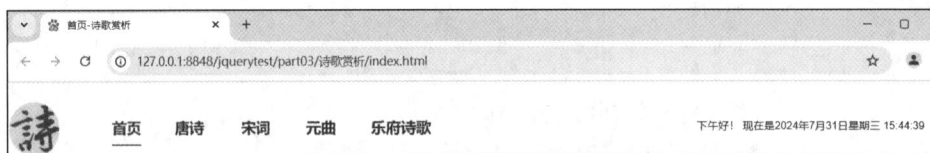

图 3-14　任务 3.2 运行效果

知识拓展

1. 函数中 arguments 的使用

当用户不确定函数中接收到了多少个实参的时候，可以使用 arguments 来获取实参。在 JavaScript 中，arguments 是当前函数的一个内置对象，所有函数都内置了一个 arguments 对象，该对象保存了函数调用时传递的所有的实参。

【案例 3-15】arguments 的使用。

参考代码如下：

```javascript
<script>
    function sumAll() {                 //定义一个无参函数
        var i, sum = 0;
        for(i = 0; i < arguments.length; i++) {
            sum += arguments[i];
        }
        return sum;
    }
    console.log(sumAll(1,2));           //向函数传递 2 个实参，输出结果：3
    console.log(sumAll(1,2,3));         //向函数传递 3 个实参，输出结果：6
    console.log(sumAll(1,2,3,4));       //向函数传递 4 个实参，输出结果：10
</script>
```

2. 闭包函数

通过学习前面的函数，我们可以了解到，嵌套函数可以访问定义在外部函数中的所有变量和函数，但是在函数外部则不能访问函数的内部变量和嵌套函数。此时，可以通过闭包函数来实现访问。所谓"闭包函数",指的是有权访问另一函数作用域内变量(局部变量)的函数。也就是说,当一个函数的返回值是另一个函数,而返回的那个函数调用了父函数内部的其他变量时,如果返回的那个函数在外部被执行,就产生了闭包,它的主要用途体现在以下两方面。

(1)可以在函数外部读取函数内部的变量。

(2)可以让变量的值始终保持在内存中。

【案例 3-16】闭包函数的使用。

参考代码如下:

```html
<script>
    function increment(){
        var num = 1;
        return function(){
            console.log(num++);
        }
    }
    var show = increment();
    show();   //输出 1
    show();   //输出 2
    show();   //输出 3
</script>
```

当调用 show()函数时,每次调用都会打印并递增变量 num 的值。这是由于 increment()函数返回了一个闭包,闭包内部持有对 num 变量的引用。由于闭包的特性,即使 increment()函数已经执行完毕,闭包仍然可以访问 num 变量。每次调用 show()函数时,num 变量的值都会被打印出来,然后 num 递增。

单元小结

本单元首先介绍了 JavaScript 函数定义、函数调用、函数参数、函数的返回值,以及变量作用域等相关概念及应用,使读者能够利用函数对代码进行模块化设计;之后讲解了函数表达式、JavaScript 匿名函数、JavaScript 回调函数、JavaScript 嵌套函数、JavaScript 递归函数及 JavaScript 内置函数等函数的进阶应用,使读者能够利用函数的进阶应用优化程序设计,提高程序设计效率。通过对本单元内容的学习,读者可以增强对 JavaScript 函数的了解,能够利用函数解决一些实际应用问题。

单元实训

网页计算器在 Web 开发中是很常见的功能。利用 JavaScript 中的函数,完成整数的加法、减法、乘法、除法运算,实现一个简易版的计算器,具体操作如下。

① 在网页中通过输入文本框输入要参与计算的两个整数,如图 3-15 所示,在标志"①"

处输入第一个整数，在标志"③"处输入第二个整数。

② 在网页的下拉列表中选择参与运算的运算符，如图 3-15 标志"②"所示。

③ 单击【计算】按钮，如图 3-15 标志"⑤"所示，系统自动获取标志"①"处和标志"③"处的数据，然后按照标志"②"处的运算符进行运算，最后将运算结果显示在标志"④"处的文本框中。

实现要求：

① 将整数的加法、减法、乘法、除法 4 种运算分别定义为 4 个函数进行实现；

② 在进行除法运算时需要对除数进行是否为 0 的判断。

运行参考效果如图 3-15、图 3-16、图 3-17、图 3-18、图 3-19 所示。

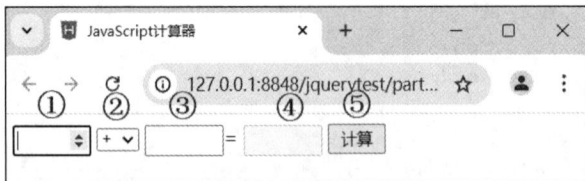

图 3-15　单元实训运行初始效果

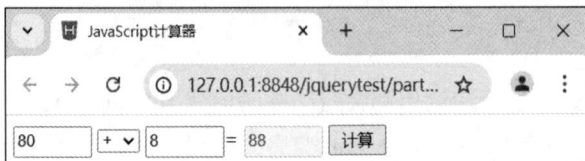

图 3-16　单元实训运行加法运算效果

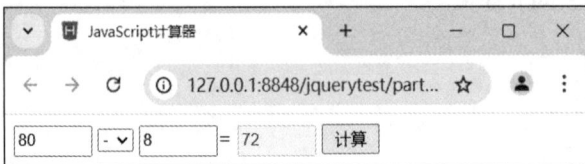

图 3-17　单元实训运行减法运算效果

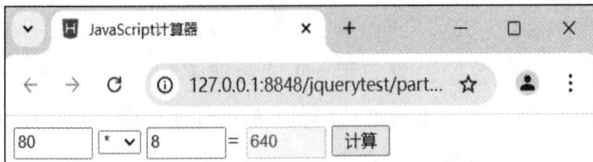

图 3-18　单元实训运行乘法运算效果

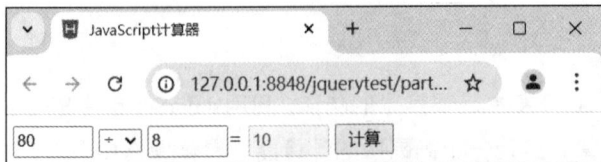

图 3-19　单元实训运行除法运算效果

习题

一、单选题

1. 函数参数的数据类型可以是（　　　）。

A. 字符型 　　　　　　　　　　　　　　B. 对象

C. 数值型 　　　　　　　　　　　　　　D. 以上答案全部正确

2. 下列选项中可以获取用户调用函数传递的实参的是（　　　）。

A. arguments.length　　　B. theNums　　　　C. params　　　　D. arguments

3. 请阅读以下代码，调用函数 factorial(4)的结果为（　　　）。

```
function factorial(n) { // 定义回调函数
if (n == 1) {
    return 1; // 递归出口
    }
    return n * factorial(n - 1);
}
```

A. 1 　　　　　　　B. 2 　　　　　　　C. 6 　　　　　　　D. 24

4. 阅读以下代码，输出结果为（　　　）。

```
var i = 24;
for(let i=0;i<10;++i){}
console.log(i);
```

A. 24 　　　　　　B. 9 　　　　　　　C. 10 　　　　　　D. undefined

5. 下列关于函数参数的描述错误的是（　　　）。

A. arguments.length 可获取用户调用函数时传递的参数数量

B. 函数的参数是外界传递给函数的值

C. 无参函数名后的圆括号可以省略

D. arguments 对象可获取函数调用时传递的实参

6. 阅读以下代码，执行 fn1(4, 5)的返回值是（　　　）。

```
function fn1(x, y) {
    return (++x) + (y++);
}
```

A. 9 　　　　　　　B. 10 　　　　　　C. 11 　　　　　　D. 12

7. 以下不能作为函数名的是（　　　）。

A. getMin 　　　　　B. show 　　　　　C. const 　　　　　D. it_info

8. 以下选项不能用作函数名开头的是（　　　）。

A. 字母 　　　　　　B. 数字 　　　　　C. 下画线 　　　　D. 美元符号

9. 下列关于函数的描述错误的是（　　　）。

A. 函数可提高代码的复用性，降低程序的维护难度

B. 参数是外界传递给函数的值，多个之间使用分号隔开

C. 定义函数的关键字是 function

D. 函数名不能以数字开头

10. 程序"var num;console.log(num)"的输出结果为（　　　　）。

A. null   B. undefined   C. "   D. 0

二、判断题

1. JavaScript 中函数名严格区分大小写。（　　　）

2. 函数内定义的变量都是局部变量。（　　　）

3. 变量定义完成后可以在任意位置使用。（　　　）

4. JavaScript 中形参的个数与实参的个数必须一致。（　　　）

5. arguments 并不是一个真正的数组，而是一个类似数组的对象。（　　　）

6. 函数的定义与调用的编写顺序不分前后。（　　　）

7. 一个函数中只能有一个 return 关键字。（　　　）

8. 局部变量与全局变量重名时，局部变量的优先级高于全局变量。（　　　）

9. 函数体是专门用于实现特定功能的主体，由一条或多条语句组成。（　　　）

10. 递归调用占用的内存和资源比较多，因此开发中应慎重使用。（　　　）

11. 无参函数在定义时可以省略函数名后的圆括号。（　　　）

12. 全局变量定义后可以在函数体内直接使用。（　　　）

13. 函数定义后，需要调用才能在程序中发挥作用。（　　　）

14. 调用函数时，函数名后必须跟上圆括号。（　　　）

15. JavaScript 解析器提前对代码中的 var 变量声明和 function 函数声明进行解析，然后执行其他的代码。（　　　）

学习单元4
JavaScript中的DOM操作

04

单元概述

　　炫酷的特效以及与用户的实时交互可提升网站的用户体验。要实现特效和网页交互效果，JavaScript 基础语法是重点，还需要利用 DOM 与 BOM 编程。本单元围绕注册页面的表单验证功能的实现进行讲解，首先对 DOM 操作进行介绍。

学习目标

1. 知识目标
（1）掌握 DOM、DOM 节点树等相关基本概念。
（2）掌握 HTML 元素常用操作定义与使用。
（3）掌握 DOM 节点常用操作定义与使用。

2. 技能目标
（1）能够利用元素操作进行页面元素动态设置。
（2）能够利用节点操作进行页面元素动态设置。
（3）能够利用 DOM 实现网页交互效果，解决一些实际应用问题。

3. 素养目标
（1）培养学生自主学习的能力。
（2）培养学生在编码过程中遵循编码规范，树立规范意识。

任务 4.1　为注册页面添加注册验证功能——DOM 基本概念及获取元素

任务描述
在程序设计过程中，为提高网站的响应速度，设计时应尽量减少服务器回传，即减少服务器对数据库的查询次数，减轻服务器负载。其中注册页面的注册验证就是一个典型应用。

在本任务中，首先对注册页面在注册时表单元素值是否非空进行验证，具体验证如下。

① 当各个表单元素失去焦点时进行值的非空验证，如果值为空值，弹出对话框进行提示。

② 为注册页面的注册提交事件，单击【立即注册】按钮时，如果页面上存在值为空值的表单元素，系统会弹出"注册失败"对话框，否则弹出"注册成功"对话框。

关于表单元素的功能性验证，本书将在后续任务实施中详细讲解。

任务分析

本任务要实现的表单元素值非空的验证，只需要分别获取各个表单元素的值，然后对各个值是否是空值进行判断即可。当各个表单元素失去焦点时自动对本身的值进行非空验证，此时只需要获取表单元素并为表单元素注册 onblur 事件，然后在事件处理过程中调用验证函数即可。当单击【立即注册】按钮实现非空验证时，用户只需获取表单元素并为表单元素注册 onsubmit 事件，然后在事件处理过程中调用各个表单元素的验证函数，所有验证函数均验证通过时，系统弹出"注册成功"对话框进行提示。

知识链接

DOM 是用来呈现结构化内容以及与任意 HTML 或 XML（Extensible Markup Language，可扩展标记语言）文档交互的 API（Application Program Interface，应用程序接口），它为文档提供了层次化的节点树，开发者访问、添加、修改和移除节点树中的某一部分，即可改变文档的某一部分。开发者通过 DOM 可改变 HTML 和 XML 文档的内容或展现方式，实现页面的各种效果，其中利用 DOM 获取并操作 HTML 元素是 DOM 最基本的功能之一。

4.1.1　什么是 DOM

DOM（文档对象模型）是 W3C 组织推荐的处理可扩展标记语言（HTML 或 XML）的标准编程接口。它定义了访问和操作文档的标准方法，允许开发者获取、访问文档内所有元素，以及设置元素的标签属性和样式。

DOM 基本概念

4.1.2　DOM 节点树

从原理上来看，每当浏览器加载一个网页时，它就会根据网页的结构创建一个文档对象模型（DOM）。DOM 是一个树形结构模型，在这个模型中，网页中的每一个元素、属性和文本都表现为相互连接的节点。节点是 DOM 中的基本组成单位，而 HTML 文档中的所有节点构成了一棵 DOM 节点树。DOM 通过节点的方式表示文档中的各种内容，并且允许通过编程进行访问和操作。

DOM 节点树中所有节点均可通过 JavaScript 进行访问，因此，可以利用操作节点的方式操作 HTML 中的元素。一般来说，节点至少拥有 nodeType（节点类型）、nodeName（节点名称）和 nodeValue（节点值）这 3 个基本属性，常见的节点类型如表 4-1 所示。

表 4-1 常见的节点类型

节点类型	属性	值	相应的对象
元素节点	ELEMENT_NODE	1	element
属性节点	ATTRIBUTE_NODE	2	attr
文本节点	TEXT_NODE	3	text
注释节点	COMMENT_NODE	8	comment
文档节点	DOCUMENT_NODE	9	document

在实际开发中，节点操作主要操作的是元素节点，开发者根据节点类型的值来判断其是否为元素节点。

DOM 会根据 HTML 文档中标签的嵌套层次将 HTML 文档处理为 DOM 节点树，节点树中各个节点彼此之间存在等级关系，即节点之间具有父子关系。

【案例 4-1】根据网页代码绘制出对应的节点树形结构。

参考代码如下：

```
<html>
    <head>
        <meta charset="utf-8">
        <title>DOM层次</title>
    </head>
    <body>
        <h1>静夜思</h1>
        <p>作者：<em>李白</em></p>
    </body>
</html>
```

在上述代码中，DOM 根据 HTML 文档中各节点的不同作用，可将其分别划分为元素节点、文本节点和属性节点。其中元素节点也被称为标签节点，HTML 文档中的注释则单独叫作注释节点，上例对应的节点树形结构如图 4-1 所示。

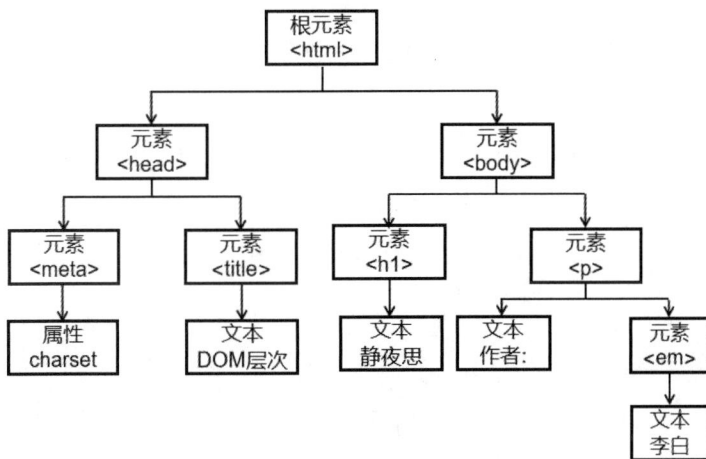

图 4-1 案例 4-1 对应的节点树形结构

图 4-1 展示了 DOM 节点树中各个节点之间的关系，下面以<head>、<body>与<html>节点为例进行介绍，具体如下。

（1）根节点：<html>元素是整个文档的根节点，有且仅有一个。

（2）父节点：指的是某一个节点的上级节点。例如，<html>元素是<head>元素和<body>元素的父节点。

（3）子节点：指的是某一个节点的下级节点。例如，<head>和<body>元素是<html>元素的子节点。

（4）兄弟节点：两个节点同属于一个父节点。例如，<head>元素和<body>元素互为兄弟节点。

4.1.3　查找元素

利用 DOM 查找 HTML 元素时，既可以利用 document 对象提供的方法和属性查找，也可以利用 element 对象提供的方法和属性查找。

1. 根据 id 查找元素

在 DOM 中查找 HTML 元素最简单的方法是使用 getElementById()方法，它是由 document 对象提供的，它是通过元素的 id 来查找元素的方法。

语法格式如下：

```
document.getElementById('id')
```

该方法根据 HTML 元素指定的 id 查找唯一的 HTML 元素，如果没有找到指定 id 的元素则返回 null，如果页面中包含多个相同 id 的元素，那么只返回第一个元素。

【案例 4-2】根据 id 查找元素。

参考代码如下：

```
<!DOCTYPE html>
<html>
    <head>
        <meta charset="UTF-8">
        <title>根据 id 查找元素</title>
    </head>
    <body>
        <div id="poem">沁园春·雪</div>
        <div id="poem">沁园春·长沙</div>
        <script>
            var objPoem=document.getElementById('poem');
            console.log(objPoem);
        </script>
    </body>
</html>
```

保存并运行程序，运行结果如图 4-2 所示。

案例中有两个 id 为"poem"的元素，document.getElementById()返回的是第一个内容为"沁园春·雪"的<div>标签元素。

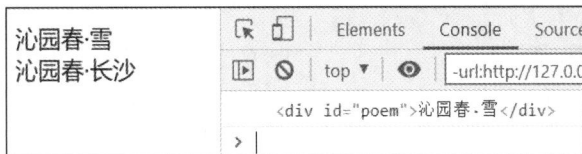

图 4-2　案例 4-2 运行结果

2. 根据标签名查找元素

根据标签名查找元素有两种方法，分别是通过 document 对象查找元素和通过 element 对象查找元素，语法格式如下：

```
document.getElementsByTagName('标签名');
element.getElementsByTagName('标签名');
```

根据 HTML 元素指定的标签名查找的是一组对象，返回值是一个集合，它可以像数组一样用索引的方式来访问元素。document 对象是从整个文档中查找元素，而 element 是元素对象的统称，通过元素对象可以查找该元素的子元素或后代元素，实现局部查找元素的效果。

【案例 4-3】根据标签名查找元素。

参考代码如下：

```
<body>
    <div id="poem1">
        <h1>沁园春·雪</h1>
        <p>北国风光，千里冰封，万里雪飘。</p>
        <p>望长城内外，惟余莽莽；大河上下，顿失滔滔。</p>
    </div>
    <div id="poem2">
        <h1>沁园春·长沙</h1>
        <p>独立寒秋，湘江北去，橘子洲头。</p>
        <p>看万山红遍，层林尽染；漫江碧透，百舸争流。</p>
    </div>
    <script>
        var objP=document.getElementsByTagName('p');
        console.log(objP);
        for(var i = 0;i<objP.length;i++){
            console.log(objP[i]);
        }
        var objPoem2=document.getElementById('poem2');
        var objP2=objPoem2.getElementsByTagName('p');
        console.log(objP2);
        for(var i = 0;i<objP2.length;i++){
            console.log(objP2[i]);
        }
    </script>
</body>
```

保存并运行程序，运行结果如图 4-3 所示。

上例中，document.getElementsByTagName('p')获取的是文档中所有<p>标签元素集合，objPoem2.getElementsByTagName('p')获取的是 objPoem2 元素包含的所有<p>标签子元素集合。

85

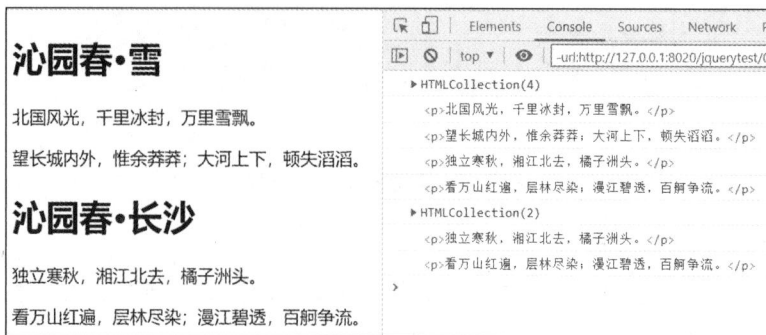

图 4-3　案例 4-3 运行结果

3. 根据 name 属性查找元素

根据 name 属性查找元素应使用 document.getElementsByName()方法，基本语法格式如下：

```
document.getElementsByName('name 属性值');
```

该方法一般用于查找表单元素，由于元素的 name 属性的值不要求必须是唯一的，多个元素也可以有相同的 name 属性的值，因此返回结果是一个集合。

【案例 4-4】根据 name 属性查找元素。

参考代码如下：

```html
<body>
    <p>请选择唐代诗人</p>
    <form>
        <label><input type="checkbox" name="poet" value="李白" checked>李白</label>
        <label><input type="checkbox" name="poet" value="杜甫" checked>杜甫</label>
        <label><input type="checkbox" name="poet" value="梅尧臣">梅尧臣</label>
        <label><input type="checkbox" name="poet" value="李绅" checked>李绅</label>
    </form>
    <script>
        var objPoet = document.getElementsByName('poet');
        var s='唐代诗人是: ';
        for(var i=0;i<objPoet.length;i++){
            if(objPoet[i].checked){
                s+=objPoet[i].value;
            }
        }
        console.log(s);
    </script>
</body>
```

保存并运行程序，运行结果如图 4-4 所示。

图 4-4　案例 4-4 运行结果

上例中，document.getElementsByName('poet')方法返回的是一个 name 属性值为"poet"的对象集合，利用索引方式访问每一个集合元素，通过循环遍历对象集合。

4. 根据 class 属性查找元素

HTML5 中为 document 对象新增了 document.getElementsByClassName()方法，该方法用于通过 class 属性来查找某些元素，基本语法格式如下：

```
document.getElementsByClassName('class 属性值');
```

【案例 4-5】通过 class 属性查找元素。

参考代码如下：

```
<body>
    <p>请选择唐代诗人</p>
    <form>
        <label class="green"><input type="checkbox" name="poet" value="李白"
        checked>李白</label>
        <label class="green"><input type="checkbox" name="poet" value="杜甫"
        checked>杜甫</label>
        <label class="red"><input type="checkbox" name="poet" value="梅尧臣">
        梅尧臣</label>
        <label class="green"><input type="checkbox" name="poet" value="李绅"
        checked>李绅</label>
    </form>
    <script>
        var rightOption = document.getElementsByClassName('green');
        var wrongOption = document.getElementsByClassName('red');
        for(var i=0;i<rightOption.length;i++){
            rightOption[i].style.color='green';
        }
        for(var i=0;i<wrongOption.length;i++){
            wrongOption[i].style.color='red';
        }
    </script>
</body>
```

保存并运行程序，运行结果如图 4-5 所示。

上例中通过 document.getElementsByClassName()方法分别查找到 class 属性值为"green"和"red"的元素集合，并利用索引获取各个元素值，最后对不同 class 属性值的元素进行不同的 CSS 样式设置。

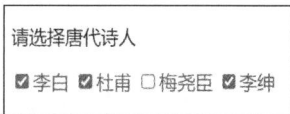

请选择唐代诗人
☑李白 ☑杜甫 ☐梅尧臣 ☑李绅

图 4-5　案例 4-5 运行结果

5. 通过 CSS 选择器查找元素

HTML5 中为方便查找操作的元素，为 document 对象新增了 querySelector()和 querySelectorAll()两个方法。querySelector()方法用于返回指定 CSS 选择器的第一个元素对象，querySelectorAll()方法用于返回指定 CSS 选择器的所有元素对象的集合，基本语法格式如下：

```
document.querySelector()('CSS 选择器');
document.querySelectorAll()('CSS 选择器');
```

两个方法的参数都指定一个或多个匹配元素的 CSS 选择器，可以使用它们的 id、类、类型、属性、属性值等来查找元素。

【**案例 4-6**】通过 CSS 选择器查找元素。

参考代码如下：

```html
<body>
    <div id="poem1">
        <h1 class="poemTitle">沁园春·雪</h1>
        <p>北国风光，千里冰封，万里雪飘。</p>
        <p>望长城内外，惟余莽莽；大河上下，顿失滔滔。</p>
    </div>
    <div id="poem2">
        <h1 class="poemTitle">沁园春·长沙</h1>
        <p>独立寒秋，湘江北去，橘子洲头。</p>
        <p>看万山红遍，层林尽染；漫江碧透，百舸争流。</p>
    </div>
    <script>
        var objDiv1 = document.querySelector('div');
        console.log(objDiv1);
        var objDivAll1 = document.querySelectorAll('div');
        console.log(objDivAll1);
        var objDiv2 = document.querySelector('.poemTitle');
        console.log(objDiv2);
        var objDivAll2 = document.querySelectorAll('.poemTitle');
        console.log(objDivAll2);
        var objDiv3 = document.querySelector('#poem1');
        console.log(objDiv3);
    </script>
</body>
```

保存并运行程序，运行结果如图 4-6 所示。

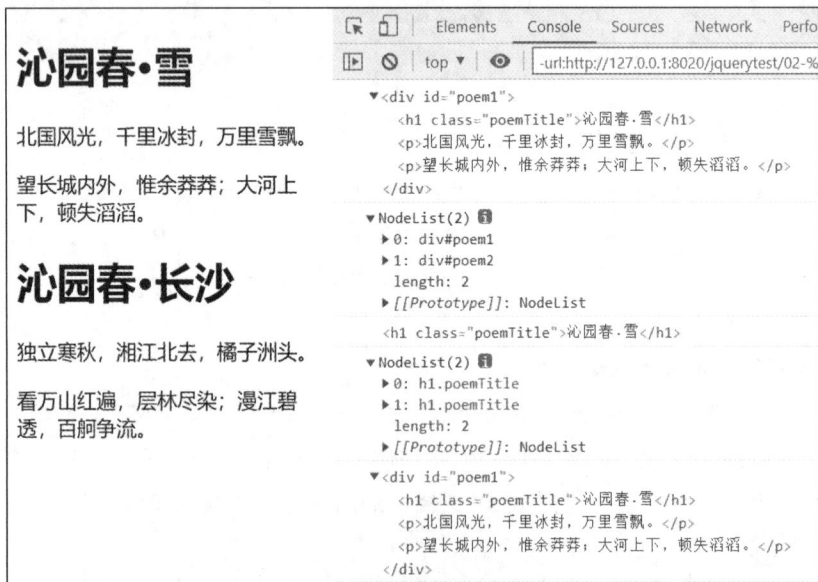

图 4-6　案例 4-6 运行结果

上例中，利用 querySelector()和 querySelectorAll()两个方法获取操作的元素时，直接书写元素的标签名称或者 CSS 选择器名称。在此需要注意的是，根据 class 属性查找元素时在 class 属性前面需添加"."，根据 id 查找元素时在 id 前面需添加"#"。

6. 通过 document 对象属性查找元素

document 对象提供了一些属性，可用于查找文档中的元素，常用的属性如表 4-2 所示。

表 4-2　document 对象常用的属性

属性	说明
body	返回文档中的\<body>元素
title	返回文档中的\<title>元素
documentElement	返回文档中的\<html>元素
forms	返回文档中所有 form 对象的引用
images	返回文档中所有 image 对象的引用

在表 4-2 中，document 对象的 body 属性用于返回\<body>元素，而 documentElement 属性用于返回 HTML 文档的根节点\<html>元素。

【案例 4-7】通过 document 对象属性查找元素。

参考代码如下：

```
<!DOCTYPE html>
<html>
    <head>
        <meta charset="UTF-8">
        <title>document 属性</title>
    </head>
    <body>
        <h1>静夜思</h1>
        <p>作者: <em>李白</em></p>
    </body>
    <script>
        var objBody1 = document.body;
        console.log(objBody1);
        var objHtml1=document.documentElement;
        console.log(objHtml1);
        var objBody2 = document.getElementsByTagName('body')[0];
        var objHtml2 = document.getElementsByTagName('html')[0];
        console.log(objBody1===objBody2);
        console.log(objHtml1===objHtml2);
    </script>
</html>
```

保存并运行程序，运行结果如图 4-7 所示。

通过上例的运行结果可以看出，通过 document 对象的方法与 document 对象属性查找的元素表示的都是同一对象。

89

任务实施

1. 准备工作

诗歌赏析项目基础工程文件夹下已经写好了基础的静态页面代码，后续的 JavaScript 功能实现都在基础工程的代码上进行添加。打开基础工程文件，文件组织结构如图 4-8 所示。

图 4-7　案例 4-7 运行结果　　　　　图 4-8　基础工程文件组织结构

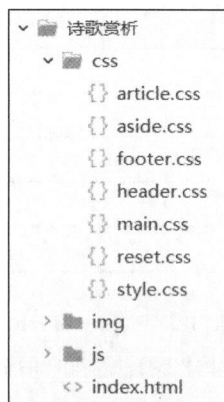

2. 添加 JavaScript 代码

打开 register.html 注册页面文件，在<body>区域找到<form>表单，在<form>表单下添加 JavaScript 代码，部分代码如下：

```
<body>
    <form id="register" name="register_form">
        <ul class="list">
            <li>
                <h2 class="title">新用户注册</h2>
                <span class="required_notify">* 表示必填项</span>
            </li>

            <!--表单项开始-->
            <li>
                <label for="user_name">用户名: </label>
                <input id="user_name" type="text" placeholder="请输入
                        用户名" required/>
                <span id='usernametip'></span>
            </li>
            <li>
                <label for="tel">电话号码: </label>
                <input id="tel" type="text" placeholder="请输入您的电话
                        号码" required/>
                <span id='teltip'></span>
            </li>
            <li>
```

```
                    <label for="email">常用邮箱: </label>
                    <input  id="email" type="text" placeholder="请输入您的邮
                            箱" required/>
                    <span id="emailtip"></span>
                </li>

                <li>
                    <label for="password_1">设置密码: </label>
                    <input  id="password_1" type="password" placeholder="设
                            置密码" />
                    <span id="pwd1tip"></span>
                </li>

                <li>
                    <label for="password_2">确认密码: </label>
                    <input  id="password_2" type="password" placeholder="确
                            认密码" />
                    <span id='pwd2tip'></span>
                </li>

                <li>
                    <label for="captcha">验证码: </label>
                    <input  id="captcha" type="text" placeholder="请输入验证码" />
                    <button>发送验证码</button>
                    <span id='captchatip'></span>
                </li>

                <li>
                    <button class="submit" type="submit">立即注册</button>
                    <p class="login">已有账号？ <a href="#">立即登录</a></p>
                </li>
            </ul>
        </form>

    //注册验证
    <script>
            //验证代码
    </script>
</body>
```

3. 定义各个表单元素的验证函数

本任务首先获取各个表单元素的值，然后对值进行非空判断。如果值为空值，则返回 false 并弹出对话框进行提示，如果值不为空值，则返回 true，参考代码如下：

```
<script>
        //用户名验证函数
        function checkUsername() {
            var username = document.getElementById('user_name').value;
            if(username.length>0) {
                return true;
```

```
        } else {
            alert("用户名不能为空");
            return false;
        }
    }


    //电话号码验证函数
    function checkTele() {
        var telephone = document.getElementById('tel').value;
        if(telephone.length>0) {
            return true;
        } else {
            alert("电话号码不能为空");
            return false;
        }
    }


    //常用邮箱验证函数
    function checkEmail() {
        var email = document.getElementById('email').value
        if(email.length>0) {
            return true;
        } else {
            alert("常用邮箱不能为空");
            return false;
        }
    }



    //密码验证函数
    function checkPassword() {
    var password1 = document.getElementById('password_1').value;
        if(password1.length>0) {
            return true;
        } else {
            alert("密码不能为空");
            return false;
        }
    }

    //确认密码验证函数
    function checkPasswordAgain() {
    var password2 = document.getElementById('password_2').value;
        if(password2.length>0) {
            return true;
        } else {
            alert("确认密码不能为空");
            return false;
        }
    }
```

```
//验证码验证函数，将验证码和手机接收到的验证码进行比较，此处我们采用判断是否为空进行模拟
            function checkCaptcha() {
                var captcha = document.getElementById('captcha').value;
                if(captcha.length>0) {
                    return true;
                } else {
                    alert("验证码不能为空");
                    return false;
                }
            }
    </script>
```

4. 调用各个表单元素的验证函数

为提高程序的运行效率，同时为用户提供更好的交互性，在程序设计时分别在各个表单元素失去焦点时对值进行验证判断；另外，当用户单击【立即注册】按钮时，对所有表单元素进行验证判断，验证函数的调用参考如下：

```
//注册验证
<script>
    //为表单元素添加注册事件
            document.getElementById('register').onsubmit = function() {
                var c1 = checkUsername();
                var c2 = checkTele();
                var c3 = checkEmail();
                var c4 = checkPassword();
                var c5 = checkPasswordAgain();
                var c6 = checkCaptcha();
                if(c1&&c2&&c3&&c4&&c5&&c6){
                    alert('注册成功');
                }else{
                    alert('注册失败');
                }
            }

            //为"用户名"文本框注册失去焦点后的内容验证事件
            document.getElementById('user_name').onblur = function() {
                checkUsername();
            }

            //为"电话号码"文本框注册失去焦点后的内容验证事件
            document.getElementById('tel').onblur = function() {
                checkTele();
            }

            //为"常用邮箱"文本框注册失去焦点后的内容验证事件
            document.getElementById('email').onblur = function() {
                checkEmail();
            }

            //为"设置密码"文本框注册失去焦点后的内容验证事件
```

```
document.getElementById('password_1').onblur = function() {
    checkPassword();
};

//为"确认密码"文本框注册失去焦点后的内容验证事件
document.getElementById('password_2').onblur = function() {
    checkPasswordAgain();
};

//为"验证码"文本框注册失去焦点后的内容验证事件
document.getElementById('captcha').onblur = function() {
    checkCaptcha();
};


//用户名验证函数
function checkUsername() {
    var username = document.getElementById('user_name').value;
    if(username.length>0) {
        return true;
    } else {
        alert("用户名不能为空");
        return false;
    }
}
... ...
</script>
```

5. 测试运行

保存并运行网页，初始运行效果如图 4-9 所示。

图 4-9　任务 4.1 初始运行效果

当某一输入值为空值的表单元素失去焦点时，系统自动弹出对话框进行提示，提示效果如图 4-10 所示。

页面存在表单元素输入值为空值的表单元素，此时单击【立即注册】按钮时，系统自动弹出对话框进行提示，提示效果如图 4-11 所示。

图 4-10　任务 4.1 表单元素失去焦点时值为空值的显示效果

图 4-11　任务 4.1 存在空值时单击【立即注册】按钮弹出提示对话框

为注册页面添加
注册验证功能

　　页面所有表单元素输入值均不为空值，单击【立即注册】按钮，系统自动弹出注册成功的提示对话框，效果如图 4-12 所示。

图 4-12　任务 4.1 单击【立即注册】按钮验证成功效果

任务 4.2　为注册页面添加验证响应特效——DOM 节点操作

任务描述

在任务 4.1 中为注册页面设计了表单元素非空的验证事件，验证成功与失败都是通过弹出对话框进行信息提示来响应的。为使页面能够实现更友好的交互，本任务实现当某一表单元素进行验证时，通过改变自身样式以及添加提示信息进行验证结果的提示，响应及时、效果明显的验证结果的输出，可大大方便用户的注册操作。

任务分析

当对每一个表单元素进行非空验证时，根据结果改变元素样式进行响应。通过 DOM 样式属性可改变元素的样式，通过 DOM 元素内容操作可改变提示文本信息，通过节点操作还可动态创建并显示一张图片，以便更直观地显示提示结果。

知识链接

利用 DOM 查找到 HTML 元素后，改变元素的内容、属性和样式，可实现页面的各种效果；遍历 DOM 节点树，通过获取节点、创建节点、添加节点、删除节点，以及复制节点等操作，可实现动态修改页面内容。

4.2.1　元素操作

常用的元素操作有操作元素内容、操作元素属性，以及操作元素样式。

1. 操作元素内容

在 JavaScript 中，若要对获取的元素内容进行操作，则可以利用 DOM 提供的属性和方法实现，其中常用的属性和方法如表 4-3 所示。

元素操作

表 4-3　DOM 提供的操作元素内容常用的属性和方法

分类	名称	说明
属性	element.innerHTML	设置或返回元素开始和结束标签之间的 HTML 内容，包括 HTML 标签，同时保留空格符和换行符
	element.innerText	设置或返回元素的文本内容，在返回的时候会去掉 HTML 标签和多余空格符、换行符，在设置的时候会进行特殊字符转义
	element.textContent	设置或返回指定节点的文本内容，同时保留空格符和换行符
方法	document.writer()	向文档写入指定的内容
	document.writerIn()	向文档写入指定的内容并换行

表 4-3 中的 3 个属性在使用时有一定的区别，element.innerHTML 属性在使用时会保持编写的格式以及标签样式，而 element.innerText 属性则是去掉所有格式以及标签的纯文本内容，element.textContent 属性在去掉标签后会保留文本格式。

【案例 4-8】通过不同方式操作元素内容。

参考代码如下：

```
<!DOCTYPE html>
<html>
    <head>
        <meta charset="UTF-8">
        <title></title>
    </head>
    <body>
        <h1>静夜思</h1>
        <p id='poem'>
        作者: <em>李白</em><br/>
        床前明月光，<br/>
        疑是地上霜。</p>
        <script>
            var objPoem = document.getElementById('poem');
            console.log(objPoem.innerHTML);
            console.log(objPoem.innerText);
            console.log(objPoem.textContent);
        </script>
    </body>
</html>
```

保存并运行程序，运行结果如图 4-13 所示。

通过输出结果的对比可以看出 element.innerHTML、element.innerText 和 element.textContent 属性在操作元素内容时的区别。同时也可以看到，对于元素内容的修改，只需要通过赋值运算符为指定元素的内容属性赋值即可。

图 4-13 案例 4-8 运行结果

2．操作元素属性

在 HTML 中，元素有一些自带的属性，开发者也可以为元素添加自定义属性。在 DOM 中，为方便 JavaScript 获取、修改和遍历指定 HTML 元素的相关属性，DOM 提供了操作元素属性的属性和方法，其中常用的属性和方法如表 4-4 所示。

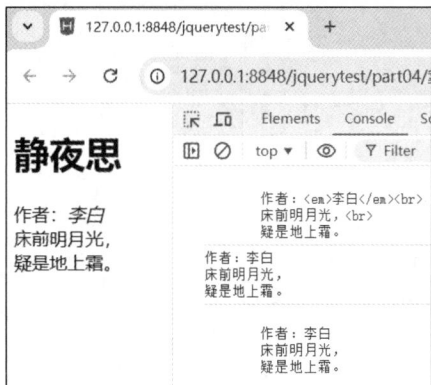

表 4-4　DOM 提供的操作元素属性常用的属性和方法

分类	名称	说明
属性	attributes	返回一个元素的属性集合
方法	setAttribute(name,value)	设置或者修改指定属性的值
	getAttribute(name)	返回指定属性的值
	removeAttribute(name)	从元素中删除指定的属性

由表 4-4 可知，在 DOM 中，可以通过访问元素的 attributes 属性来获取该元素的所有属性。

【案例 4-9】利用 DOM 操作元素属性，实现当鼠标指针经过表格行时，表格行高亮显示。

参考代码如下：

```html
<!DOCTYPE html>
<html>
    <head>
        <meta charset="UTF-8">
        <title>Document</title>
        <style>
            table {
                width: 800px;
                margin: 100px auto;
                text-align: center;
                border-collapse: collapse;
            }
            caption {
                font-size: 30px;
                font-weight: bolder;
                color: #ff6666;
            }
            thead tr {
                height: 40px;
                background-color: #99CCFF;
                font-size: 20px;
                color: #FFFFCC;
            }
            tbody tr {
                height: 30px;
            }
            tbody td {
                border-bottom: 1px solid #d7d7d7;
                font-size: 14px;
                color: #99CCFF;
            }
        </style>
    </head>
    <body>
        <table>
            <caption>学生成绩表</caption>
            <thead>
                <tr>
                    <th>学号</th>
                    <th>姓名</th>
                    <th>C 语言程序设计</th>
                    <th>Web 前端开发</th>
                    <th>图形图像处理</th>
                    <th>数据库基础</th>
                </tr>
            </thead>
            <tbody>
                <tr>
                    <td>350001</td>
                    <td>张三</td>
```

```
                    <td>98</td>
                    <td>97</td>
                    <td>96</td>
                    <td>89</td>
                </tr>
                <tr>
                    <td>350002</td>
                    <td>李四</td>
                    <td>100</td>
                    <td>99</td>
                    <td>96</td>
                    <td>98</td>
                </tr>
                <tr>
                    <td>350003</td>
                    <td>王五</td>
                    <td>99</td>
                    <td>96</td>
                    <td>97</td>
                    <td>93</td>
                </tr>
                <tr>
                    <td>350004</td>
                    <td>赵六</td>
                    <td>100</td>
                    <td>89</td>
                    <td>74</td>
                    <td>69</td>
                </tr>
            </tbody>
        </table>
        <script>
            // 1. 获取元素
            var trs = document.querySelector('tbody').querySelectorAll('tr');
            // 2. 利用循环绑定鼠标事件
            for(var i = 0; i < trs.length; i++) {
                // 3. 鼠标指针经过事件 onmouseover
                trs[i].onmouseover = function() {
                    this.setAttribute('color','#FFFFCC');    //设置指定属性
                    this.setAttribute('bgcolor', '#FFCC99'); //设置指定属性
                };
                // 4. 鼠标指针离开事件 onmouseout
                trs[i].onmouseout = function() {
                    this.removeAttribute('color');           //删除指定属性
                    this.removeAttribute('bgcolor');         //删除指定属性
                };
            }
        </script>
    </body>
</html>
```

保存并运行程序，当鼠标指针在表格某一行停留时，该行的文字颜色与背景色都发生改

变，鼠标指针离开时该行恢复到默认状态，显示效果如图 4-14 所示。

图 4-14　案例 4-9 显示效果

在上例中，当鼠标指针停在表格某一行时，程序通过 setAttribute()方法为当前行设置属性 color 和属性 bgcolor，从而改变该行显示的文字颜色以及背景色。当鼠标指针离开表格某一行时，通过 removeAttribute()方法移除属性 color 和属性 bgcolor，从而恢复系统默认颜色。

3. 操作元素样式

操作元素样式通常有两种方式，一种是操作 style 属性，另一种是操作 className 属性。另外，还可以通过 HTML5 新增的 classList 属性操作元素的类选择器列表来操作元素样式。

（1）操作 style 属性

在 DOM 中，可以通过 style 属性来操作样式，其基本语法如下：

```
HTML 元素对象.style.样式属性 = '样式名称'
```

例如，在一个页面中有一个 id 为 user_name 的<div>，利用 style 属性改变<div>边框的颜色，实现代码可参考如下：

```
document.getElementById('user_name').style.borderColor='red';
```

在 JavaScript 中，通过操作元素对象的 style 属性可以为 HTML 元素设置样式，样式属性名与 HTML 中使用的 CSS 样式名是相对应的，但写法略有不同。JavaScript 中的样式属性名需要去掉 CSS 样式名里的 "-"，并将 "-" 后面英文的首字母大写，因此 CSS 样式名里的 border-color 对应的样式属性名应为 borderColor。style 属性中常用的样式属性名如表 4-5 所示。

表 4-5　style 属性中常用的样式属性

类别	属性	描述
background（背景）	background	设置或返回元素的背景属性
	backgroundColor	设置元素的背景色
	backgroundImage	设置元素的背景图像
	backgroundRepeat	设置是否以及如何重复背景图像
text（文本）	fontSize	设置元素的字体大小
	fontWeight	设置字体的粗细
	textAlign	排列文本
	textDecoration	设置文本的修饰
	textIndent	设置或返回文本第一行的缩进
	font	设置同一行字体的属性
	color	设置文本的颜色

【案例 4-10】利用 JavaScript 操作 style 属性实现网页换肤。

参考代码如下：

```html
<!DOCTYPE html>
<html>
    <head>
        <meta charset="UTF-8">
        <title></title>
        <style>
            * {
                margin: 0;
                padding: 0;
            }
            body {
                background: url(img/1.jpg) no-repeat center top;
            }
            li {
                list-style: none;
            }
            .change {
                overflow: hidden;
                margin: 100px auto;
                background-color: #fff;
                width: 410px;
                padding-top: 3px;
            }
            .change li {
                float: left;
                margin: 0 1px;
                cursor: pointer;
            }
            .change img {
                width: 100px;
            }
        </style>
    </head>
    <body>
        <ul class="change">
            <li><img src="img/1.jpg"></li>
            <li><img src="img/2.jpg"></li>
            <li><img src="img/3.jpg"></li>
            <li><img src="img/4.jpg"></li>
        </ul>
        <script>
            // 1. 获取元素
            var imgs = document.querySelector('.change').querySelectorAll('img');
            // 2. 循环注册事件
            for(var i = 0; i < imgs.length; i++) {
                imgs[i].onclick = function() {
                    document.body.style.backgroundImage = 'url(' + this.src + ')';
                }
            }
        </script>
```

```
        </body>
</html>
```

保存并运行程序，当单击网页上的缩略图图标时，图标上所显示的图片将被设置为整个网页的背景图片，显示效果如图 4-15 所示。

图 4-15　案例 4-10 显示效果

程序中，首先利用 querySelectorAll()函数获取所有的缩略图元素，然后利用循环方式为每一个缩略图元素注册单击事件。当单击到某一缩略图图标时，获取该图标对应的缩略图的源图片，并通过 document.body.style.backgroundImage 方式将该源图片设置为当前网页的背景图片，从而实现网页换肤功能。

（2）操作 className 属性

在开发中，如果样式修改得较多，可以将多个样式定义在一个类选择器中，通过修改元素的 className 属性来修改元素样式，其语法如下：

```
HTML 元素对象.className = "样式名称"
```

【案例 4-11】在很多电商网站上，为便于用户选择商品，商品常常采用选项卡形式分类显示。

简单选项卡实现代码可参考如下：

```
<!DOCTYPE html>
<html>
    <head>
        <meta charset="UTF-8">
        <title></title>
        <style type="text/css">
            * {
                margin: 0;
                padding: 0;
            }
            ul {
                list-style: none;
            }
            .wrapper {
                width: 1000px;
                height: 475px;
                margin: 0 auto;
                margin-top: 100px;
            }
```

```
        .tab {
            border: 1px solid #ddd;
            border-bottom: 0;
            height: 36px;
            width: 320px;
        }
        .tab li {
            position: relative;
            float: left;
            width: 80px;
            height: 34px;
            line-height: 34px;
            text-align: center;
            cursor: pointer;
            border-top: 4px solid #fff;
        }
        .tab span {
            position: absolute;
            right: 0;
            top: 10px;
            background: #ddd;
            width: 1px;
            height: 14px;
            overflow: hidden;
        }
        .products {
            width: 544px;
            border: 1px solid #ddd;
            height: 200px;
        }
        .products .main {
            float: left;
            display: none;
        }
        .products .main.selected {
            display: block;
        }
        .tab li.active {
            border-color: red;
            border-bottom: 0;
        }
    </style>
</head>
<body>
    <div class="wrapper">
        <ul class="tab" id="tab">
            <li class="tab-item active">家用电器<span>◆</span></li>
            <li class="tab-item">手机数码<span>◆</span></li>
            <li class="tab-item">职场办公<span>◆</span></li>
            <li class="tab-item">家居家装</li>
        </ul>
        <div class="products" id="products">
            <div class="main selected">
```

```
                    <a href="#"><img src="img/jydq.jpg" alt="" /></a>
                </div>
                <div class="main">
                    <a href="#"><img src="img/sjsm.jpg" alt="" /></a>
                </div>
                <div class="main">
                    <a href="#"><img src="img/dnbg.jpg" alt="" /></a>
                </div>
                <div class="main">
                    <a href="#"><img src="img/jjjz.jpg" alt="" /></a>
                </div>
            </div>
        </div>
        <script>
            var tab = document.getElementById('tab');
            var divBoxs = document.getElementById('products').
                                getElementsByTagName('div');
            var tabItem = tab.getElementsByTagName('li');
            for(var i = 0; i < tabItem.length; i++) {
                tabItem[i].index = i;
                tabItem[i].onmouseover = function() {
                    for(var j = 0; j < tabItem.length; j++) {   // 排他思想
                        tabItem[j].className = "tab-item";
                        divBoxs[j].className = "main";
                    }
                    this.className = "tab-item active";
                    divBoxs[this.index].className = "main selected";
                }
            }
        </script>
    </body>
<html>
```

保存并运行程序，当鼠标指针移动到某一选项卡对应的标签上时，该选项卡对应的商品列表便会显示出来，显示效果如图 4-16 所示。

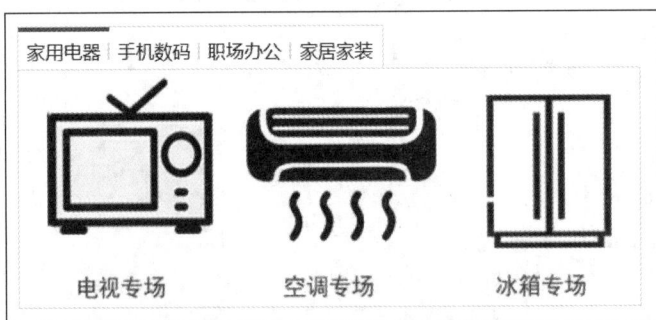

图 4-16　案例 4-11 显示效果

在上例中，首先利用 CSS 样式设置第一个标签及对应的选项卡内容处于当前显示状态。当鼠标指针在各个标签间滑动时，程序采用了使用排他思想的算法，通过一个循环将各个标签及对应的选项卡内容区域利用 className 属性分别设置了"tab-item"和"main"样式，显示为默认状态；然后将鼠标指针所在位置的标签及对应的选项卡内容区域利用 className 属性分别设置了 "tab-item active" 和 "main selected" 样式，显示当前状态。

（3）操作 classList 属性

由于一个元素的类选择器可以有多个，因此 HTML5 新增了 classList 属性（该属性为只读属性）以操作元素的类选择器列表。例如，<div>元素的 class 值为 "box header title"，则可以利用 "<div>元素对象.classList" 的方式获取类选择器列表，但若想要删除列表中的一个值，如 title，则需要利用 classList 的相关操作属性和方法。具体如表 4-6 所示。

表 4-6　classList 的相关操作属性和方法

分类	名称	描述
属性	length	可以获取元素类名的个数
方法	add()	可以给元素添加类名，一次只能添加一个
	remove()	可以将元素的类名删除，一次只能删除一个
	toggle()	切换元素的样式，若元素之前没有指定样式则添加，如果有则移除
	item()	根据接收的数字索引参数，获取元素的类名
	contains	判断元素是否包含指定名称的样式，若包含则返回 true，否则返回 false

接下来通过一个案例演示 classList 的属性和方法的使用。

【案例 4-12】利用 classList 的属性和方法操作元素样式。

参考代码如下：

```
<!DOCTYPE html>
<html>

    <head>
        <meta charset="UTF-8">
        <title>利用 classList 的属性和方法操作元素样式</title>
        <style>
            .box {
                width: 100px;
                height: 100px;
                border: 1px solid #e15671;
            }

            .grey {
                background: #CCCCCC;
            }

            .width {
                width: 200px;
                color: #0099CC;
            }

            .height {
                height: 300px;
                color: #FF6666;
```

```
        }
    </style>
</head>

<body>
    <div class="box"></div>
</body>
<script>
    var oBox = document.querySelector('.box');
    var list = oBox.classList;
    console.log(list.length);
    document.onclick = function() {
        list.add("grey", "width");
        console.log(list.length);
        list.toggle("height");
        console.log(list.length);
        list.toggle("width", list.length < 4 ? true : false);
        console.log(list.length);
        oBox.innerHTML = list.item(2);
        console.log(list.contains("width"));
    }
</script>

</html>
```

保存并运行程序，运行效果如图 4-17、图 4-18、图 4-19 所示。

图 4-17　网页运行初始状态　　图 4-18　单击网页任意位置　　图 4-19　再次单击网页任意位置
　　　　　　　　　　　　　　　　　运行效果　　　　　　　　　　　运行效果

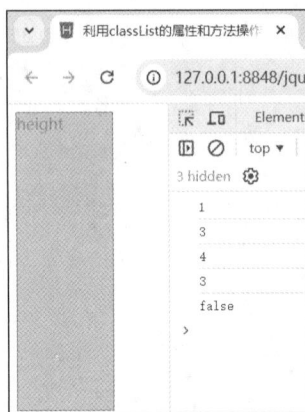

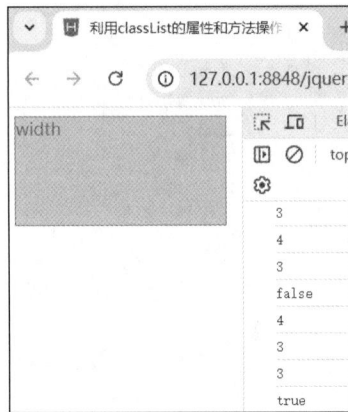

　　网页运行初始状态如图 4-17 所示，<div>应用.box 类选择器样式；当单击网页任意位置时，<div>首先增加了.grey 和.width 类选择器样式，然后增加了.height 类选择器样式，之后又移除了.width 类选择器样式，网页运行效果如图 4-18 所示；当再次单击网页任意位置时，<div>首先增加了.grey 和.width 类选择器样式，然后移除了.height 类选择器样式，之后保留了.width 类选择器样式，网页运行效果如图 4-19 所示；当重复单击网页时，网页运行效果会在图 4-18 和图 4-19 之间切换。

106

4.2.2 节点操作

1. 获取节点

在 DOM 节点树中，各个节点之间具有一定的等级关系，用户可以根据等级关系进行节点的获取，DOM 常用的获取节点的属性如表 4-7 所示。

节点操作

表 4-7 DOM 常用的获取节点的属性

功能	属性	描述
获取父节点	parentNode	获取当前节点的最近的一个父节点
获取子节点	childNodes	获取当前节点的所有子节点的集合
	children	获取当前节点的所有子元素节点
	firstChild	获取当前节点的首个子节点
	lastChild	获取当前节点的最后一个子节点
	firstElementChild	获取第一个子元素节点
	lastElementChild	获取最后一个子元素节点
获取兄弟节点	nextSibling	获取下一个兄弟节点
	previousSibling	获取上一个兄弟节点
	nextElementSibling	获取当前节点的下一个兄弟元素节点
	previousElementSibling	获取当前节点的上一个兄弟元素节点

表 4-7 中易混属性说明如下。

① childNodes 属性与 children 属性虽然都可以获取某元素的子元素，但两者之间有一定的区别。childNodes 用于节点操作，返回的是 NodeList 对象的集合，而 children 用于元素操作，返回的是 HTMLCollection 对象的集合。因此 childNodes 属性在获取子元素时还会包括文本节点等其他类型的节点，此时需要使用 nodeType 来进行判断。

② firstChild 属性和 lastChild 属性返回的子节点包括文本节点和元素节点等；firstElementChild 与 lastElementChild 属性返回的是子元素节点，但这两个属性需在 IE9 以上版本中才能使用。为解决这一问题，在实际开发中通常使用 "obj.children[索引]" 的方式来获取子元素节点，如获取第一个子元素节点可使用如下方式实现：

```
obj.children[0]
```

③ nextSibling 属性和 previousSibling 属性返回值包括文本节点和元素节点等；nextElementSibling 与 previousElementSibling 属性返回值是兄弟元素节点，同样地，这两个属性需在 IE9 以上版本中才能使用。为解决这一问题，在实际开发中通常使用封装函数来处理兼容性问题，参考代码如下：

```
function getNextElementSibling(element){
        var el = element
        while(el = el.nextSibling){
            if(el.nodeType === 1){
                return el;
```

```
            }
        }
        return null;
}
```

2. 创建节点

在获取元素的节点后，还可以利用 DOM 提供的很多方法动态创建节点，主要方法如下。

① document.write()：用于将字符串写入文档中。如果页面的文档流加载完毕，再调用此方法会导致页面重绘。

② element.innerHTML()：将内容写入某个 DOM 节点，不会导致页面全部重绘。

③ document.createElement()：创建元素节点，创建多个元素时效率稍低，但结构更加清晰。

④ document.createTextNode()：创建文本节点。

⑤ document.createAttribute()：创建属性节点。

3. 添加节点

在 DOM 中，常用的添加节点方法主要有以下两种。

① appendChild()：该方法用于将一个节点添加到指定父节点的子节点列表末尾。

② inertBefore()：该方法用于将一个节点添加到父节点的指定子节点前面。

4. 删除节点

开发中若要删除某个 HTML 元素节点或属性节点，则可以利用 removeChild()或 removeAttributeNode()方法实现，返回值是被删除的元素节点或属性节点。

【案例 4-13】利用节点的基本操作实现在评论区发表简单评论的功能。

参考代码如下：

```html
<!DOCTYPE html>
<html>
    <head>
        <meta charset="UTF-8">
        <title>留言板</title>
        <style>
            textarea {
                width: 400px;
                height: 100px;
                border: 1px solid pink;
                outline: none;
                resize: none;
            }
            ul {
                margin-top: 50px;
            }
            li {
                width: 300px;
                padding: 5px;
                background-color: #eee;
                font-size: 14px;
                margin: 15px 0;
            }
            li span {
```

```
                float: right;
            }
        li a:hover {
                color: orange;
                cursor: pointer;
            }
    </style>
</head>
<body>
    <div>
        <h2>评论区</h2>
        <p>你了解的流行的编程语言有哪些，请在评论区留言。</p>
    </div>
    <!--操作区-->
    <div>
        <textarea id="msg"></textarea><br />
        <input id="words" type="button" value="发表评论" />
        <label id="showCount">共发表 0 条评论</label>
    </div>
    <!--评论显示的 div-->
    <div id="box">
    </div>
    <script>
        //获取发表时间
        function showDate() {
            var currentTime = new Date(); //定义一个日期对象
            var year = currentTime.getFullYear();   //获取系统年份
            var month = currentTime.getMonth() + 1; //获取系统月份
            var day = currentTime.getDate();            //获取系统当月天数
            var hour = currentTime.getHours();          //获取小时数
            var minute = currentTime.getMinutes();   //获取分钟数
            var sec = currentTime.getSeconds();        //获取秒数
            strTime = year + "-" + month + "-" + day + " " + hour + ":" +
            minute + ":" + sec;
            return strTime;                          //返回时间字符串
        }
        var showCount = document.getElementById('showCount');
        //取值
        var msg = document.getElementById('msg');
        //在显示区创建新的 ul
        var ul = document.createElement('ul');
        var box = document.getElementById('box');
        box.appendChild(ul);
        //单击评论的操作
        var words = document.getElementById('words');
        //全局变量 count
        count = 0;
        words.onclick = function() {
```

```
        message = msg.value; //获取 textarea 的值
        if(message == '') {
            alert('您没有输入内容');
            return false;
        } else {
            var li = document.createElement('li'); // 新建一个 li
            li.innerHTML = msg.value + '<span>' + showDate() + '<a>
                            删除</a></span>'; //添加 li 内容
            var lis = document.getElementsByTagName('li'); //判断后加入 ul
            if(lis.length === 0) {
                ul.appendChild(li);
                count++;
            } else {
                ul.insertBefore(li, lis[0]);
                count++;
            }
            showCount.innerHTML = '共发表' + count + '条评论';
            //输入完毕后将 textarea 的值设置成空
            msg.value = '';

            //编辑删除功能
            var as = document.querySelectorAll('a');
            for(var i = 0; i < as.length; i++) {
                as[i].onclick = function() {
                    ul.removeChild(this.parentNode.parentNode);
                    count--;
                    showCount.innerHTML = '共发表' + count + '条评论';;
                };
            }
        }
    };
    </script>
    </body>
</html>
```

保存并运行程序，初始运行效果如图 4-20 所示。

图 4-20　网页初始运行效果

在文本框中输入评论内容，单击【发表评论】按钮后，新输入的评论内容会显示在评论区底部，同时更新总共发表评论的条数，运行效果如图 4-21 所示。

将鼠标指针移动到评论尾部的"删除"文字上方时，鼠标指针变成小手形状，"删除"文字变为橙色，运行效果如图 4-22 所示。单击"删除"文字后，当前选中的评论被删除，同时更新页面上发表评论数量的显示，运行效果如图 4-23 所示。

图 4-21　发表评论运行效果　　　图 4-22　将鼠标指针移动到"删除"文字上时的运行效果

图 4-23　单击"删除"文字后的运行效果

5. 复制节点

在 DOM 中，利用 cloneNode()方法，可以实现一个节点的复制，基本语法如下：

```
node.cloneNode(deep)
```

参数 deep 可选，默认为 false。如果参数为空或设置为 false，则表示浅复制，即只复制节点本身，不复制里面的子节点；如果参数设置为 true，则表示深复制，既复制节点本身又复制里面所有的子节点。

【案例 4-14】利用复制节点的方法复制图片，利用删除节点的方法删除复制的图片。

参考代码如下：

```html
<!DOCTYPE html>
<html>
    <head>
        <meta charset="UTF-8">
        <title>节点复制</title>
    </head>
    <body>
        <button onclick="myFunction1()">复制图片</button>
        <button onclick="myFunction2()">删除图片</button>
        <ul id="myList"><li><img src="img/gong.png"></li></ul>
        <ul id="op"></ul>
    <script>
      function myFunction1() {
        var item = document.getElementById('myList').firstChild;
        var cloneItem = item.cloneNode(true);
        document.getElementById('op').appendChild(cloneItem);
      }
      function myFunction2() {
        var op = document.getElementById('op');
        op.removeChild(op.firstChild);
      }
    </script>
    </body>
</html>
```

上述代码中，当单击【复制图片】按钮时，触发 myFunction1()函数，函数首先获取 id 属性值为 myList 的元素的第一个子节点，然后通过 cloneNode()方法复制这个节点，并将复制的节点添加到 id 为 op 的元素中的最后一个位置；当单击【删除图片】按钮时，删除 id 为 op 的元素中的最后一个子元素。单击【复制图片】按钮后的运行效果如图 4-24 所示。

如果将代码中的 cloneNode(true)的参数省略或者修改为 false，运行效果如图 4-25 所示。

图 4-24　单击【复制图片】按钮后的运行效果　图 4-25　修改参数后单击【复制图片】按钮后的运行效果

任务实施

1. 为用户名验证添加样式响应特效

打开诗歌赏析网站中完成任务 4.1 后的文档 register.html，找到用户名验证函数 checkUsername()，修改函数，为函数添加样式修改的响应特效代码，参考代码如下：

```
//用户名验证函数
function checkUsername() {
    var username = document.getElementById('user_name').value;
    if(username.length>0) { //用户名合法
        document.getElementById('user_name').style.cssText = "border:
1px solid green;";
        return true;
    } else {              //用户名非法
document.getElementById('user_name').style.cssText = "border: 1px solid red;";
        return false;
    }
}
```

2. 为用户名验证添加元素内容响应特效

继续修改函数 checkUsername()，为函数添加元素内容修改的响应特效代码，参考代码如下：

```
//用户名验证函数
function checkUsername() {
    var username = document.getElementById('user_name').value;
    if(username.length>0) {
        document.getElementById('user_name').style.cssText = "border:
1px solid green;";
        document.getElementById('usernametip').innerHTML ="";
        return true;
    } else {
        //用户名非法
document.getElementById('user_name').style.cssText = "border: 1pxsolid red;";
document.getElementById('usernametip').innerHTML = "用户名不能为空";
        return false;
    }
}
```

3. 为用户名验证添加图片响应特效

继续修改函数 checkUsername()，为函数添加图片显示的响应特效代码，参考代码如下：

```
//用户名验证函数
function checkUsername() {
    var username = document.getElementById('user_name').value;
    var oImgBox = document.createElement("img");
    if(username.length>0) {
        document.getElementById('user_name').style.cssText = "border:
1px solid green;";
        document.getElementById('usernametip').innerHTML ="";
        oImgBox.setAttribute("src", "img/valid.png");
        document.getElementById('usernametip').appendChild(oImgBox);
        return true;
    } else {
        //用户名非法
```

```
        document.getElementById('user_name').style.cssText = "border: 1px solid red;";
            document.getElementById('usernametip').innerHTML = "用户名不能为空";
        return false;
    }
}
```

4．为电话号码、常用邮箱和密码等表单元素验证添加响应特效

参照函数 checkUsername()的修改过程，为其他验证函数添加样式、内容以及图片响应特效代码，参考代码如下：

```
//电话号码验证函数
function checkTele() {
    var telephone = document.getElementById('tel').value;
    var oImgBox = document.createElement("img");
    if(telephone.length>0) {
        document.getElementById('tel').style.cssText = "border:
1px solid green;";
        document.getElementById('teltip').innerHTML = "";
        oImgBox.setAttribute("src", "img/valid.png");
        document.getElementById('teltip').appendChild(oImgBox);
        return true;
    } else {
        document.getElementById('tel').style.cssText = "border: 1px solid red;";
        document.getElementById('teltip').innerHTML = "电话号码不能为空";
        return false;
    }
}


//常用邮箱验证函数
function checkEmail() {
    var email = document.getElementById('email').value;
    var oImgBox = document.createElement("img");
    if (email.length>0) {
        document.getElementById('email').style.cssText = "border:
1px solid green;";
        document.getElementById('emailtip').innerHTML = "";
        oImgBox.setAttribute("src", "img/valid.png");
        document.getElementById('emailtip').appendChild(oImgBox);
        return true;
    } else {
    document.getElementById('email').style.cssText = "border: 1px solid red;";
    document.getElementById('emailtip').innerHTML = "常用邮箱不能为空";
        return false;
    }
}

//密码验证函数
function checkPassword() {
    var password1 = document.getElementById('password_1').value;
    var oImgBox = document.createElement("img");
    if (password1.length>0) {
```

```
            document.getElementById('password_1').style.cssText = "border:
1px solid green;";
            document.getElementById('pwd1tip').innerHTML = "";
            oImgBox.setAttribute("src", "img/valid.png");
            document.getElementById('pwd1tip').appendChild(oImgBox);
            return true;
        } else {
        document.getElementById('password_1').style.cssText = "border:
1px solid red;";
        document.getElementById('pwd1tip').innerHTML = "密码不能为空";
            return false;
        }
    }
    //确认密码验证函数
    function checkPasswordAgain() {
        var password2 = document.getElementById('password_2').value;
        var oImgBox = document.createElement("img");
        if(password2.length>0) {
            document.getElementById('password_2').style.cssText = "border:
1px solid green;";
            document.getElementById('pwd2tip').innerHTML = "";
            oImgBox.setAttribute("src", "img/valid.png");
            document.getElementById('pwd2tip').appendChild(oImgBox);
            return true;
        } else {
        document.getElementById('password_2').style.cssText = "border:
1px solid red;";
            document.getElementById('pwd2tip').innerHTML = "确认密码不能为空";
            return false;
        }
    }
    //验证码验证函数，将验证码和手机接收到的验证码进行比较，此处我们采用判断是否为空进行模拟
    function checkCaptcha() {
        var captcha = document.getElementById('captcha').value;
        var oImgBox = document.createElement("img");
        if(captcha.length>0) {
            document.getElementById('captcha').style.cssText = "border:
1px solid green;";
            document.getElementById('captchatip').innerHTML = "";
            oImgBox.setAttribute("src", "img/valid.png");
            document.getElementById('captchatip').appendChild(oImgBox);
            return true;
        } else {
        document.getElementById('captcha').style.cssText = "border: 1px solid red;";
            document.getElementById('captchatip').innerHTML = "验证码不能为空";
            return false;
        }
    }
```

5. 测试运行

保存并运行网页，初始运行效果如图 4-26 所示。

图 4-26　任务 4.2 初始运行效果

当某一输入值为空值的表单元素失去焦点时，失去焦点的表单元素边框变成红色，同时元素尾部显示"**不能为空"的提示信息，显示效果如图 4-27 所示。

图 4-27　任务 4.2 表单元素失去焦点且值为空值时显示效果

当某一输入值不为空值的表单元素失去焦点时，该表单元素尾部显示一个绿色对钩，表明用户输入正确，显示效果如图 4-28 所示。

图 4-28　任务 4.2 表单元素失去焦点且值不为空值时显示效果

页面存在表单元素输入值为空值的表单元素，此时单击【立即注册】按钮时，系统会自动弹出对话框进行提示，提示效果如图 4-29 所示。

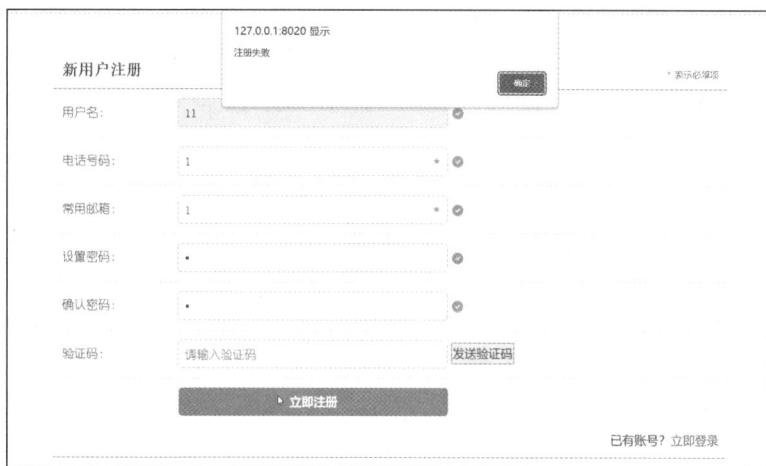

图 4-29　任务 4.2 存在空值时单击【立即注册】按钮时的运行效果

页面所有表单元素输入值均不为空值时单击【立即注册】按钮，系统自动弹出注册成功的对话框，效果如图 4-30 所示。

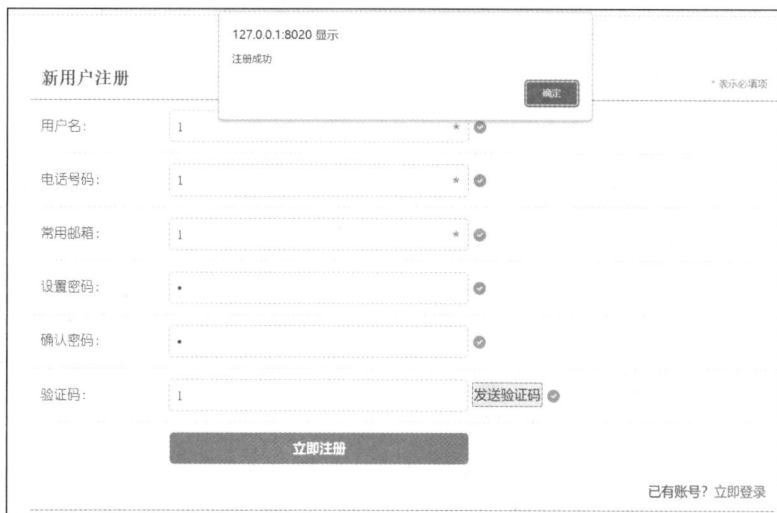

图 4-30　任务 4.2 单击【立即注册】按钮注册成功效果

知识拓展

1. API 与 Web API

（1）API

API 是一些预先定义的函数，这些函数是由某个软件开放给开发者使用的，帮助开发者实现某些功能，开发者无须访问源代码、无须理解其内部工作机制细节，只需知道如何使用即可。

（2）Web API

Web API 是主要针对浏览器的 API，其在 JavaScript 语言中被封装成了对象，通过调用对象的属性和方法就可以使用 Web API。在前面的学习中，我们经常使用 console.log()在控制台中输出调试信息，这里的 console 对象就是一个 Web API，DOM、BOM 也都属于 Web API。

2. 自定义属性

为更好地判断属性是元素内置属性还是自定义属性，HTML5 新增了自定义属性的规范，即通过"data-属性名"的方式设置自定义属性。用户既可以在 HTML 中设置自定义属性，也可以在 JavaScript 中设置自定义属性。

在 HTML 中设置自定义属性，如在\<div\>元素上设置 data-index 属性，示例代码如下：

```
<div data-index='2'></div>
```

上述代码中，data-index 就是一个自定义属性，"data-"是自定义属性的前缀，index 是开发者自定义的属性名。

在 JavaScript 代码中，可以通过"setAttribute('属性',值)"或者"元素对象.dataset.属性名='值'"两种方式设置自定义属性。需要注意的是，通过后者只能设置以"data-"开头的自定义属性。同样，可以通过两种方式获取属性值，一种是通过 getAttribute()方式获取，另一种是使用 HTML5 新增的"element.dataset.属性"或者"element.dataset['属性']"方式获取。自定义属性的设置与获取基本用法可参考如下示例代码：

```
<!DOCTYPE html>
<html>
    <head>
        <meta charset="UTF-8">
        <title></title>
    </head>
    <body>
        <div id='div1'></div>
        <div id='div2' getTime="20" data-index="2" data-list-name="andy"></div>
        <script>
            var div1 = document.querySelector('#div1');
            div1.dataset.num = '2';
            div1.dataset['names'] = 'abc';
            div1.setAttribute('myName', 'andy');
            div1.dataset.jqueryTestTest = 'test';
            console.log(div1);
            var div2 = document.querySelector('#div2');
            console.log(div2.getAttribute('data-index')); // 结果为: 2
            // HTML5 新增的获取自定义属性的方法，只能获取以"data-"开头的属性
            console.log(div2.dataset);
            // DOMStringMap {index:"2",listName:"andy"}
            console.log(div2.dataset.index);            // 结果为: 2
            console.log(div2.dataset['index']);         // 结果为: 2
            console.log(div2.dataset.listName);         // 结果为: andy
            console.log(div2.dataset['listName']);  // 结果为: andy
```

```
        </script>
    </body>
</html>
```

保存并运行程序，按【F12】键打开浏览器控制台，通过控制台查看结果，如图 4-31 所示。

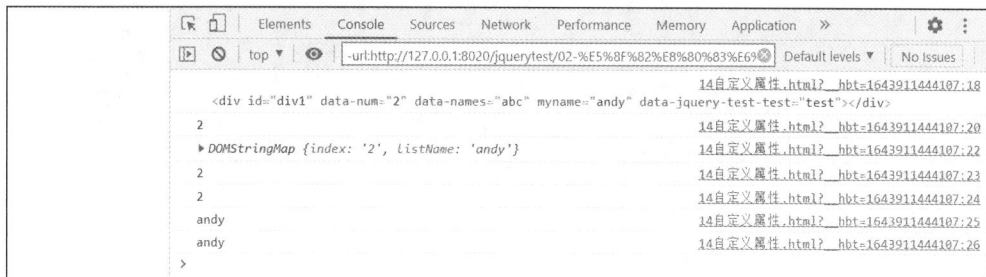

图 4-31　自定义属性的设置与获取运行结果

单元小结

　　本单元首先介绍了 DOM 的基本概念、DOM 节点树的相关概念、查找元素的相关方法；之后讲解了 HTML 元素的常用操作以及 DOM 节点的常用操作，使读者能够利用 DOM 的一些常用操作进行网页的交互性编程。通过对本单元内容的学习，读者可以增强对 DOM 的理解，并培养利用 DOM 编程解决一些实际的应用问题的能力。

单元实训

　　使用 JavaScript 中的 DOM 编程实现多幅图片横向手风琴特效，具体要求如下。
　　① 初始状态下，第一幅图片完全显示，其他图片显示宽度为十分之一，如图 4-32 所示。
　　② 当鼠标指针悬浮在某一幅图片上时，该图片完全显示，其他图片显示宽度为十分之一，如图 4-33 所示。

图 4-32　单元实训要求 1 运行参考效果

图 4-33　单元实训要求 2 运行参考效果

习题

一、单选题

1. 下列选项中，（　　　）的返回值是一个对象的引用。

A．document.getElementById()　　　　　B．document.getElementsByName()

C．document.getElementsByTagName()　　D．document.getElementsByClassName()

2. 以下选项中在设置元素内容时会重构整个 HTML 文档页面的是（　　　）。

A．innerHTML　　　　B．innerText　　　　C．textContent　　　　D．document.write()

3. 下列可用于获取文档中全部<div>元素的是（　　　）。

A．document.querySelector('div')　　　　B．document.querySelectorAll('div')

C．document.getElementsByName('div')　　D．以上选项都可以

4. HTML 5 提供的 querySelector()方法利用 id 查找元素的写法正确的是（　　　）。

A．document.querySelector([id 名称])　　　B．document.querySelector('id 名称')

C．document.querySelector('.id 名称')　　　D．document.querySelector('#id 名称')

5. 下列关于 HTML 文件说法正确的是（　　　）。

A．文档中仅文本内容被称为节点　　　　B．各元素之间没有级别之分

C．文档可被看作一个节点树　　　　　　D．以上说法都不正确

6. HTML DOM 中的根节点是（　　　）。

A．<body>　　　　　B．<head>　　　　　C．<html>　　　　　D．<title>

7. 下列关于<head>与<body>节点之间关系描述正确的是（　　　）。

A.<head>是<body>的根节点　　　　　　B.<head>是<body>的子节点

C.<head>是<body>的父节点　　　　　　D.<head>与<body>互为兄弟节点

8. 以下选项在获取元素内容时，去掉所有格式以及标签的是（　　　）。

A．innerHTML　　　　B．innerText　　　　C．textContent　　　　D．以上选项都可以

二、多选题

1. 下列选项中，属于 document 对象属性的是（　　　）。

A. body   B. title   C. forms   D. images

2. 对于<input>元素来说，可以操作它的（   ）属性。

A. disabled   B. checked   C. selected   D. src

3. 下列选项中，可用于获取 HTML 文档中<html>元素的是（   ）。

A. document.getElementsByTagName('body')[0]

B. document.getElementsByTagName('html')[0]

C. document.body

D. document.documentElement

三、判断题

1. DOM 是一套规范文档内容的通用型标准。（   ）

2. getElementsByName()方法返回的是一个对象集合，使用索引获取元素。（   ）

3. background-color 在利用 DOM 的 style 属性进行操作时需要改为 backGroundColor。
（   ）

4. innerHTML 属性用于改变指定元素对象的内容。（   ）

5. HTML 属性操作是指使用 JavaScript 来操作一个元素的 HTML 属性。（   ）

6. document.querySelector('div').classList 可以获取文档中所有<div>的 class 值。（   ）

7. innerHTML 在使用时会出现浏览器兼容问题，因此在开发中要尽可能使用 innerText。
（   ）

8. 利用 DOM 提供的属性和方法可以修改指定元素的样式。（   ）

9. <html>标签是 HTML 文档的根节点，有且仅有一个。（   ）

10. Web API 是浏览器提供的一套操作浏览器功能和页面元素的接口。（   ）

四、简答题

请简述 childNodes 属性与 children 属性的区别。

学习单元5
JavaScript中的BOM操作

05

单元概述

在实际 Web 前端开发过程中，经常需要操作浏览器窗口及窗口上的控件，实现用户和页面之间的动态交互。BOM 提供了与浏览器窗口交互的一些对象，例如可以移动、调整浏览器窗口大小的 window 对象，可以用于导航的 location 对象与 history 对象，可以获取浏览器、操作系统与用户屏幕信息的 navigator 与 screen 对象，可以作为访问 HTML 文档入口的 document 对象，等等。

学习目标

1. 知识目标

（1）掌握 BOM 基本概念及 BOM 构成。

（2）掌握 window 对象、location 对象、history 对象、navigator 对象以及 screen 对象的定义与使用。

2. 技能目标

（1）能够根据实际需求选择 BOM 对象实现与浏览器窗口的交互功能。

（2）灵活运用 BOM 常用对象解决一些实际应用问题。

3. 素养目标

（1）学生在处理与浏览器交互相关的问题时，应学会分析问题、寻找解决方案，通过代码实现来解决实际问题，提高解决问题的能力。

（2）鼓励学生利用 BOM 的特性，创造出新颖、独特和实用的网页交互效果，培养学生的创新思维。

任务 5.1　添加验证码发送特效——BOM 对象基本概念及 window 对象的使用

任务描述

为注册页面添加验证码发送特效，当单击【发送验证码】按钮时发送请求短消息，该按钮在 60s 内不能再单击，以防止重复发送请求短消息，同时该按钮上的文字变为 "还剩下 **秒再次单击"。优化代码设计，实现 HTML 与 JavaScript 代码的分离。

任务分析

要实现单击【发送验证码】按钮后的特效，需要用到 window 对象中的定时器的倒计时功能；若要优化代码设计，实现 JavaScript 函数定义在要引用的 HTML 元素前面时，可借助 window.onload 事件实现该功能。

BOM 对象基本概念

知识链接

BOM 中提供了很多用于访问和操作浏览器的对象，可用于实现用户和页面的动态交互。

5.1.1　什么是 BOM

浏览器提供了一系列内置对象，各内置对象之间按照某种层次组织起来的模型统称为 BOM。BOM 提供了独立于内容而与浏览器窗口进行交互的对象，其核心对象是 window。

BOM 由一系列相关的对象构成，并且每个对象都提供了很多方法和属性。JavaScript 语法的标准化组织是 ECMA（European Computer Manufacturers Association，欧洲计算机制造联合会），DOM 的标准化组织是 W3C，但是 BOM 还没有统一的标准，导致每种浏览器都有自己对 BOM 的实现方式。W3C 组织目前正在致力于促进 BOM 的标准化。

5.1.2　BOM 的构成

BOM 最直接的作用之一是将相关的元素组织和包装起来，提供给开发者使用，从而减少开发者的代码编写量，提高他们设计 Web 页面的能力。BOM 采用了分层结构，BOM 和 DOM 的结构如图 5-1 所示。

从图 5-1 可以看出，BOM 比 DOM 范围更大，它包含 DOM 对象。BOM 的核心对象是 window，其他的对象称为 window 的子对象，它们是以属性的方式添加到 window 对象中的。

在 BOM 中，frames 对象用于访问多框架文档中的各个框架（frame）。在 HTML 中，可以使用<frame>或<iframe>标签来创建框架，这些框架可以包含不同的文档。通过 frames 对象，可以对这些框架进行操作。随着 Web 开发的趋势逐渐向单页面应用转变，框架技术逐渐不再被推荐使用，在此我们不再进行详细介绍。

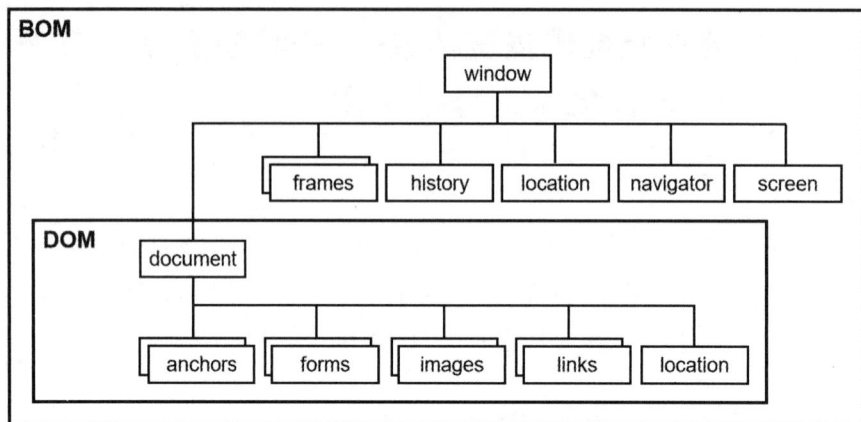

图 5-1　BOM 和 DOM 的结构

5.1.3　window 对象

window 对象也称为浏览器对象，常用于获取浏览器窗口的大小、位置或设置定时器等。当在浏览器中打开一个 HTML 文档时，通常会创建一个 window 对象。如果定义了一个或多个框架，浏览器将为原始文档创建一个 window 对象，同时为每个框架创建一个 window 对象。

1. window 对象常用属性

window 对象的常用属性如表 5-1 所示。

window 对象的
使用

表 5-1　window 对象的常用属性

属性名	说明
document	返回 document 对象，也就是 DOM 对象，是 HTML 页面当前窗体的内容
history	返回 history 对象的引用，主要用于记录浏览器的历史访问
location	返回 location 对象的引用，主要用于获取当前浏览器中 URL（Uniform Resource Locater，统一资源定位符）栏内的相关数据
navigator	返回 navigator 对象的引用，用于获取浏览器的相关数据，如浏览器名称等
screen	返回 screen 对象的引用，可获取与屏幕相关的数据

在 JavaScript 中，window 对象属性的使用方法如下：

```
window.属性名 = '属性值'
```

例如，"window.location = 'http://127.0.0.1:8848/诗歌赏析/index.html';"表示跳转到本地诗歌赏析网站的首页。

2. window 对象常用方法

window 对象的常用方法如表 5-2 所示。

表 5-2　window 对象的常用方法

方法名	说明
prompt()	显示提示用户输入信息的对话框
alert()	显示带有提示信息和一个【确定】按钮的警告框
confirm()	显示带有提示信息、【确定】按钮和【取消】按钮的对话框
close()	关闭浏览器窗口
open()	打开一个新的浏览器窗口或查找一个已命名的浏览器窗口
setTimeout()	在指定的毫秒数后调用函数或执行一段代码
setInterval()	按照指定的周期（以毫秒计）来调用函数或执行一段代码

在 JavaScript 中，window 对象方法的使用方法如下：

```
window.方法名();
```

因为 window 对象是全局对象，所以在使用 window 对象的属性和方法时，可以省略 window。例如，在前面用到的 alert()，其完整的写法是 window.alert()。

在前文中我们已经学习了 prompt()方法和 alert()方法的使用，接下来学习其他几个方法的使用。

（1）confirm()方法

在 Web 开发中，用户在提交页面申请或者删除某些数据时，为防止误操作，通常会弹出一个确认对话框，让用户进一步确认信息。确认对话框通过 confirm()方法实现，基本语法格式如下：

```
window.confirm(message);
```

message 表示要在窗口上弹出的对话框中显示的纯文本，如果用户单击【确定】按钮则返回 true，如果单击【取消】按钮则返回 false。

【案例 5-1】单击按钮删除图片，在执行删除动作前利用确认对话框进行确认。

参考代码如下：

```
<body>
    <input type="button" value="删除图片" onclick="delImg()" />
    <div id='imgDiv'>
        <img src="img/gong.png">
        <img src="img/gong.png">
    </div>
    <script>
        var imgDiv = document.querySelector('#imgDiv');
        function delImg(){
            if(confirm('确实要删除图片吗？')){
                imgDiv.removeChild(imgDiv.children[0]);
            }
        }
    </script>
</body>
```

保存并运行程序，单击【删除图片】按钮，弹出确认对话框，如果单击【确定】按钮则执行图片删除的动作，如果单击【取消】按钮则撤销图片删除的动作，运行效果如图 5-2 所示。

图 5-2　案例 5-1 运行效果

（2）close()方法

该方法主要用于浏览器窗口的关闭，基本语法格式如下：

```
window.close()
```

（3）open()方法

该方法主要用于打开一个新的浏览器窗口或查找一个已命名的浏览器窗口，基本语法格式如下：

```
window.open(URL,name,specs,replace)
```

该函数各个参数说明如下。

① URL：可选，打开指定的页面的 URL。如果没有指定 URL，打开一个新的空白浏览器窗口。

② name：可选，指定 target 属性或浏览器窗口名称，可选值如表 5-3 所示。

表 5-3　name 可选值

可选值	含义
_blank	URL 将在新窗口或新标签页中打开，这是默认值
_self	URL 将在当前窗口中打开
_parent	URL 将在父窗口中打开，如果当前窗口没有父窗口，则行为类似于_self
_top	URL 将在顶层窗口中打开，如果当前窗口没有顶层窗口，则行为类似于_self
name	用于指定新窗口的名称。如果已存在同名窗口，则激活该窗口并加载 URL；否则，创建新窗口并打开 URL

③ specs：可选，用于设置浏览器窗口的特征（如大小、滚动条等），多个特征之间用逗号分隔，常用可选参数如表 5-4 所示。

表 5-4　specs 常用可选参数

可选参数	含义
height=pixels	浏览器窗口的高度，最小值为 100
width=pixels	浏览器窗口的宽度，最小值为 100
left=pixels	该浏览器窗口的左侧位置
location=yes|no|1|0	是否显示地址字段，默认值是 yes

可选参数	含义
menubar=yes|no|1|0	是否显示菜单栏，默认值是 yes
resizable=yes|no|1|0	是否可调整浏览器窗口大小，默认值是 yes
scrollbars=yes|no|1|0	是否显示滚动条，默认值是 yes
status=yes|no|1|0	是否要添加一个状态栏，默认值是 yes
titlebar=yes|no|1|0	是否显示标题栏，常被忽略，除非调用 HTML 应用程序或一个值得信赖的对话框，默认值是 yes
toolbar=yes|no|1|0	是否显示浏览器工具栏，默认值是 yes

④ replace：参数设置为 true，表示替换浏览历史中的当前条目；参数设置为 false（默认值），表示在浏览历史中创建新的条目。

【案例 5-2】利用 open()方法打开一个新浏览器窗口。

参考代码如下：

```
<body>
    <form>
        <input type="button" value="新浏览器窗口打开案例 5-1" onclick="openWin()" />
    </form>
    <script>
        function openWin(){
            window.open('案例 5-1confirm()方法的使用.html','_blank','width=500,
                        height=220,left=200');
        }
    </script>
</body>
```

保存并运行文件，运行效果如图 5-3 所示。

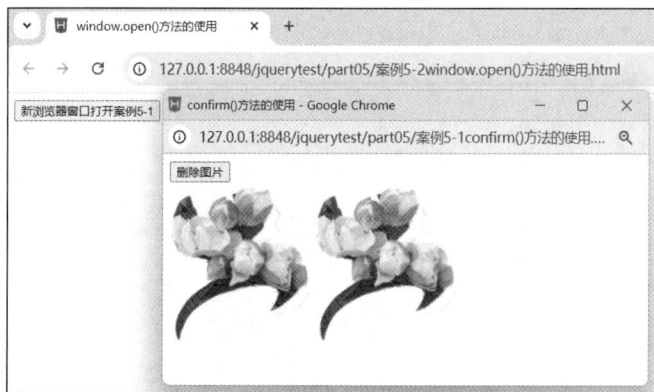

图 5-3　案例 5-2 运行效果

当用户单击【新浏览器窗口打开案例 5-1】按钮时，系统会弹出一个宽 500px、高 220px、距离左侧 200px 的新浏览器窗口，新浏览器窗口显示案例 5-1 的运行页面。

3. 定时器

用户在浏览网站时，时常会看到商品抢购倒计时计时器、显示一段时间自动关闭的广告图片、定时切换的轮播图片等多种网页特效，这些特效使得网页丰富多彩，它们都用到了定时器。定时器用于在指定时间后执行特定操作，或者让程序代码每隔一段时间执行一次，实现间歇操作。window 对象提供了 setTimeout()和 setInterval()两种方法实现定时器。

【案例 5-3】利用 setTimeout()定时器实现 5s 后广告自动关闭效果。

参考代码如下：

```
<body>
    <img src="img/ad.gif"  />
    <script>
        setTimeout(closeAd,5000);
        function closeAd(){
            var imgObj = document.querySelector('img');
            imgObj.style.display = 'none';
        }
    </script>
</body>
```

保存并运行程序，网页在开始时显示一幅广告图片，然后通过 setTimeout(closeAd,5000)定义定时器，表示等待 5s 后调用 closeAd()函数。在 closeAd()函数定义中通过 imgObj.style.display = 'none'方式将图片隐藏，实现 5s 后广告自动关闭的效果。

利用 setTimeout()和 setInterval()均可实现定时器效果，两个方法都可用于在一个固定时间段内执行 JavaScript 程序代码，但不同的是 setTimeout()只执行一次代码，取消该定时器需要使用 clearTimeout()方法；setInterval()会在指定的时间后自动重复执行代码，取消该定时器需要使用 clearInterval()方法。

【案例 5-4】利用两种定时器方法分别实现图片的自动创建。

参考代码如下：

```
<body>
    <div></div>
    <script>
        function createImg(){
            var imgObj = document.createElement('img');
            imgObj.setAttribute('src','img/gong.png');
            var imgDiv = document.querySelector('div');
            imgDiv.appendChild(imgObj);
        }
        //方式1：利用 setTimeout()方法实现
        setTimeout(createImg,1000);
        //方式2：利用 setInterval()方法实现
        //setInterval(createImg,1000);
    </script>
</body>
```

保存并运行程序，网页会在等待 1s 后自动创建并显示一幅图片，setTimeout()方法在执行一次后即停止了操作，效果如图 5-4 所示。

如果将 setTimeout()修改为 setInterval()，则程序会在页面上每隔 1s 新增一幅图片，在不加干涉的情况下，操作会一直执行，直到页面关闭为止。程序运行 3s 后的页面效果如图 5-5 所示。

图 5-4　setTimeout()方法执行效果

图 5-5　setInterval()方法执行效果

在定时器启动后，要取消操作可以使用将 setTimeout()的返回值传递给 clearTimeout()方法，或将 setInterval()的返回值传递给 clearInterval()方法。

【案例 5-5】修改案例 5-4 的代码，为定时器添加停止按钮。

参考代码如下：

```
<body>
    <input type="button" value="单击按钮可停止图片生成" onclick="stopCreateImg()"/>
    <div></div>
    <script>
        function createImg(){
            var imgObj = document.createElement('img');
            imgObj.setAttribute('src','img/gong.png');
            var imgDiv = document.querySelector('div')
            imgDiv.appendChild(imgObj);
        }
//        //方式 1: 利用 setTimeout()方法实现
//        var timer = setTimeout(createImg,1000);
//        function stopCreateImg(){
//            clearTimeout(timer);
//        }
        //方式 2: 利用 setInterval()方法实现
        var timer = setInterval(createImg,1000);
        function stopCreateImg(){
            clearInterval(timer);
        }
    </script>
</body>
```

保存并运行程序，运行效果如图 5-6 所示。

程序会每隔 1s 在页面新增一幅图片，当单击【单击按钮可停止图片生成】按钮时，停止新增图片操作。程序中将定时器 setInterval(createImg,1000)赋值给一个变量 timer，之后将该变量作为取消定时器函数的参数即 clearInterval(timer)，执行该函数即可停止定时器。setTimeout()方法的启动与停止运行过程与 setInterval()方法的类似。

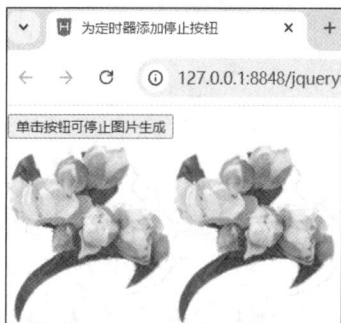

图 5-6　添加停止按钮定时器执行效果

4. window 对象常用事件

window.onload 是窗口（页面）加载事件，当文档内容（包括图像、脚本文件、CSS 文件等）完全加载完成后会触发该事件，调用该事件对应的事件处理函数。

JavaScript 代码是从上而下依次执行的，如果要在页面加载完成后执行某些代码，又想要把这些代码写到页面任意的地方，可以把代码写到 window.onload 事件处理函数中，因为 window.onload 事件是等页面内容全部加载完毕再执行事件处理函数的。

任务实施

1. 定义事件源元素

找到【发送验证码】按钮对应的代码，为了便于引用该按钮，为其添加 id 值 "captchaBtn"，参考代码如下：

```
<li>
    <label for="captcha">验证码: </label>
    <input  id="captcha" type="text" placeholder="请输入验证码" />
    <button id="captchaBtn">发送验证码</button>
    <span id='captchatip'></span>
</li>
```

2. 定义发送验证码特效函数

在 JavaScript 代码区域找到函数 checkPasswordAgain()和 checkCaptcha()的定义语句，在两个函数定义中间添加 sendCaptcha()函数的定义，该函数主要定义了单击【发送验证码】按钮后的按钮变化特效，参考代码如下：

添加发送验证码特效

```
//确认密码验证函数
function checkPasswordAgain() {  ...  }
//发送验证码特效函数
function sendCaptcha(){
    var captchaBtn = document.getElementById('captchaBtn');
    var time = 60;
    captchaBtn.disabled = true;
    var timer = setInterval(function(){
        if(time ==0 ){
            clearInterval(timer);
            captchaBtn.disabled = false;
            captchaBtn.innerHTML = "发送验证码";
        }else{
            captchaBtn.innerHTML = "还剩下" + time +"秒再次单击";
            time--;
        }
    },1000)
}
//验证码验证函数，将验证码和手机接收到的验证码进行比较，此处我们采用判断是否为空进行模拟
function checkCaptcha() {  ...  }
```

3. 将发送验证码特效函数与【发送验证码】按钮绑定

在"确认密码"文本框注册事件 document.getElementById('password_2').onblur 定义和"验证码"文本框注册事件 document.getElementById('captcha').onblur 定义之间添加【发送验证码】

按钮单击的注册事件，在该事件函数体中调用发送验证码特效函数，参考代码如下：

```
//为"确认密码"文本框注册失去焦点后的内容验证事件
document.getElementById('password_2').onblur= function() {...};
//为【发送验证码】按钮添加发送特效
document.getElementById('captchaBtn').onclick=function(){
    sendCaptcha();
}
//为"验证码"文本框注册失去焦点后的内容验证事件
document.getElementById('captcha').onblur = function() {...};
```

4．利用 window 对象优化代码设计

首先，定义 window.onload 事件为代码迁移做准备。在网页的<head>区域尾部添加<script>标签，定义 window.onload 事件，为实现 JavaScript 验证代码迁移做准备，参考代码如下：

```
<head>
    ...
    <link rel="stylesheet" type="text/css" href="css/register.css"/>
    <!-- 添加 script 标签 -->
    <script>
        window.onload = function() {
        }
    </script>
</head>
```

其次，将 JavaScript 验证代码迁移。将实现验证功能的 JavaScript 代码由<body>区域尾部迁移到<head>区域尾部新定义的<script>中，即将表单事件注册函数和各个表单元素事件注册函数移入 window.onload 事件中，各个验证函数放在 window.onload 事件后面，迁移后代码结构参考如下：

```
<script>
    window.onload = function() {
        //为表单添加注册事件
        document.getElementById('register').onsubmit=function(){...};
        //为"用户名"文本框注册失去焦点后的内容验证事件
        document.getElementById('user_name').onblur = function() {...};
        //为"电话号码"文本框注册失去焦点后的内容验证事件
        document.getElementById('tel').onblur = function() {...};
        //为"常用邮箱"文本框注册失去焦点后的内容验证事件
        document.getElementById('email').onblur = function() {...};
        //为"设置密码"文本框注册失去焦点后的内容验证事件
        document.getElementById('password_1').onblur = function() {...};
        //为"确认密码"文本框注册失去焦点后的内容验证事件
        document.getElementById('password_2').onblur = function() {...};
        //为【发送验证码】按钮添加发送特效
        document.getElementById('captchaBtn').onclick= = function() {...};
        //为"验证码"文本框注册失去焦点后的内容验证事件
        document.getElementById('captcha').onblur = function() {...};
    };
    //用户名验证函数
    function checkUsername() {...}
```

```
//电话号码验证函数
function checkTele() {...}
//常用邮箱验证函数
function checkEmail() {...}
//密码验证函数
function checkPassword() {...}
//确认密码验证函数
function checkPasswordAgin() {...};
//发送验证码特效函数
function sendCaptcha() {...};
//验证码验证函数，将验证码和手机接收到的验证码进行比较，此处我们采用判断是否为空进行模拟
function checkCaptcha() {...};
</script>
```

最后，在 js 文件夹中新建 register.js 文件，将<head>尾部新定义的<script>中 JavaScript 代码全部迁移到 register.js 文件中，并在 register.html 文件头部调用 register.js 文件。完成后的 register.js 文件结构如图 5-7 所示，register.html 文件头部调用 register.js 文件格式如图 5-8 所示。

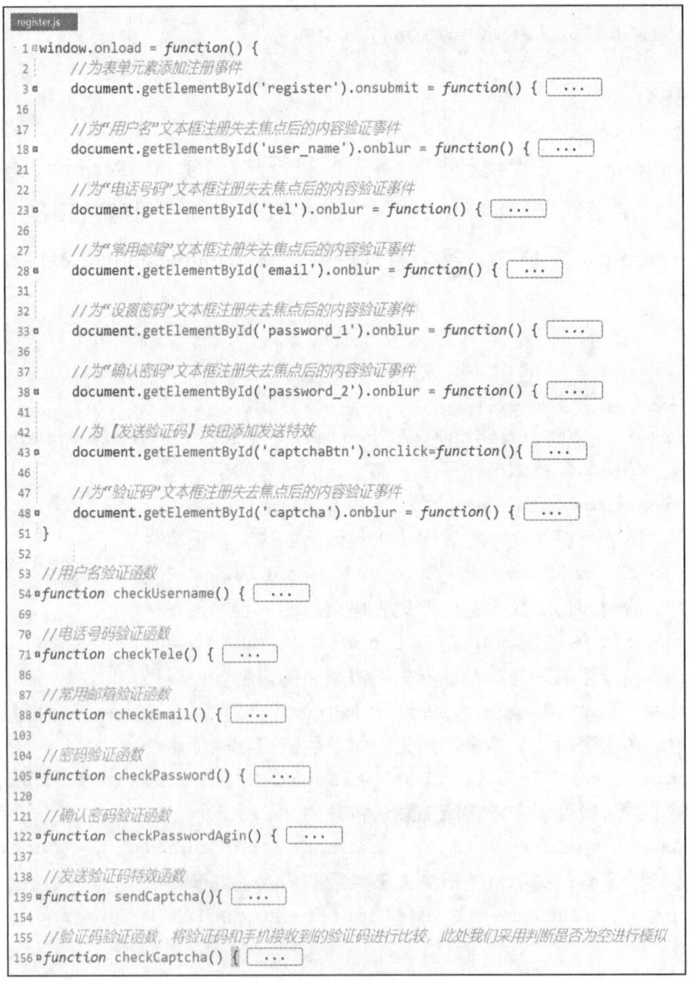

图 5-7　register.js 文件结构

```
<head>
    <meta charset="UTF-8">
    <title>用户注册页面</title>
    <link rel="stylesheet" type="text/css" href="css/reset.css"/>
    <link rel="stylesheet" type="text/css" href="css/register.css"/>
    <script type="text/javascript" src="js/register.js"></script>
</head>
```

图 5-8　register.html 文件头部调用 register.js 文件格式

5．测试运行文件

保存并运行网页，运行效果如图 5-9 所示。

图 5-9　单击【发送验证码】按钮运行效果

单击【发送验证码】按钮后，按钮变为不可用状态，同时按钮上显示倒计时文字，即显示"还剩下**秒再次单击"，60s 后，按钮恢复为初始状态。

任务 5.2　完善注册按钮响应事件——BOM 对象的使用

任务描述

修改页面的注册提交事件，对表单元素进行验证，若验证成功，模拟注册成功并提交注册信息；若验证失败，模拟注册失败并给出失败提示信息。

任务分析

当单击【立即注册】按钮时，收集页面上各个表单元素的验证信息，若都验证成功，则通过 location.href 方式跳转到验证成功页面，同时将注册的用户名以 URL 参数形式传递给验证成功页面。验证成功页面解析 URL，将用户名解析出来，并在适当位置显示；若验证失败，弹出一个提示框，模拟注册失败并给出失败提示信息。

知识链接

在 BOM 中除了 window 对象，还有 location 对象、history 对象、navigator 对象和 screen 对象等常用对象。

133

5.2.1　location 对象

location 对象是 window 对象的一个属性，它包含了当前页面的 URL 信息。尽管 document.location 提供了对同一 location 对象的引用，但 location 对象本质上属于 window 对象。通过 location 对象，用户可以获取当前页面的 URL 信息，并且可以使用其提供的方法，如 assign()、replace()和 reload()，来控制浏览器的导航行为，包括重新载入页面或加载新页面。

location 对象与 history 对象

1. 认识 URL

在 Internet 上访问的每一个网页文件都有一个访问标记，用于唯一标识它的访问位置，以便浏览器访问，这个访问标记称为 URL。

URL 中包含网络协议、服务器主机名、端口号、路径、参数以及锚点，基本组成如下：

```
protocol://host[:port]/path/[?query]#fragment
```

各组成部分及说明如表 5-5 所示。

表 5-5　URL 组成部分及说明

组成部分	说明
protocol	网络协议，常用的如 HTTP（Hypertext Transfer Protocol，超文本传送协议）、FTP（File Transfer Protocol，文件传送协议）等
host	服务器主机名，如 example.com
port	端口号，可选，省略时使用协议的默认端口号，如 HTTP 默认端口号为 80
path	路径，如 website/index.html
query	参数，为键值对的形式，通过"&"符号分隔，如 user=admin&newsId=566
fragment	锚点，如#site，标识页面内部的锚点

2. location 对象的常用属性

BOM 中 location 对象提供的常用属性，可用于获取或者设置对应的 URL 的组成部分等，具体如表 5-6 所示。

表 5-6　location 对象提供的常用属性及说明

属性名	说明
href	返回完整的 URL
protocol	返回 URL 的协议
hostname	返回 URL 的主机名
host	返回 URL 的服务器主机名和端口号
port	返回 URL 服务器使用的端口号
pathname	返回 URL 的路径名
search	返回或设置当前 URL 的查询部分（"？"之后的部分）
hash	返回 URL 的锚点部分（从"#"开始的部分）

【案例 5-6】用户在浏览网页的过程中单击一个链接，程序对将要打开的网页的 URL 协

议进行检测，用户根据检测结果判断是否继续访问网页。

首先在当前项目文件夹下新建一个 index.html 文件作为链接文件，参考代码如下：

```
<body>
    <a href="http://127.0.0.1:8848/jquerytest/part05/index.html" onclick=
    "checkProtocol();return false;">URL 协议测试</a>
    <script>
        function checkProtocol(){
            if(location.protocol=='http:'){
                if(confirm("您要访问的网站使用的协议是 HTTP，是否继续访问？")){
                    location.href = "http://127.0.0.1:8848/jquerytest/part05/
                        index.html";
                }
            }
        }
    </script>
</body>
```

保存并运行程序，当用户在运行页面单击【URL 协议测试】链接后，弹出一个带有"您要访问的网站使用的协议是 HTTP，是否继续访问？"提示信息的对话框，运行效果如图 5-10 所示。当用户在弹出的对话框中单击【确定】按钮后，浏览器会跳转到 index.html 网页，运行效果如图 5-11 所示。

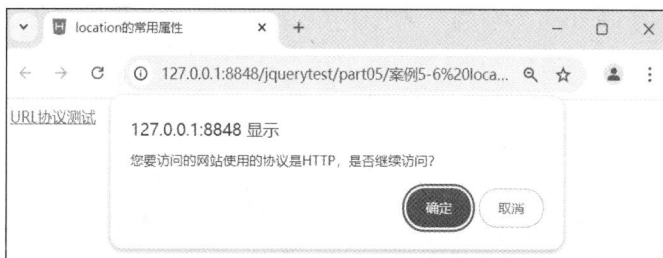

图 5-10　案例 5-6 单击【URL 协议测试】链接后的运行效果

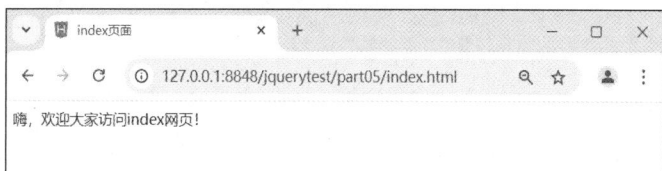

图 5-11　案例 5-6 选择继续访问后的运行效果

程序为【URL 协议测试】链接注册了协议验证的事件，验证事件通过 location.protocol 方式获取链接的 URL 中的协议并进行判断。因为初始给定的链接是"http://127.0.0.1:8848/jquerytest/part05/index.html"，用户协议是"http"，所以系统会弹出一个提示对话框提醒用户"您要访问的网站使用的协议是 HTTP，是否继续访问？"。此时，如果用户单击【确定】按钮，则进行跳转打开链接网页；如果单击【取消】按钮，则停留在当前页，不会做任何链接跳转。

3. location 对象的常用方法

BOM 中 location 对象提供的常用方法，可用于更改用户在浏览器中访问的 URL，实现新文档的载入、重新加载以及替换等功能，具体如表 5-7 所示。

表 5-7 location 对象提供的常用方法及说明

方法名	说明
assign()	加载一个新的文档
reload()	重新加载当前文档
replace()	用新的文档替换当前文档，不留下浏览历史记录

方法说明如下。

① assign()：当调用 location.assign ('URL') 时，浏览器会加载指定的新 URL，并将该页面的访问记录添加到浏览器的历史记录中，因此用户可以通过单击浏览器【后退】按钮返回到原来的页面。

② reload()：默认情况下，location.reload()方法会从浏览器缓存中重新加载当前文档，如果文档自上次请求以来没有改变，则可能直接使用缓存中的数据。如果需要从服务器重新加载文档，可以设置参数为 true。

③ replace()：将当前 URL 替换为新的 URL，并且不会在浏览器的历史记录中添加新的记录，用户无法通过单击浏览器的【后退】按钮返回到被替换之前的页面。

【案例 5-7】利用 location 对象的常用方法实现单击不同按钮跳转到不同页面。

参考代码如下：

```
<body>
        <input type="button" value="载入新页面" onclick="newPage()" />
        <input type="button" value="刷新页面" onclick="freshPage()" />
        <input type="button" value="替换页面" onclick="replacePage()" />
        <script>
            function newPage(){
                window.location.assign('index.html');
            }
            function freshPage(){
                location.reload(true);
            }
            function replacePage(){
                location.replace('index.html')
            }
        </script>
    </body>
```

保存并运行程序，初始运行效果如图 5-12 所示。如果单击【载入新页面】按钮，则打开 index.html 对应的新的页面，如图 5-13 所示；如果单击【刷新页面】按钮，则刷新页面内容；如果单击【替换页面】按钮，则浏览器显示的内容被 index.html 页面内容所替换，如图 5-14 所示。

浏览初始化网页，当单击【载入新页面】按钮时，系统通过 location.assign()方法在当前浏览器打开 index.html 网页，如图 5-13 所示，此时系统会产生一条新的历史记录，用户通过单击浏览器上部的【后退】按钮 ← 可以退回到前一个浏览的页面；当单击【刷新页面】按钮时，系统会通过 location.reload()方法重新加载当前网页内容；当单击【替换页面】按钮时，系统会通过 location.replace()方法在当前浏览器打开 index.html 网页，如图 5-14 所示，此时系统会用新的网页内容替换当前显示的网页内容，不会产生新的历史记录。

图 5-12　案例 5-7 初始运行效果

图 5-13　单击【载入新页面】按钮后的运行效果

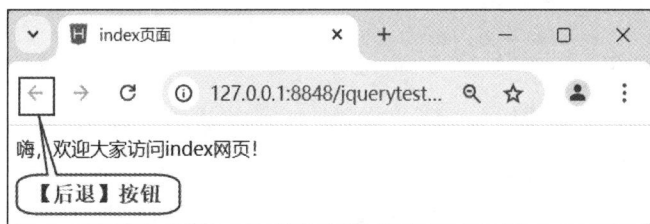

图 5-14　单击【替换页面】按钮后的运行效果

5.2.2　history 对象

history 对象包含用户（在浏览器窗口中）访问过的 URL。history 对象最初设计用来表示浏览器窗口的浏览历史，但出于隐私方面的考虑，history 对象不再允许脚本访问已经访问过的实际 URL，但可以控制浏览器实现"后退"和"前进"的功能，history 对象相关的属性和方法如表 5-8 所示。

表 5-8　history 对象相关的属性和方法

分类	名称	说明
属性	length	返回历史列表中的网址数
方法	back()	加载历史列表中的前一个 URL
	forward()	加载历史列表中的后一个 URL
	go(*n*)	加载历史列表中的某个具体页面

方法说明如下。

① back()：该方法使浏览器导航至历史列表中的前一个条目，这通常对应用户之前访问的 URL，其效果等同于用户点击浏览器的【后退】按钮。

② forward()：该方法允许浏览器前进到历史列表中的后一个条目，这通常对应用户之前已访问但后来通过后退操作跳过的 URL，其效果等同于用户单击浏览器的【前进】按钮。

③ go(n)：该方法中的 n 是一个具体的数字，当 $n>0$ 时，加载历史列表中往前数第 n 个页面；当 $n=0$ 时，加载当前页面；当 $n<0$ 时，加载历史列表中往后数第 n 个页面。

【案例 5-8】新建 3 个网页文件，利用 history 对象实现网页间的跳转。

首先，新建 history_one.html 文件，实现"前进""加载"和"向前跳转"功能，参考代码如下：

```
<body>
    <input type="button"  value="前进到第二页" onclick="forwardPage()"/>
    <input type="button"  value="加载第二页" onclick="newPage()"/>
    <input type="button"  value="跳转到第三页" onclick="goPage()"/>
    <p>这是第一页内容</p>
    <script>
        function forwardPage(){
            history.go(1);
        }
        function newPage(){
            location.assign("history_two.html");
        }
        function goPage(){
            history.go(2);
        }
    </script>
</body>
```

其次，新建 history_two.html 文件，实现"前进""加载"和"后退"功能，参考代码如下：

```
<body>
    <input type="button"  value="前进到第三页" onclick="forwardPage()"/>
    <input type="button"  value="加载第三页" onclick="newPage()"/>
    <input type="button"  value="后退到第一页" onclick="backPage()"/>
    <p>这是第二页内容</p>
    <script>
        function forwardPage(){
            history.forward();
        }
        function newPage(){
            location.assign("history_three.html");
        }
        function backPage(){
            history.back();
        }
    </script>
</body>
```

最后，新建 history_three.html 文件，实现"后退"和"向后跳转"功能，参考代码如下：

```
<body>
    <input type="button"  value="后退到第二页" onclick="backPage()"/>
    <input type="button"  value="跳转到第一页" onclick="goPage()"/>
    <p>这是第三页内容</p>
    <script>
        function backPage(){
            history.go(-1);
        }
        function goPage(){
            history.go(-2);
        }
    </script>
</body>
```

保存并运行 history_one.html 文件，运行效果如图 5-15 所示。

在 history_one.html 运行页面上单击【加载第二页】按钮，浏览器就会打开 history_two.html 页面，效果如图 5-16 所示。

在 history_two.html 运行页面上单击【加载第三页】按钮，浏览器会打开 history_three.html 页面，效果如图 5-17 所示。

图 5-15　history_one.html 运行效果

图 5-16　history_two.html 运行效果

图 5-17　history_three.html 运行效果

当 3 个网页都被访问后，就会形成一个访问过的 URL 历史记录。此时，单击页面上的前进、后退或者跳转到某一页的按钮时，系统就会按照历史记录顺序进行跳转。其中 history.go(1)代表前进 1 页，等价于 history.forward()；history.go(-1)代表后退 1 页，等价于 history.back()。

5.2.3　navigator 对象

navigator 对象提供了有关浏览器的信息，但是每个浏览器中的 navigator 对象中都有一套自己的属性和方法。目前一些主流浏览器中 navigator 对象的属性和方法，如表 5-9 所示。

navigator 对象与
screen 对象

表 5-9　主流浏览器中 navigator 对象的属性和方法

分类	名称	说明
属性	appCodeName	返回浏览器的内部名称
	appName	返回浏览器的名称
	appVersion	返回浏览器的平台和版本信息

分类	名称	说明
属性	cookieEnabled	返回指明浏览器中是否启用 cookie 的布尔值
	platform	返回运行浏览器的操作系统平台
	userAgent	返回浏览器的 User-Agent 字符串，这个字符串通常用于在 HTTP 请求中标识浏览器类型、版本和操作系统等信息
方法	javaEnabled()	指定是否在浏览器中启用 Java

不同的浏览器返回不同的属性值，读者可以通过不同的浏览器测试案例，对比运行结果。

【案例 5-9】利用 navigator 对象的属性返回浏览器 User-Agent 头部信息。

参考代码如下：

```
<body>
    <script>
        console.log("浏览器 User-Agent 头部信息: "+navigator.userAgent);
    </script>
</body>
```

保存程序，利用 Chrome 浏览器控制台进行查看，运行结果如下：

```
浏览器 User-Agent 头部信息:Mozilla/5.0 (Windows NT 10.0; Win64; x64) AppleWebKit/
537.36 (KHTML, like Gecko) Chrome/96.0.4664.110 Safari/537.36
```

利用 IE 控制台进行查看，运行结果如下：

```
浏览器 User-Agent 头部信息: Mozilla/5.0 (Windows NT 10.0; WOW64; Trident/7.0;
.NET4.0C; .NET4.0E; .NET CLR 2.0.50727; .NET CLR 3.0.30729; .NET CLR 3.5.30729;
zhumu 4.0.0; rv:11.0) like Gecko
```

利用 Firefox 浏览器控制台进行查看，运行结果如下：

```
浏览器 User-Agent 头部信息:Mozilla/5.0 (Windows NT 10.0; Win64; x64; rv:102.0)
Gecko/20100101 Firefox/102.0
```

在日常浏览网页时，细心的读者可能会发现一些网站在 PC（Personal Computer，个人计算机）端和移动端浏览时的效果不同，在开发中可以通过浏览器 User-Agent 头部信息判断运行中操作系统的类型，从而实现不同网页的加载。

【案例 5-10】利用 navigator 对象的 userAgent 属性判断浏览器类型，从而实现浏览同一个网页，不同设备上的浏览器显示不同的效果。

参考代码如下：

```
<body>
    <span style="font-size:26px">PC端预览页面效果</span>
    <script>
        if(/Android|webOS|iPhone|iPod|BlackBerry/i.test(navigator.userAgent)){
            window.location.href = 'mobileShow.html';
        }
    </script>
</body>
```

在上述代码中调用的 mobileShow.html 文件参考代码如下：

```
<!DOCTYPE html>
<html>
    <head>
```

```
        <meta charset="UTF-8">
        <title>移动端预览页面效果</title>
    </head>
    <body>
        <span style="font-size:26px">移动端预览页面效果</span>
    </body>
</html>
```

保存并运行程序，运行效果如图 5-18 所示；之后按
【F12】键打开开发者模式，单击【toggle device toolbar】
（切换设备工具栏）按钮（见图 5-19 步骤 1），在浏览器
左侧位置选择模拟的移动设备（见图 5-19 步骤 2），单击
【刷新】按钮（见图 5-19 步骤 3），此时系统便会自动加
载并显示 mobileShow.html 文件内容，运行效果如图 5-20 所示。

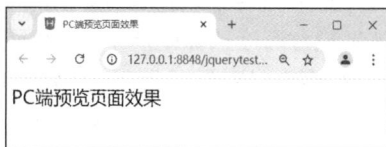

图 5-18　PC 端预览页面效果

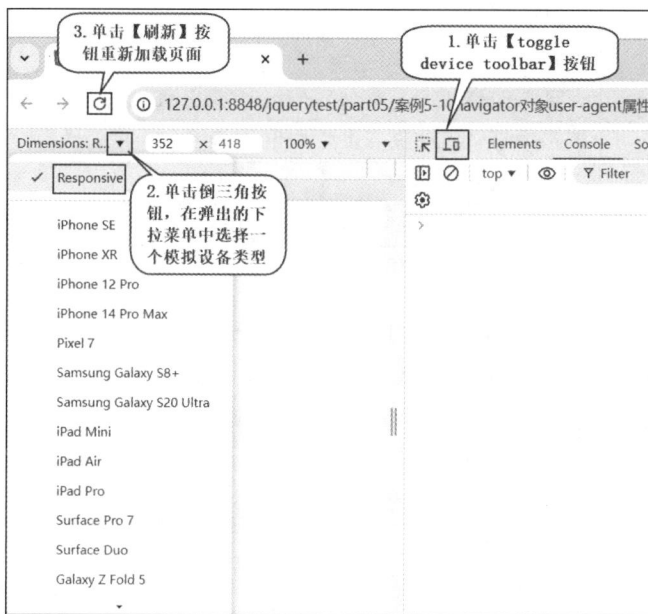

图 5-19　将浏览器由 PC 端视图切换成移动端视图操作步骤

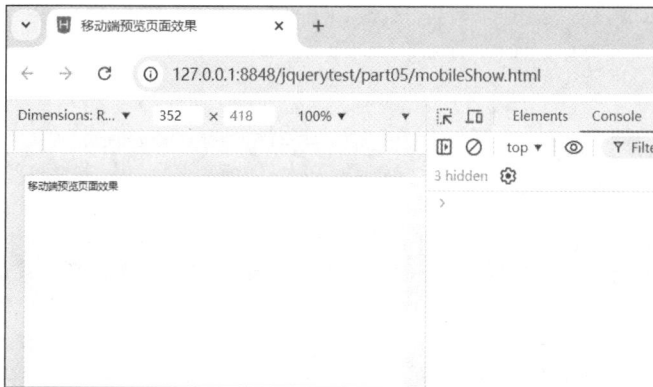

图 5-20　移动端预览页面效果

5.2.4 screen 对象

每个 window 对象的 screen 属性都引用一个 screen 对象。screen 对象中存放着有关浏览器屏幕的信息，JavaScript 程序将利用这些信息来优化它们的输出，以满足用户的显示要求。例如，JavaScript 程序可以根据屏幕的尺寸选择使用大图像还是使用小图像，它还可以根据屏幕的颜色深度选择使用 16 位色图形还是使用 8 位色图形。另外，JavaScript 程序还能根据有关屏幕尺寸的信息将新的浏览器窗口定位在屏幕中间。需要注意的是，每个浏览器中的 screen 对象都包含不同的属性，目前一些主流浏览器中 screen 对象的属性及说明如表 5-10 所示。

表 5-10 主流浏览器中 screen 对象的属性及说明

属性	说明
height	返回整个屏幕的高度
width	返回整个屏幕的宽度
avaiHeight	返回浏览器窗口在屏幕上可占用的垂直空间
avaiWidth	返回浏览器窗口在屏幕上可占用的水平空间
colorDepth	返回屏幕的色彩深度
userAgent	返回由客户端发送到服务器的 User-Agent 头部信息
pixelDepth	返回屏幕的位深度/色彩深度

【案例 5-11】运行同一个 HTML 文件，用户可以根据屏幕尺寸判断加载不同的 CSS 文件和 JS 文件，例如大于 1024px 的屏幕加载 index1.css 和 index1.js 文件，小于 1024px 的屏幕加载 index2.css 和 index2.js 文件。

网页编码参考代码如下：

```html
<!DOCTYPE html>
<html>
    <head>
        <meta charset="UTF-8">
        <title>screen 对象的使用</title>
        <script>
            var isFHD = screen.width > 1024 ? true : false;
            alert(screen.width + ":" + screen.height);
            (function(){
                var headObj = document.querySelector('head');
                var styleObj = document.createElement('link');
                var jsObj = document.createElement('script');
                if(isFHD){
                    styleObj.href = 'css/index1.css';//调用大屏对应的CSS文件
                    document.write("这是大屏显示效果!");//显示大屏对应的网页内容
                    jsObj.src = 'js/index1.js';   //调用大屏对应的 JS 文件
                }else{
                    styleObj.href = 'css/index2.css';//调用小屏对应的CSS文件
                    document.write("这是小屏显示效果!");//显示小屏对应的网页内容
```

```
                        jsObj.src = 'js/index2.js';   //调用小屏对应的 JS 文件
                    }
                    styleObj.type = "text/css";
                    styleObj.rel = 'stylesheet';
                    jsObj.type = 'text/javascript';
                    headObj.appendChild(styleObj);
                    headObj.appendChild(jsObj);
                })()
        </script>
    </head>
    <body>
    </body>
</html>
```

index1.css 编码参考代码如下：

```
body{
    background-color:#3366CC;
    color: #FF9933;
}
```

index2.css 编码参考代码如下：

```
body{
    background-color:#99CC33;
    color: #CC6699;
}
```

index1.js 编码参考代码如下：

```
alert("js1 特效");
```

index2.js 编码参考代码如下：

```
alert("js2 特效");
```

保存并运行程序，网页首先弹出显示当前屏幕宽度和高度的对话框，如图 5-21 所示；单击图 5-21 中的【确定】按钮，弹出显示"js1 特效"文字的对话框，如图 5-22 所示；单击图 5-22 中的【确定】按钮，浏览器加载大屏显示效果的网页，如图 5-23 所示。

图 5-21　弹出显示屏幕宽度和高度对话框的页面效果

图 5-22　弹出显示"js1 特效"文字的对话框页面效果

图 5-23　加载大屏显示效果的网页

143

若要在一台计算机上测试显示第二种效果，即 js2 特效，读者可以尝试以下两种方法。

方法一：修改语句"var isFHD = screen.width > 1024 ? true : false;"中 1024 这个数值，取一个大于当前屏幕宽度的值进行测试。比如通过图 5-21 可以看出当前计算机屏幕的宽度为 1536px，此时将 1024 修改为大于 1536 的值，保存并运行程序就可以看到系统自动加载 js2 特效并显示 index2.css 样式。

方法二：通过单击浏览器的【toggle device toolbar】按钮，将浏览器由 PC 端视图切换成移动端视图，从而显示第二种效果。首先运行程序，显示网页默认效果，按【F12】键打开开发者模式，然后单击【toggle device toolbar】按钮（见图 5-24 步骤 1），在浏览器左侧位置选择模拟的移动设备（见图 5-24 步骤 2），接着单击【刷新】按钮（见图 5-24 步骤 3），此时系统便会自动加载 js2 特效并显示 index2.css 样式（见图 5-24 步骤 4），具体操作如图 5-24 所示。

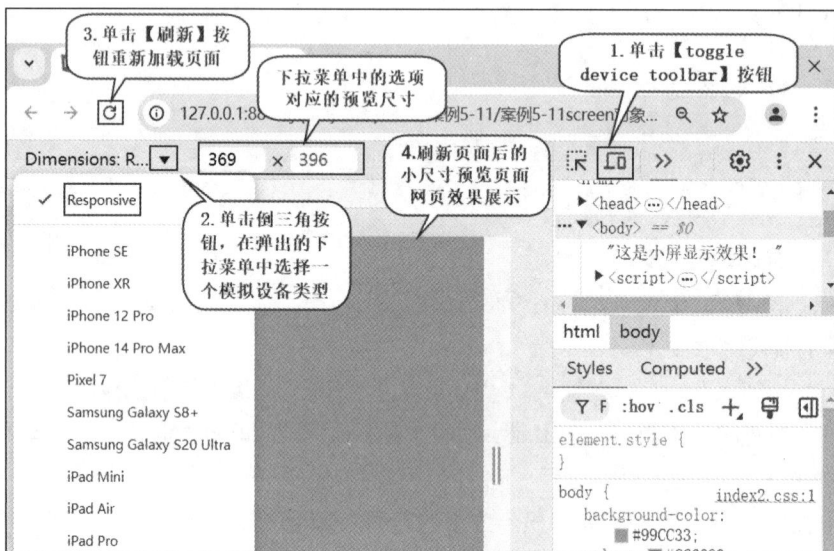

图 5-24　加载 js2 特效页面效果

任务实施

1. 优化表单注册事件

在 window.onload 事件中找到 document.getElementById('register').onsubmit 事件，优化该事件，参考代码如下：

```
//为表单添加注册事件
document.getElementById('register').onsubmit = function() {
    var c1 = checkUsername();
    var c2 = checkTele();
    var c3 = checkEmail();
    var c4 = checkPassword();
    var c5 = checkPasswordAgain();
    var c6 = checkCaptcha();
    var result = c1 && c2 && c3 && c4 && c5 && c6;
    if(result){
```

```
                //模拟注册成功，提交注册信息
                var userName = document.getElementById('user_name').value;
                var myUrl = 'registerSuccess.html?user='+userName;
            location.href = encodeURI(myUrl);
//encodeURI()用于编码，解决传递参数时若值为中文则会出现乱码的问题
            }else{
                //模拟注册失败，输出失败原因
                var msg = "用户名已存在";
                alert('注册失败: '+msg);
            }
            return false;
        }
```

2. 创建注册成功跳转页面

新建 registerSuccess.html 文件，添加 HTML 代码，参考代码如下：

```html
<!DOCTYPE html>
<html>
    <head>
        <meta charset="UTF-8">
        <title>注册成功页面</title>
        <style  type="text/css">
            div{
                text-align: center;
                color: crimson;
                font-weight: bold;
                height: 150px;
                padding-top: 100px;
                font-size: 30px;
            }
        </style>
    </head>
    <body>
        <div>
            <h4>恭喜，注册成功！</h4>
        </div>
    </body>
</html>
```

3. 利用 location 对象解析 URL 参数

在页面的<div>元素的后面添加 JavaScript 代码，实现获取当前页面的 URL 并解析 URL，获取由注册页面传递过来的用户名参数值并显示在当前页面，参考代码如下：

```html
<body>
    <div>
        <h4>恭喜，注册成功！</h4>
    </div>
    <script>
    var params = decodeURI(location.search).substr(1);
//decodeURI()用于解码，解决传递参数时若值为中文则会出现乱码的问题
        var arr = params.split('=');
        var h4Obj = document.querySelector('h4');
```

```
        h4Obj.innerHTML = "恭喜" + unescape(arr[1]) + "，注册成功！";
    </script>
</body>
```

4. 测试运行文件

保存并运行文件，在网页中各个表单元素中输入符合条件的值，页面自行验证，验证效果如图 5-25 所示。

图 5-25　注册页面输入有效值的效果

单击【立即注册】按钮，模拟注册成功，网页跳转到注册成功页面，效果如图 5-26 所示，图 5-26 中显示图 5-25 中的用户名。

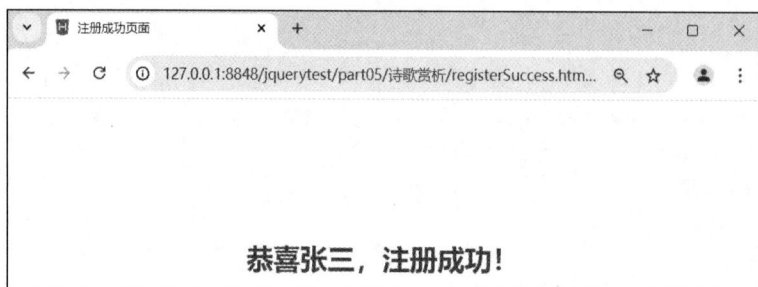

图 5-26　验证成功页面运行效果

在图 5-25 所示页面中填写完信息后单击【立即注册】按钮，模拟注册失败，网页弹出注册失败提示信息，同时将模拟注册失败原因显示在信息提示对话框中，如图 5-27 所示。

> **小提示**　使用 URL 传递参数时，如果变量值为数字或者英文，则能正常传送与接收；如果变量值为中文，则在接收时容易出现乱码问题。为解决这一问题，可以在参数传出页使用 encodeURI()方法对 URL 进行编码，在参数传入页可以使用 decodeURI()方法对 URL 进行解码，这样再传递中文时就不会出现乱码问题了。

图 5-27　注册失败显示效果

知识拓展

1. DOM 与 BOM 的区别

DOM 是文档对象模型，它指的是把文档当作一个对象来看待，它的顶级对象是 document，用户可以通过 DOM 对页面元素进行操作，实现与页面的一些交互，DOM 是 W3C 的标准。

BOM 是浏览器对象模型，它指的是把浏览器当作一个对象来看待，它的顶级对象是 window，用户可以通过 BOM 提供的一系列对象实现与浏览器的一些交互。BOM 是浏览器厂商根据 DOM 在各自浏览器上定义的，没有统一标准，兼容性较差。

2. window 对象和全局作用域

由于 window 对象是 BOM 中所有对象的核心，同时也是 BOM 中所有对象的父对象，所以定义在全局作用域中的变量、函数以及 JavaScript 中的内置函数都会变成 window 对象的属性和方法。

【案例 5-12】window 对象和全局作用域的使用。

参考代码如下：

```
<body>
    <script>
        var age = 20;
        function sayAge(){
            console.log("函数内部输出: "+age);
        }
        console.log(age);
        console.log(window.age);
        sayAge();
        window.sayAge();
    </script>
</body>
```

上面的案例中，在全局作用域中定义了一个变量 age 和一个函数 sayAge()，它们会自动变成 window 对象的属性和方法。对于 window 对象的属性和方法，在调用时可以省略 window，直接访问其属性和方法。因此，上例中对变量 window.age 的调用可直接写成 age 的方式，对函数 window.sayAge() 的调用可直接写成 sayAge() 的方式，运行效果完全相同。

单元小结

本单元主要讲解了 BOM 基本概念、BOM 的构成和 BOM 下的 window 对象、location 对象、history 对象、navigator 对象，以及 screen 对象等常用对象。通过 BOM 编程操作浏览器窗口及窗口上的控件，开发者可实现用户和页面之间的动态交互。

单元实训

利用 BOM 中的定时器实现简单计时器，具体功能如下。

① 单击【启动计时器】按钮，系统从 0s 开始计时，计时器每隔 1s 增加 1。

② 单击【停止计时器】按钮，系统停止计时，当再次单击【启动计时器】按钮时，计时器继续累加计时。

③ 单击【重启计时器】按钮，系统从 0s 开始计时。

启动计时器 5s 时的运行效果如图 5-28 所示。

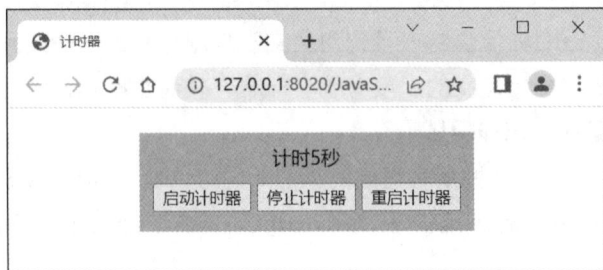

图 5-28　单元实训运行过程中的效果之一

习题

一、单选题

1. 下列选项中，表示浏览器对象模型的是（　　　）。

A. DOM　　　　　　B. BOM　　　　　　C. document　　　　　D. window

2. 下列选项中，表示全局对象的是（　　　）。

A. DOM　　　　　　B. BOM　　　　　　C. window　　　　　D. element

3. 下列关于 BOM 对象描述错误的是（　　　）。

A. go(−1)与 back()皆表示向历史列表后退一步

B. 通过 confirm()实现的确认对话框，单击【确认】时返回 true

C. go(0)表示刷新当前网页

D. 以上选项都不正确

4. 在实现每 60s 只能发送一次消息时，可以用来停止定时器的方法是（　　）。

A. 控制台面板　　　　　　　　　　　　B. clearTimeout()

C. clearInterval()　　　　　　　　　　D. clearsetInterval()

5. 下列选项中（　　）可用于获取 URL 中的参数。

A. location.href　　　B. location.search　　　C. location.host　　　D. location.port

6. 当调整窗口大小的时候，会触发的事件是（　　）。

A. window.onresize　　　　　　　　　　B. window.innerWidth

C. window.onload　　　　　　　　　　D. document.DOMContentLoaded

7. 为了实现 3s 后自动关闭广告的效果，可以使用（　　）来实现。

A. setTimeout()　　　B. setInterval()　　　·　C. clearInterval()　　　D. clearTimeout()

8. 下列端口号中，可以作为 URL 的默认请求端口号的是（　　）。

A. 8080　　　　　　　B. 80　　　　　　　C. 3306　　　　　　　D. 443

9. setInterval()函数的第 2 个参数设置为（　　）表示间隔 1s 重复执行某段代码。

A. 1　　　　　　　　B. 10　　　　　　　C. 100　　　　　　　D. 1000

10. 下列关于 go()方法描述错误的是（　　）。

A. 当参数值是一个负整数时，表示"后退"指定的页数

B. 当参数值是一个正整数时，表示"前进"指定的页数

C. 可根据参数的不同设置完成历史记录的任意跳转

D. 以上说法都不正确

二、多选题

1. 下列关于获取 URL 参数案例的实现方式，说法正确的是（　　）。

A. 在实现登录功能时，需要在登录页面（login.html）进行表单提交

B. 使用 action 属性把表单提交到 index.html 页面

C. <input>表单元素的 type 属性设置为"submit"

D. 使用 location.appName 返回 URL 中的参数

2. 下列选项中，关于 location 的常用方法说法正确的是（　　）。

A. assign()用于载入一个新的文档

B. reload()用于重新加载当前文档

C. search()用于载入一个新的文档

D. replace()用于使用新的文档替换当前文档，覆盖浏览器当前记录

3. 下列选项中，属于 window 的子对象的是（　　）。

A. object　　　　　　B. div　　　　　　C. document　　　　　　D. location

4. 在 URL 的构成部分中，主要包括以下哪些选项（　　）。

A. 网络协议　　　　B. 路径　　　　　　C. 端口号　　　　　D. 服务器主机名

5. 下列选项中，可控制浏览器实现"前进"功能的是（　　　）。

A. history.back()　　　B. history.forward()　　C. history.go(1)　　D. history.go(-1)

6. 下列选项中，属于 location 对象常用属性的是（　　　）。

A. location.search　　　B. location.hash　　　C. location.hostname　　D. location.src

7. 以下选项中属于 window 对象属性的是（　　　）。

A. document　　　　B. history　　　　　C. location　　　　D. screen

8. 下列选项中，属于清除定时器方法的是（　　　）。

A. setInterval()　　　B. clearInterval()　　　C. setTimeout()　　D. clearTimeout()

三、判断题

1. URL 是由主机名、端口号、网络协议以及软件版本 4 部分组成的。（　　　）

2. 全局变量可以通过 window 对象进行访问。（　　　）

3. window.onload 事件的方式只能写一个，如果有多个，则以最后一个 window.onload 为准。（　　　）

4. setTimeout()方法的第 2 个参数表示等待的时间，单位是秒。（　　　）

5. 使用 history 对象的 go()方法可以实现页面前进或后退。（　　　）

6. 所有浏览器都支持 location 对象提供的更改 URL 的方法。（　　　）

7. 定义在全局作用域中的变量、函数都会变成 window 对象的属性和方法。（　　　）

学习单元6
JavaScript中的事件处理

06

单元概述

　　事件和事件处理是 JavaScript 的核心技术，被看作 JavaScript 与网页交互的桥梁。掌握事件绑定技术，合理利用页面加载、鼠标动作和键盘输入等事件处理机制，可以显著增强用户与浏览器的交互性，进而优化动态页面的响应速度和反馈效率，大幅提升用户体验。

学习目标

1. 知识目标
（1）掌握事件基本概念及事件三要素。
（2）掌握事件流及事件对象的基本概念。
（3）掌握事件分类。

2. 技能目标
（1）能够根据实际需求添加相应事件类型进行事件处理。
（2）能够灵活运用事件处理技术解决一些实际应用问题。

3. 素养目标
（1）培养学生自主学习的能力。
（2）通过对实现任务的技术不断进行改进，培养学生精益求精的工匠精神。

任务 6.1　登录页面显示/隐藏密码明文效果设计——事件处理及事件对象

任务描述
在登录页面输入密码时，由于密码文本框默认显示点号，用户输入密码后看不到输入的字符或数字是否正确，导致很多时候密码输入错误，显示密码明文可以帮助用户解决这一问题。用户可以根据需要选择显示还是隐藏密码明文。

任务分析

在密码文本框尾部放置图片，要实现单击该图片控制密码明文的显示与隐藏，首先需要获取响应事件的事件源——图片；其次确定事件类型为单击；之后编写事件处理程序，通过一个标识符记录单击的次数，依据单击的次数改变表单元素的类型，表单元素类型不同，密码明文的显示效果也不同，由此实现密码明文的显示与隐藏；最后将事件处理程序绑定到事件源上。

知识链接

在开发中，JavaScript 帮助开发者创建带有交互效果的页面是依靠事件来实现的。事件是页面动态交互的核心，当用户与浏览器中显示的页面进行交互时，事件便产生了。

6.1.1 事件处理

1. 什么是事件

事件是指可以被 JavaScript 侦测到的行为，是一种"触发—响应"的机制。网页中的每个元素都可以产生某些可以触发 JavaScript 函数的事件。例如，页面的加载、单击、在键盘上按键等，它们对实现网页的交互起到重要的作用。

事件处理

2. 事件三要素

事件由事件源、事件类型和事件处理程序 3 部分组成，它们又被称为事件三要素。

（1）事件源：触发事件的元素，可简单理解为"谁触发了事件"。例如，当单击按钮打开对话框时，按钮就是事件源。

（2）事件类型：事件触发的方式，可以简单地理解为"触发了什么事件"。例如单击、双击、鼠标指针经过等。

（3）事件处理程序：是指为响应用户行为或者状态变化所执行的程序，可以简单地理解为"触发事件后要做什么"。

3. 事件驱动

事件驱动是一种编程范式，它能够使 Web 页面中的 JavaScript 侦测用户行为，如鼠标单击或键盘输入，并在这些行为发生时触发预定义的事件处理程序，从而实现动态交互和即时反馈，提升用户的 Web 体验。事件驱动编程的一般步骤如下。

第一步：获取事件源。

第二步：确定响应事件类型。

第三步：编写事件处理程序。

第四步：将事件处理程序绑定到事件源。

下面通过一个简单案例演示事件的使用。

【案例 6-1】利用事件实现页面的开关灯效果。

参考代码如下：

```
<body>
    开关灯测试<button id="btn">关灯</button>
    <script>
        var btn = document.getElementById('btn');    //第一步：获取事件源
        var flag = 0;
        btn.onclick = function () {                   //第二步：确定响应事件类型
            switchLights();          //第四步：将事件处理程序绑定到事件源
        };
        function switchLights(){     //第三步：编写事件处理程序
            if(flag == 0) {
                document.body.style.backgroundColor = 'black';
                document.body.style.color = "white";
                btn.innerHTML='开灯';
                flag = 1;
            } else {
                document.body.style.backgroundColor = 'white';
                document.body.style.color = "black";
                btn.innerHTML = '关灯';
                flag = 0;
            }
        }
    </script>
</body>
```

网页开关灯特效

保存并运行程序，运行初始页面如图 6-1 所示，按钮显示"关灯"文字，页面背景色为白色。单击【关灯】按钮，按钮文字变为"开灯"，页面背景色变为黑色，如图 6-2 所示。再次单击【开灯】按钮时，返回图 6-1 所示页面。

图 6-1　案例 6-1 运行初始页面　　图 6-2　案例 6-1 单击【关灯】按钮后运行效果

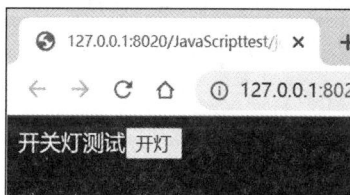

4．事件流

在 JavaScript 中，事件流指的是 DOM 事件流。当一个事件被触发时，不仅触发事件的元素可以响应，其他元素也可以响应。由于 DOM 采用了树形结构，其中的 HTML 元素触发一个事件时，该事件会在元素节点与 DOM 节点树的根节点之间按照特定的顺序进行传播，路径所在的节点都会收到该事件，这个过程就是 DOM 事件流。

在浏览器发展历史中占据重要地位的 Netscape 和 IE 对于事件流的传播顺序，提供了两种不同的解决方案。Netscape 公司提出的是事件捕获方式，指的是事件流的传播顺序应该是从 DOM 节点树的根节点到发生事件的元素节点；而微软公司提出的是事件冒泡方式，指的是事件流的传播顺序应该是从发生事件的元素节点到 DOM 节点树的根节点。W3C 对 Netscape 公司

153

和微软公司提出的方案进行了中和处理，将事件流分为 3 个阶段，具体如图 6-3 所示。

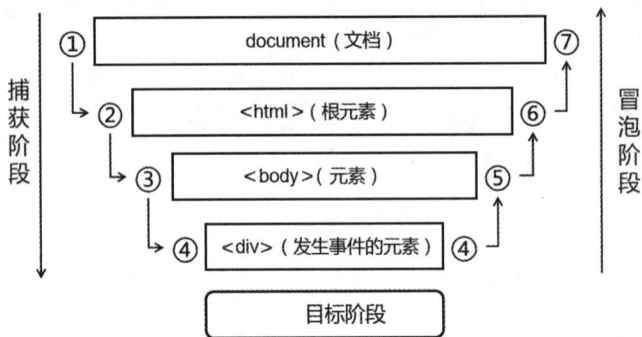

图 6-3　W3C 规定的事件流方式

① 捕获阶段：事件将沿着 DOM 节点树向下传播，经过目标节点的每一个父节点，直到目标节点，该阶段实现事件捕获，但不会对事件进行处理。

② 目标阶段：在此阶段中，事件传播到目标节点。浏览器在查找到已经指定给目标事件的事件监听器之后，就会运行该事件监听器。该阶段执行当前元素对象的事件处理程序，但它会被看成冒泡阶段的一部分。

③ 冒泡阶段：事件将沿着 DOM 节点树向上传播，再逐次访问目标节点的父节点直到 document 节点，逐级对事件进行处理。

5．事件的绑定方式

在 JavaScript 中，事件绑定是指将一个或多个事件处理器函数与 DOM 元素的特定事件类型相关联，以便在该事件发生时自动执行这些函数。JavaScript 提供了 3 种事件的绑定方式，分别为行内绑定式、动态绑定式和事件监听。下面针对以上 3 种事件的绑定方式的语法以及各自的区别进行详细讲解。

（1）行内绑定式

事件的行内绑定式是通过 HTML 标签的属性设置实现的，具体语法格式如下：

```
<标签名 事件属性="事件处理程序">
```

上述语法格式中，标签名可以是任意的 HTML 标签名，如 img、button 等；事件属性是由 on 和事件名称组成的 HTML 属性，如单击事件对应的事件属性为 onclick；事件处理程序指的是事件执行的程序代码。

【案例 6-2】利用行内绑定式实现单击事件绑定。

参考代码如下：

```
<!DOCTYPE html>
<html>
    <head>
        <meta charset="UTF-8">
        <title>行内绑定式事件案例</title>
        <script>
            function bye(){
                this.close();
```

```
                }
            </script>
        </head>
        <body>
            <button id='welcomBtn' onclick="alert('欢迎访问我们的网站')">欢迎</button>
            <button id='byeBtn' onclick="bye()">再见</button>
        </body>
</html>
```

保存并运行文件，运行初始页面如图 6-4 所示。当单击【欢迎】按钮时，将会弹出显示内容为"欢迎访问我们的网站"的对话框，如图 6-5 所示；当单击【再见】按钮时，网页自动关闭。

图 6-4　案例 6-2 运行初始页面

图 6-5　单击【欢迎】按钮时的运行效果

在上例中，利用 onclick 事件属性为两个按钮注册单击事件，在事件处理程序中【欢迎】按钮调用系统函数 alert()，【再见】按钮调用自定义函数 bye()。

> **注意**　在实际开发中提倡 JavaScript 与 HTML 代码分离，因此，不建议使用行内绑定式事件。

（2）动态绑定式

动态绑定式有效避免了 JavaScript 代码与 HTML 代码的直接混合，允许通过 JavaScript 为 DOM 元素动态添加事件处理程序，具体语法格式如下：

```
DOM 元素.事件属性=事件处理程序
```

在上述语法中，事件处理程序一般都是匿名函数或有名函数。在实际开发中，相对于行内绑定式来说，动态绑定式的使用更多一些。

【案例 6-3】利用动态绑定式修改【案例 6-2】，实现单击事件绑定。

参考代码如下：

```
<!DOCTYPE html>
<html>
    <head>
        <meta charset="UTF-8">
        <title>动态绑定式事件案例</title>
        <script>
            window.onload=function(){
                document.querySelector("#welcomBtn").onclick=function(){
                    alert('欢迎访问我们的网站');
                };
                document.querySelector("#byeBtn").onclick=function(){
```

```
                    alert(this.innerHTML);      // this 指当前按钮元素
                    bye();
                };
            }
            function bye(){
                this.close();                   // this 指 window 对象
            }
        </script>
    </head>
    <body>
        <button id='welcomBtn'>欢迎</button>
        <button id='byeBtn'>再见</button>
    </body>
</html>
```

保存并运行文件，当单击【欢迎】按钮时，同【案例 6-2】一样，将会弹出显示内容为"欢迎访问我们的网站"的对话框；当单击【再见】按钮时，系统会弹出一个对话框，对话框显示内容为当前按钮上的文字，如图 6-6 所示，单击对话框中的【确定】按钮，系统自动关闭当前对话框，然后关闭当前运行页面。

图 6-6　单击【再见】按钮时的运行效果

行内绑定式与动态绑定式除了实现的语法不同，在事件处理程序中关键字 this 的指向也不同。前者的事件处理程序中 this 关键字指向的是 window 对象；后者的事件处理程序中 this 关键字指向的是当前正在操作的 DOM 元素对象。

行内绑定式与动态绑定式都是最原始的事件模型（也称 DOM 0 级事件模型）提供的事件绑定方式，在该模型中没有事件流的概念，也就是说事件不能传播。因此，使用这两种方式绑定的事件具有唯一性，即同一个元素的同一个事件只能设置一个处理函数，如果设置多个处理函数，则后面设置的处理函数会覆盖前面设置的处理函数。

（3）事件监听

为了解决同一个 DOM 元素的同一个事件不能同时绑定多个事件处理程序的问题，在 JavaScript 中定义了 DOM 2 级事件模型。DOM 2 级事件模型中引入了事件流的概念，它可以实现同一个 DOM 对象的同一个事件绑定多个事件处理程序，具体语法格式如下：

```
DOM 对象.addEventListener(type,callback,[capture]);
```

在上述语法中，第 1 个参数 type 指的是为 DOM 对象绑定的事件类型，它是根据事件名称设置的，如 click；第 2 个参数 callback 表示事件处理程序；第 3 个参数 capture 有两个值，true 和 false，true 表示在捕获阶段完成事件处理，false 表示在冒泡阶段完成事件处理，默认值为 false。

【**案例 6-4**】为一个<div>元素绑定两个 click 事件处理程序，在捕获阶段完成事件处理。

参考代码如下：

```html
<!DOCTYPE html>
<html>
    <head>
        <meta charset="UTF-8">
        <title>事件监听案例</title>
        <style>
            #father {
                width: 190px;
                height: 190px;
                background-color: #0066CC;
                padding: 5px;
                text-align: center;
            }
            #son {
                width: 150px;
                height: 150px;
                background-color: #FF6666;
                color: #FFFF00;
                font-size: 28px;
                margin: 20px auto;
            }
        </style>
    </head>
    <body>
        <div id="father">
            <div id="son">son 盒子</div>
        </div>
        <script>
            //1.捕获阶段。如果第 3 个参数为 true，就是捕获阶段
            //响应顺序为 document→html→body→father→son
            var son = document.getElementById('son');
            son.addEventListener('click', function() {
                console.log('son-one');
            }, true);
            son.addEventListener('click', function() {
                console.log('son-two');
            }, true);
            var father = document.getElementById('father');
            father.addEventListener('click', function() {
                console.log('father');
            }, true);
            document.addEventListener('click', function() {
                console.log('document');
            }, true);
        </script>
    </body>
</html>
```

保存并运行程序，单击"son"文字所在的<div>元素，运行效果如图 6-7 所示。

若将【案例 6-4】中 JavaScript 代码部分事件监听函数中的 true 参数去掉，则在冒泡阶段完成事件处理，参考代码如下：

```
<script>
    //2.冒泡阶段。如果第 3 个参数为 false 或者省略，就是冒泡阶段
    //响应顺序 son→father→body→html→document
    var son = document.getElementById('son');
    son.addEventListener('click', function() {
        console.log('son-one');
    });
    son.addEventListener('click', function() {
        console.log('son-two');
    });
    var father = document.getElementById('father');
    father.addEventListener('click', function() {
        console.log('father');
    });
    document.addEventListener('click', function() {
        console.log('document');
    });
</script>
```

保存并运行程序，单击"son"文字所在的<div>元素，运行效果如图 6-8 所示。

图 6-7　捕获阶段完成事件处理　　　　图 6-8　冒泡阶段完成事件处理

6. 移除事件

若事件监听的处理程序是一个有名函数，则开发中可根据实际需要移除 DOM 对象的事件。

对于动态绑定的事件，可以通过动态移除的方式移除事件，具体语法格式如下：

```
DOM 对象.事件属性=null
```

通过 addEventListener()添加的事件只能使用 removeEventListener()来移除，具体语法格式如下：

```
DOM 对象.removeEventListener(type,callback,[capture])
```

事件移除时的参数与添加时的参数相同，在上述语法中，参数 type 的设置要与添加事件的事件类型相同，参数 callback 表示事件处理程序，需传入函数名。

在 JavaScript 中，当事件发生时，会产生和事件相关的一些信息，比如因操作键盘发生事件时，事件对象中会包含按键的键值等相关信息，如何获取这些信息呢？这就涉及事件对象的概念。

6.1.2　事件对象

1. 事件对象基本概念

当一个事件发生后，跟事件相关的一系列信息的集合都放在 event 对象中，这个对象就是事件对象。

事件对象中包含所有与事件相关的信息，包括发生事件的 DOM 元素、事件类型，以及其他与特定事件相关的信息。只有事件存在，事件对象才会存在，它是系统自动创建的。用户只能在事件处理程序中访问事件对象。

2. 获取事件对象

虽然大多数浏览器都支持事件对象 event，但它们在获取事件对象的方式上存在差异。在遵循 W3C 标准的浏览器中，事件对象会自动作为参数传递给事件处理程序。然而，在早期版本的 IE（IE6~IE8）中，事件对象通常是通过全局的 window.event 属性访问的，语法格式如下：

```
var 事件对象 = window.event          //早期 IE 内核浏览器
DOM 对象.事件 = function(event){}  //W3C 内核浏览器
```

上述代码中，因为在事件触发时就会产生事件对象，并且系统会将事件对象以实参的形式传给事件处理函数，所以在事件处理函数中需要用一个形参来接收事件对象。

【案例 6-5】在控制台显示当前的触发事件。

参考代码如下：

```
<!DOCTYPE html>
<html>
    <head>
        <meta charset="UTF-8">
        <title>显示触发事件</title>
    </head>
    <body>
        <div>显示单击事件</div>
        <script>
            document.querySelector('div').addEventListener('click',function(e){
                var event = e || window.event;
                console.log(event);
            });
        </script>
    </body>
</html>
```

保存并运行程序，当单击页面的"显示单击事件"文字后，按【F12】键查看控制台运行结果，如图 6-9 所示。

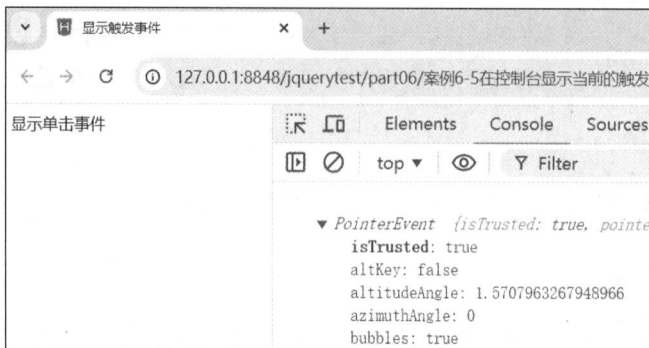

图 6-9　控制台显示事件对象

通过运行结果可以看出，Chrome 浏览器单击事件触发的是指针事件对象 PointerEvent，展开该对象即可看到当前对象含有的所有属性和方法，用户可以在 Web 开发中根据需要调用相应的属性和方法。

3. 事件对象的常用属性和方法

在事件发生后，事件对象中不仅包含与特定事件相关的信息，还包含一些所有事件都具有的属性和方法，其中常用的属性和方法如表 6-1 所示。

表 6-1　事件对象常用的属性和方法

分类	属性/方法	描述
公有属性	type	返回当前事件的类型
标准浏览器事件对象属性	target	返回触发此事件的元素（事件的目标节点）
	currentTarget	表示事件监听器触发该事件的元素
	bubbles	返回布尔值，表示事件是否是冒泡事件类型
	cancelable	返回布尔值，表示事件是否取消默认动作
	cancelBubble	表示是否取消当前事件向上冒泡、传播给上一层的元素对象。默认为 false，表示不取消冒泡；否则为 true，表示取消该事件冒泡
	eventPhase	返回事件传播的当前阶段。1 表示捕获阶段，2 表示目标阶段，3 表示冒泡阶段
标准浏览器事件对象方法	stopPropagation()	阻止事件冒泡
	preventDefault()	阻止默认行为
早期版本 IE 事件对象属性	srcElement	返回触发此事件的元素（事件的目标节点）
	cancelBubble	表示是否取消当前事件向上冒泡、传播给上一层的元素对象。默认为 false，表示不取消冒泡；否则为 true，表示取消该事件冒泡
	returnValue	表示是否阻止默认行为，默认为 true，表示不阻止，设置为 false 表示阻止

其中，type 是标准浏览器和早期版本 IE 事件对象的公有属性，通过该属性可以获取事件的类型，如 click 等。

【案例 6-6】利用事件对象的常用属性和方法实现阻止页面文字默认链接动作、阻止页面上嵌套元素的事件冒泡行为。

参考代码如下：

```html
<!DOCTYPE html>
<html>
    <head>
        <meta charset="UTF-8">
        <title>事件对象编程</title>
        <style>
            #father {
                width: 190px;
                height: 120px;
                background-color: #0066CC;
                padding: 5px;
                text-align: center;
                color: #FFFF00;
            }
            #son {
                width: 150px;
                height: 40px;
                background-color: #FF6666;
                color: #FFFF00;
                font-size: 28px;
                margin: 20px auto;
            }
        </style>
    </head>
    <body>
        <a href="../index.html">返回首页</a>
        <div id="father">
            <div id="son">内部盒子</div>
            外部盒子
        </div>
        <script>
            var removeLink = document.querySelector('a');
            removeLink.addEventListener('click', function(e) {
                if(window.event){
                    window.event.returnValue = false;
                }else{
                    e.preventDefault();
                }
            });
            var son = document.getElementById('son');
            son.addEventListener('click', function(e) {
                console.log('内部盒子');
                if(window.event){
                    window.event.cancelBubble = true;
                }else{
                    e.stopPropagation();
                }
            });
            var father = document.getElementById('father');
            father.addEventListener('click', function() {
```

```
                console.log('外部盒子');
            });
        </script>
    </body>
</html>
```

在上述代码中，通过 if...else 语句完成浏览器兼容性处理，然后分别调用对应的属性和方法实现阻止元素默认行为的设置。完成设置后运行程序时，单击页面上的"返回首页"文字链接，浏览器不会再自动请求指定的 URL "../index.html"。同时，程序对 id 为 son 的<div>设置了阻止事件冒泡行为，单击该<div>时系统只触发本身的单击事件，不再触发 id 为 father 的父元素<div>事件。单击 id 为 son 的<div>后，运行效果如图 6-10 所示。

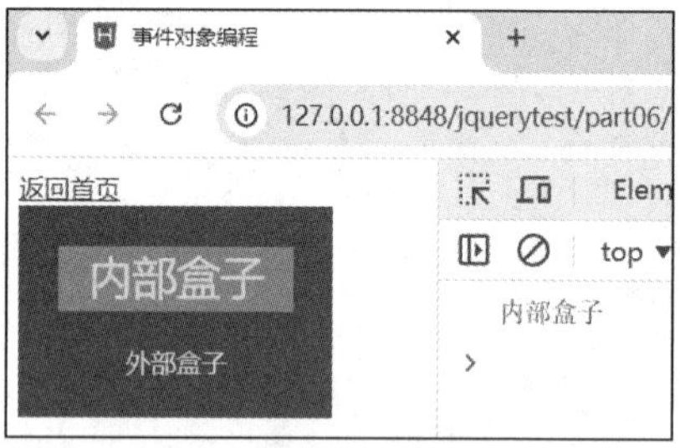

图 6-10 阻止元素默认行为

任务实施

1. 解析网页结构

打开给定的资源网页 login.html，引入 login.css，明确网页结构。显示/隐藏密码明文的图片显示在密码文本框尾部。完整的 login.html 网页文件代码如下：

```html
<!DOCTYPE html>
<html>
    <head>
        <meta charset="UTF-8">
        <title>诗歌赏析网站后台登录</title>
        <link rel="stylesheet" type="text/css" href="css/login.css" />
    </head>
    <body>
        <div>
            <h1>诗歌赏析网站后台登录</h1>
            <form id='form_user'>
                <div id="login_form">
                    <input type="text" id="box_name" placeholder="请输入用户名" />
                    <input type="password" id="box_pass" placeholder="请输入密码" />
                    <label for=""> <img src="img/close.png" alt="" id="eye"></label>
                    <input type="text" id="vcode" placeholder="验证码" /><span id="code" title="看不清，换一张">6708</span>
                </div>
                <p><input type="checkbox">下次自动登录</p>
                <p><a href="#">忘记密码</a></p>
                <input type="submit" value="登  录" class="btn">
            </form>
        </div>
    </body>
</html>
```

2．添加单击事件

在文件尾部</body>前面添加显示/隐藏密码明文功能的 JavaScript 代码，参考代码如下：

```
<script>
        //显示/隐藏密码明文
        // 1．获取事件源
        var eye = document.querySelector('#eye');
        var uPwd = document.querySelector('#box_pass');
        // 2．确定响应事件类型
        eye.onclick = function() {
            //4.将事件处理程序绑定到事件源
            showPwd();
        };
        var flag = 0;
        //3.编写事件处理程序
        function showPwd(){
            // 每次单击，修改 flag 的值
            if(flag == 0) {
                uPwd.type = 'text';
                eye.src = 'img/open.png';
                 flag = 1;
            } else {
                uPwd.type = 'password';
                eye.src = 'img/close.png';
                flag = 0;
            }
        }
</script>
```

登录页面显示/隐藏密码明文特效

保存并运行网页，在密码文本框输入密码，运行效果如图 6-11 所示。

图 6-11　隐藏密码明文运行效果

当单击密码文本框后面的闭眼睛的小图片时，此小图片切换成睁眼睛的小图片，前面的密码由"……"变为"admin@12"，显示效果如图 6-12 所示。

图 6-12　显示密码明文运行效果

任务 6.2　登录页面快捷键、禁止复制粘贴等功能效果设计——事件分类

任务描述

优化登录页面代码设计，实现 HTML 与 JavaScript 代码的分离；增加登录页面功能性设计：为页面表单元素添加快捷键，禁止部分表单元素内容复制粘贴，为【登录】按钮添加表单验证功能。

任务分析

要实现 HTML 与 JavaScript 代码的分离，需要单独定义一个 JS 文件，将 HTML 代码中的 JavaScript 代码移入 JS 文件中，此时将会出现元素引用出现在元素定义之前的问题，解决这一问题可通过页面事件的 window.onload 实现；要为表单元素添加快捷键，可通过键盘事件实现；通过处理剪贴板事件，可以实现禁止表单元素内容复制粘贴功能；通过表单事件可以进行表单元素的验证。

知识链接

在 JavaScript 交互编程中，常用事件包括页面事件、鼠标事件、键盘事件、表单事件和剪贴板事件等。

6.2.1　页面事件

在网页运行过程中，通常页面按照代码编写的顺序，从上到下依次加载。如果在页面还未加载 DOM 元素时，就使用 JavaScript 操作 DOM 元素，系统就会报语法错误。

【案例 6-7】为按钮添加单击事件。

参考代码如下：

```
<body>
    <script>
```

页面事件与鼠标事件

```
            document.querySelector('button').addEventListener('click', function(e) {
                console.log('hello');
            });
        </script>
        <button>hello</button>
    </body>
```

在上述代码中，首先利用 JavaScript 代码获取按钮元素，并为其绑定单击事件，之后在页面上添加显示内容为 "hello" 的按钮。保存并运行程序，按【F12】键打开控制台，控制台提示未捕获的错误提示，原因就是执行 JavaScript 代码时没有捕获到相应的元素对象，运行效果如图 6-13 所示。

图 6-13　页面事件运行错误提示效果

为解决此类问题，JavaScript 提供了页面事件，可以改变 JavaScript 代码的执行时机，常用页面事件如表 6-2 所示。

表 6-2　常用页面事件

事件名称	事件触发时机
onload	当页面载入完毕时触发
onunload	当页面关闭时触发
onresize	当页面窗口大小改变时触发
onerror	当文档或图像加载发生错误时触发

在以上页面事件中，onload 事件使用频率较高，下文以该事件为例介绍一下页面事件的应用。

onload 事件当页面载入完毕时触发，即当浏览器中的 HTML 文档载入完毕时触发 onload 事件，在事件脚本中可以访问页面中的任意元素。脚本的执行不受 onload 事件处理函数的定义位置和访问元素在页面中的先后顺序的影响。onload 事件绑定有以下两种方式。

（1）<body>元素绑定 onload 事件

利用<body>元素绑定 onload 事件方式修改【案例 6-7】，参考代码如下：

```
<body onload="hello()">
    <script>
        function hello(){
            document.querySelector('button').addEventListener('click',
            function(e) {
```

```
            console.log('hello');
        });
    }
</script>
<button>hello</button>
</body>
```

此时，当 HTML 文档全部载入完毕才会触发 onload 事件，保存并运行程序，单击【hello】按钮，按【F12】键查看运行效果，如图 6-14 所示。

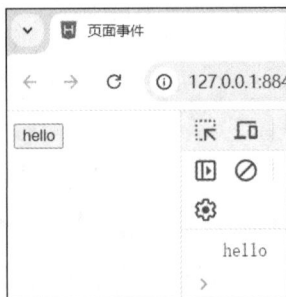

图 6-14　\<body>元素绑定 onload 事件运行效果

（2）window 对象绑定 onload 事件

利用 window 对象绑定 onload 事件方式修改【案例 6-7】，两种绑定方式运行效果相同，参考代码如下：

```
<body>
    <script>
        window.onload = function(){
            document.querySelector('button').addEventListener('click',
            function(e) {
                console.log('hello');
            });
        }
    </script>
    <button>hello</button>
</body>
```

6.2.2　鼠标事件

1. 常用鼠标事件

鼠标事件是 Web 开发中最常用的一类事件。例如，动态菜单特效、图片轮播特效等常用的网页效果中都会用到鼠标事件，常用鼠标事件如表 6-3 所示。

表 6-3　常用鼠标事件

事件名称	事件触发时机
mousedown	当鼠标按键（左键或者右键）被按下时触发
mouseup	当鼠标按键被释放时触发
click	当按下并释放任意鼠标按键时触发

续表

事件名称	事件触发时机
dblclick	当双击时触发
mouseover	当鼠标指针移入目标元素上时触发，当鼠标指针移入其后代元素上时也会触发
mouseout	当鼠标指针移出目标元素时触发，当鼠标指针移出其后代元素时也会触发
mouseenter	当鼠标指针移入元素范围时触发，该事件不会产生冒泡行为，即鼠标指针移入其后代元素上时不会触发
mouseleave	当鼠标指针移出元素范围时触发，该事件不会产生冒泡行为，即鼠标指针移出其后代元素时不会触发

需要注意如下事项。

① mouseover 和 mouseout 在目标元素和其后代元素上都可以触发，当鼠标指针经过一个元素时，触发次数依子元素数量而定；mouseenter 和 mouseleave 只在父元素上触发，当鼠标指针经过一个元素时，只会触发一次。

② mouseover 和 mouseout 比 mouseenter 和 mouseleave 先触发。

③ 一般而言，mouseover 和 mouseout 一起使用，mouseenter 和 mouseleave 一起使用。

【案例 6-8】利用 HTML 5+CSS 3 建立一个中国传统节日说明表格，为表格添加特效，当鼠标指针移动到表格的某一行时，该行高亮显示；当鼠标指针离开时，该行恢复初始状态。

参考代码如下：

```
<!DOCTYPE html>
<html>
    <head>
        <meta charset="UTF-8">
        <title>中国传统节日</title>
        <style>
            table {
                width: 800px;
                margin: 50px auto;
                text-align: center;
                border-collapse: collapse;
                font-size: 14px;
            }
            thead tr {
                height: 30px;
                background-color: skyblue;
            }
            tbody tr {
                height: 30px;
            }
            tbody td {
                border-bottom: 1px solid #d7d7d7;
                font-size: 12px;
                color: blue;
            }
            .bg {
                background-color: pink;
```

```
                }
        </style>
    </head>
<body>
    <table>
        <caption>中国传统节日一览表</caption>
        <thead>
            <tr>
                <th>节日名称</th>
                <th>时间</th>
                <th>说明</th>
            </tr>
        </thead>
        <tbody>
            <tr>
                <td>除夕</td>
                <td>农历腊月二十九或三十</td>
                <td>腊月的最后一天</td>
            </tr>
            <tr>
                <td>春节</td>
                <td>农历正月初一</td>
                <td>又称新春</td>
            </tr>
            <tr>
                <td>元宵节</td>
                <td>农历正月十五</td>
                <td>又称上元节、灯节</td>
            </tr>
            <tr>
                <td>清明节</td>
                <td>公历 4 月 5 日前后</td>
                <td>传统节日中唯一使用公历的节日</td>
            </tr>
            <tr>
                <td>端午节</td>
                <td>农历五月初五</td>
                <td>又称端阳节</td>
            </tr>
            <tr>
                <td>七夕节</td>
                <td>农历七月初七</td>
                <td>又称乞巧节，中国人的情人节，与"牛郎织女"的神话相关</td>
            </tr>
            <tr>
                <td>中秋节</td>
                <td>农历八月十五</td>
```

```
                    <td>又称团圆节,与"嫦娥奔月"的神话相关</td>
                </tr>
                <tr>
                    <td>重阳节</td>
                    <td>农历九月初九</td>
                    <td>又称敬老节</td>
                </tr>
                <tr>
                    <td>腊八节</td>
                    <td>农历腊月初八</td>
                    <td>又称腊日</td>
                </tr>
                <tr>
                    <td>小年</td>
                    <td>农历腊月二十三</td>
                    <td>又称祭灶节</td>
                </tr>
            </tbody>
        </table>
        <script>
            // 1. 获取元素
            var trs = document.querySelector('tbody').querySelectorAll('tr');
            // 2. 利用循环绑定注册事件
            for(var i = 0; i < trs.length; i++) {
                // 3. 鼠标指针经过事件 onmouseover
                trs[i].onmouseover = function() {
                    this.className = 'bg';
                };
                // 4. 鼠标指针离开事件 onmouseout
                trs[i].onmouseout = function() {
                    this.className = '';
                };
            }
        </script>
    </body>
</html>
```

保存并运行文件,当鼠标指针在表格中移动时,鼠标指针移动到哪一行,哪一行的背景色就变为粉红色,当鼠标指针移出该行时,该行恢复为默认背景色。比如,当鼠标指针移动到显示内容为"春节"的一行时,运行效果如图 6-15 所示。

2. 鼠标禁止事件

在实际项目开发中,有时为保护网页内容发布者的权益,可以为网页设置禁止浏览者复制等操作,这就会用到 contextmenu 和 selectstart 两个事件。contextmenu 事件主要用于控制应该何时显示上下文菜单,主要应用于开发者取消默认的上下文菜单操作;selectstart 事件在用鼠标开始选择文字时触发,如果禁止使用鼠标选择功能,需要禁止该事件的默认行为。

图 6-15　表格特效运行效果

【**案例 6-9**】为页面设置禁止右击菜单和禁止使用鼠标选择功能。

参考代码如下：

```
<body>
    <script>
        //禁止右击菜单
        document.addEventListener('contextmenu',function(e){
            e.preventDefault();
        });
        //禁止使用鼠标选择
        document.addEventListener('selectstart',function(e){
            e.preventDefault();
        });
    </script>
    业精于勤，荒于嬉；行成于思，毁于随。——韩愈
</body>
```

保存并运行程序，在运行的页面中用户无论是进行右击操作还是进行选择文字操作，页面都没有任何响应。

3．鼠标事件的常用属性

在项目开发中处理鼠标事件时，比如获取当前鼠标指针的位置、获取按键信息等，还经常涉及一些鼠标事件的常用属性的应用，鼠标事件的常用属性如表 6-4 所示。

表 6-4　鼠标事件的常用属性

属性名称	说明
button	指示哪一个鼠标按键被按下
clientX、clientY	指示鼠标指针相对于浏览器页面当前窗口可视区的 x、y 坐标
screenX、screenY	指示鼠标指针相对于计算机屏幕的 x、y 坐标
pageX、pageY	指示鼠标指针相对于文档的 x、y 坐标，IE6～IE8 不兼容

【**案例 6-10**】利用鼠标事件的常用属性实现页面上的鼠标指针跟随特效。

参考代码如下：

```
<!DOCTYPE html>
<html>
  <head>
    <meta charset="UTF-8">
    <title>鼠标指针跟随特效</title>
    <style>
      img {
        position: absolute;
        top: 2px;
      }
    </style>
  </head>
  <body>
    <img src="img/bird.png" alt="">
    <script>
      var pic = document.querySelector('img');
      document.addEventListener('mousemove', function (e) {
        var x = e.pageX;
        var y = e.pageY;
        pic.style.left = x + 10 + 'px';
        pic.style.top = y + 10 + 'px';
      });
    </script>
  </body>
</html>
```

保存并运行程序，当鼠标指针在页面上移动时，图片跟随鼠标指针移动，运行效果如图 6-16 所示。

图 6-16　鼠标指针跟随运行效果

6.2.3　键盘事件

键盘事件是用户操作键盘时触发的浏览器事件。例如，监听 keydown 事件可以响应用户按下【Esc】键或【Ctrl+C】组合键等操作，常用键盘事件如表 6-5 所示。

键盘事件、表单事件及剪贴板事件

表 6-5　常用键盘事件

事件名称	事件触发时机
keypress	键盘按键（【Shift】、【Fn】、【Caps Lock】等非字符键除外）按下并释放时触发，一般用于单键操作
keydown	键盘按键按下时触发，一般用于快捷键操作
keyup	键盘按键释放时触发，一般用于快捷键操作

当按下并释放一次字符键时，依次触发 keydown、keypress、keyup 事件。若按住不放，则持续触发 keydown 和 keypress 事件。

当按下并释放一次非字符键（功能键和控制键）时，依次触发 keydown 和 keyup 事件。若按住不放，则持续触发 keydown 事件。

需要注意的是，keypress 事件保存的按键值是 ASCII（American Standard Code For Information Interchange，美国信息交换标准码）值，keydown 和 keyup 事件保存的按键值是虚拟键码，keydown 和 keypress 在持续按键时会重复触发对应事件。keyup 和 keydown 事件不区分字母大小写，而 keypress 事件区分字母大小写。

处理键盘事件时，经常需要获取键盘按键的按键值，实现一些与键盘相关的特效。键盘事件的常用属性如表 6-6 所示。

表 6-6　键盘事件的常用属性

属性名称	说明
keyCode	指示键盘事件的按键的 Unicode 值
altKey	指示【Alt】键的状态，按下时为 true
ctrlKey	指示【Ctrl】键的状态，按下时为 true
shiftKey	指示【Shift】键的状态，按下时为 true
which	表示当前按键的 Unicode 值，不管当前按键是否表示一个字符
repeat	表示 kyedown 事件是否正在重复，并且只适用于 keydown 事件

键盘上的按键分为字符键（【A】~【Z】、主键盘数字键【0】~【9】、小键盘数字键【0】~【9】）、功能键（【F1】~【F12】）、控制键（【Esc】、【Tab】等）。在键盘事件处理程序中，使用事件对象的 keyCode 属性可以识别用户按下哪个按键，该属性值等于用户按下的按键对应的 Unicode 值。关于具体按键对应的 Unicode 值，读者可以参考 MDN 等手册进行查看，在此不再详细列举。

【案例 6-11】为登录页面的"用户名"文本框和"密码"文本框设置快捷键。

参考代码如下：

```
<body>
    用户名: <input type="text" id='userName'><br> 密 码: <input type="password"
    id='userPwd' />
    <script>
        var uName = document.querySelector('#userName');
        var uPwd = document.querySelector('#userPwd');
```

```
        document.addEventListener('keyup', function(e) {
            if(e.altKey && e.keyCode === 85) { //设置快捷键，字母 "U" 的ASCII值是85
                uName.focus();
            }
            if(e.altKey && e.keyCode === 80) { //设置快捷键，字母 "P" 的ASCII值是80
                uPwd.focus();
            }
        });
    </script>
</body>
```

保存并运行程序，当用户按【Alt+P】快捷键时，"密码"文本框自动获取焦点；当用户按【Alt+U】快捷键时，"用户名"文本框自动获取焦点，运行结果如图 6-17 所示。

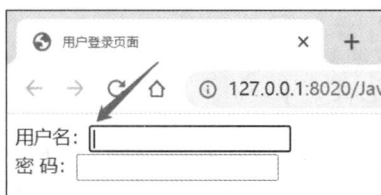

图 6-17　表单元素快捷键运行结果

6.2.4　表单事件

表单是一个容器对象，用来存放表单对象，并负责将表单对象的值提交给服务器端的某个程序进行处理。表单的应用非常广泛，不仅可以用于收集信息和反馈意见，还可以用于检索等交互式场景，用户可以通过 JavaScript 的相关操作事件完成此类表单应用操作，表单事件如表 6-7 所示。

表 6-7　表单事件

事件名称	事件触发时机
blur	元素失去焦点时触发
change	元素的内容改变时触发
focus	元素获取焦点时触发
focusin	元素即将获取焦点时触发
focusout	元素即将失去焦点时触发
input	元素获取用户输入时触发
reset	表单重置时触发
search	用户向搜索域输入文本时触发
select	用户选取文本时触发
submit	表单提交时触发

> **小提示** 在实际开发中，焦点事件 focus 和 blur 不仅可以用于表单元素的交互效果设置，还可以用于其他 HTML 元素的交互效果设置。

【案例 6-12】为调查问卷页面的"姓名"文本框添加失去焦点事件。当"姓名"文本框输入内容为空且失去焦点时文本框边框变为红色。

参考代码如下：

```
<body>
    <script>
        window.onload = function(){
            userName = document.getElementById('userName');
            userName.addEventListener('blur',function(e){
                useValue = userName.value;
                if(useValue.length>0){
                    this.style.borderColor = "";
                }else{
                    this.style.borderColor = "red";
                }
            });
        };
    </script>
    调查问卷
    <form>
        姓名<input type="text" id='userName'/><br />
        班级<input type="text" /><br />
        <input type="submit" />
    </form>
</body>
```

保存并运行程序，单击"姓名"文本框使文本框获得焦点，然后单击页面其他元素使"姓名"文本框失去焦点，如果"姓名"文本框输入内容为空，则其文本框边框变为红色，运行效果如图 6-18 所示。

图 6-18 焦点事件运行效果

6.2.5 剪贴板事件

对页面内容（文本）进行复制、剪切、粘贴等编辑操作，可以通过 JavaScript 的相关操作事件完成，具体事件如表 6-8 所示。

表 6-8　复制、剪切和粘贴操作事件

事件名称	事件触发时机
copy	当用户复制选中内容时在源元素上触发
cut	当用户剪切选中内容时在源元素上触发
paste	当用户粘贴数据时在目标元素上触发

通常有 3 种方式可以触发以上 3 个事件。

① 按【Ctrl+C】/【Ctrl+X】/【Ctrl+V】快捷键。

② 从浏览器的编辑菜单中选择"Copy"（复制）/"Cut"（剪切）/"Paste"（粘贴）命令。

③ 右击并在上下文菜单中选择"Copy"/"Cut"/"Paste"命令。

【案例 6-13】在页面上添加文本框和图片，根据需要为文本框和图片添加复制、粘贴和禁止粘贴功能提示。

参考代码如下：

```html
<!DOCTYPE html>
<html>
    <head>
        <meta charset="UTF-8">
        <title>剪贴板事件</title>
    </head>
    <body>
        <form name="testForm" action="">
            请输入要复制的文本<input type = 'text' name="copyText"><br/>
            请粘贴已复制的文本<input type = 'text' name="pasteText"><br/>
            请输入文本，此文本框禁止粘贴<input type = 'text' name="noPaste"><br/>
        </form>
        <p>尝试复制以下图片</p>
        <img src="img/bird.png" oncopy="copyImg()" >
        <script>
            testForm.copyText.oncopy = function() {
                alert("你复制了文本！");
            }
            testForm.pasteText.onpaste = function() {
                alert("你粘贴了文本！");
            }
            testForm.noPaste.onpaste = function() {
                alert("禁止粘贴文本！");
                return false;
            }
            function copyImg() {
                alert("你已复制了图片！");
            }
        </script>
    </body>
</html>
```

　　保存并运行程序，当用户复制第一个文本框中输入的内容时，系统弹出显示"你复制了文本！"的对话框，如图 6-19 所示；当用户在第二个文本框进行粘贴操作时，系统弹出显示"你粘贴了文本！"的对话框，如图 6-20 所示；当用户在第三个文本框进行粘贴操作时，系统弹出显示"禁止粘贴文本！"的对话框，如图 6-21 所示；当用户选中图片进行复制操作时，系统弹出显示"你已复制了图片！"的对话框，如图 6-22 所示。

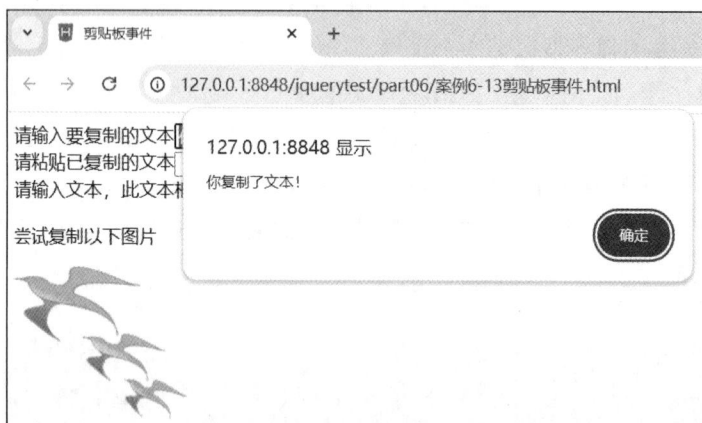

图 6-19　复制文本运行效果

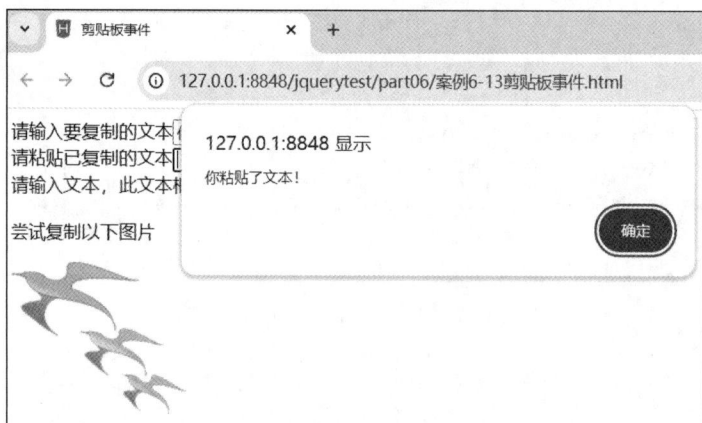

图 6-20　粘贴文本运行效果

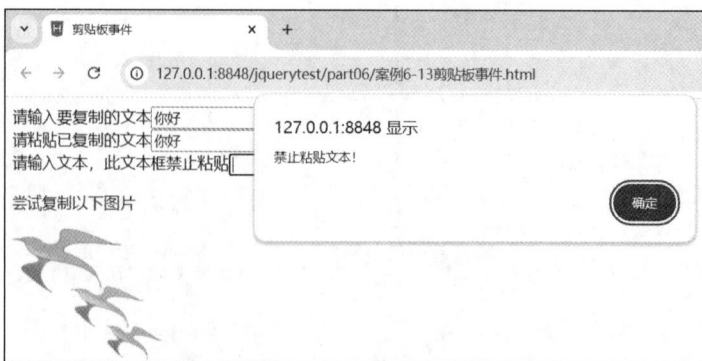

图 6-21　禁止粘贴文本运行效果

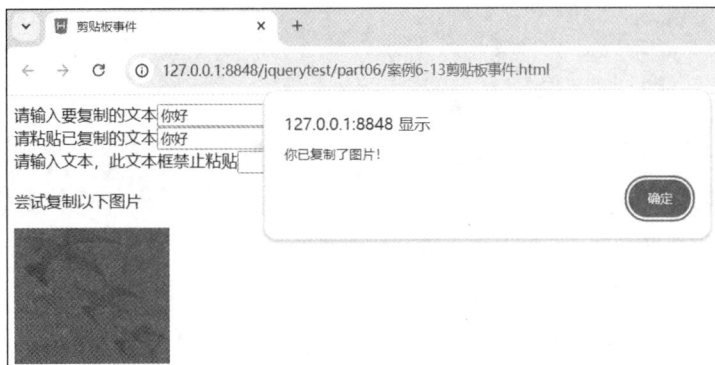

图 6-22　复制图片运行效果

任务实施

1. 优化 JavaScript 代码设计

为便于代码的阅读及后期维护，可以将任务 6.1 中显示/隐藏密码明文的 JavaScript 代码放到一个独立的 JS 文件中，实现 JavaScript 与 HTML 代码的分离。首先在项目的 js 文件夹下新建 JS 文件 logincheck.js，然后在 login.html 文件的头部<head>区域引用 JS 文件，引用的参考代码如下：

```html
<head>
        <title>诗歌赏析网站后台管理系统</title>
        <meta charset="utf-8">
        <link rel="stylesheet" type="text/css" href="css/login.css" />
        <script type="text/javascript" src="js/logincheck.js"></script>
</head>
```

2. 添加页面加载事件

首先在 logincheck.js 文件中添加页面加载事件，然后将显示/隐藏密码明文的 JavaScript 代码移入函数体内，logincheck.js 文件的参考代码如下：

```javascript
window.onload = function() {
    //特效1: 显示/隐藏密码明文
    // 1. 获取事件源
    var eye = document.getElementById('eye');
    var uPwd = document.getElementById('box_pass');
    // 2. 确定响应事件类型
    eye.onclick = function() {
        //4.将事件处理程序绑定到事件源
        showPwd();
    };
    var flag = 0;
    //3.编写事件处理程序
    function showPwd() {
        // 每次单击, 修改 flag 的值
        if(flag == 0) {
            uPwd.type = 'text';
            eye.src = 'img/open.png';
            flag = 1;
```

```
        } else {
            uPwd.type = 'password';
            eye.src = 'img/close.png';
            flag = 0;
        }
    }
}
```

3. 添加键盘事件

为快速操作页面，可以在 logincheck.js 中的 window.onload 事件中分别为页面的"用户名"文本框、"密码"文本框、"验证码"文本框和【登录】按钮等表单元素添加快捷键。由于每次编写事件处理程序都要获取相应表单元素，同一表单元素当添加多个事件处理时就会被获取多次，造成代码冗余，为优化代码设计，将各个事件处理要用到的表单元素修改为统一获取。添加键盘事件及优化后的参考代码如下：

```
window.onload = function() {
    // 统一获取表单元素
    var uName = document.querySelector('#box_name');
    var uPwd = document.querySelector('#box_pass');
    var eye = document.querySelector('#eye');
    var vCode = document.querySelector('#vcode');
    var sCode = document.querySelector('#code');
    var sBtn = document.querySelector(".btn");

    //特效 1: 显示/隐藏密码明文
    // 1. 获取事件源
    var eye = document.getElementById('eye');
    var uPwd = document.getElementById('box_pass');
    // 2. 确定响应事件类型
    eye.onclick = function() {
        //4.将事件处理程序绑定到事件源
        showPwd();
    };
    var flag = 0;
    //3.编写事件处理程序
    function showPwd() {
        // 每次单击，修改 flag 的值
        if(flag == 0) {
            uPwd.type = 'text';
            eye.src = 'img/open.png';
            flag = 1;
        } else {
            uPwd.type = 'password';
            eye.src = 'img/close.png';
            flag = 0;
        }
    }

    //特效 2: 设置快捷键
    document.addEventListener('keyup', function(e) {
```

登录页面快捷键、禁止复制粘贴等特效

```
    if(e.altKey && e.keyCode === 85) { //设置快捷键,字母"U"的 ASCII 值是 85
        uName.focus();
    }
    if(e.altKey && e.keyCode === 80) { //设置快捷键,字母"P"的 ASCII 值是 80
        uPwd.focus();
    }
    if(e.altKey && e.keyCode === 86) { //设置快捷键,字母"V"的 ASCII 值是 86
        vCode.focus();
    }
    if(e.altKey && e.keyCode === 83) { //设置快捷键,字母"S"的 ASCII 值是 83
        sBtn.focus();
    }
  });
}
```

4. 添加剪贴板事件

在特效 2 设置快捷键实现的函数后面添加剪贴板事件函数,实现输入表单中的用户名内容不允许复制,密码内容不允许粘贴,参考代码如下:

```
window.onload = function() {
    // 统一获取事件源
    var uName = document.querySelector('#box_name');
    var uPwd = document.querySelector('#box_pass');
    var eye = document.querySelector('#eye');
    var vCode = document.querySelector('#vcode');
    var sCode = document.querySelector('#code');
    var sBtn = document.querySelector(".btn");


    //特效 1: 显示/隐藏密码明文
    ...

    //特效 2: 设置快捷键
    ...
        if(e.altKey && e.keyCode === 83) { //设置快捷键,字母"S"的 ASCII 值是 83
            sBtn.focus();
        }
    });

    //特效 3: 剪贴板事件
    uName.oncopy = function(){
        alert('禁止复制! ');
        return false;
    }
    uPwd.onpaste = function(){
        alert('禁止粘贴! ');
        return false;
    }
}
```

5. 添加表单验证事件

在登录页面,当单击【登录】按钮时系统自动进行页面信息的简单验证,验证规则为用户名和密码不能为空，验证码和给定的验证码保持一致，验证通过则弹出登录成功的对话框，验证失败则弹出登录失败的对话框，并给出登录失败的原因。用户名、密码的深度验证以及验证码的随机产生将在后文进行详细讲解，本任务先通过简单验证来添加表单验证事件，参考代码如下：

```javascript
window.onload = function() {
    // 统一获取事件源
    var uName = document.querySelector('#box_name');
    var uPwd = document.querySelector('#box_pass');
    var eye = document.querySelector('#eye');
    var vCode = document.querySelector('#vcode');
    var sCode = document.querySelector('#code');
    var sBtn = document.querySelector(".btn");


    //特效1：显示/隐藏密码明文
    ...

    //特效2：设置快捷键
    ...

    //特效3：剪贴板事件
    ...
    uPwd.onpaste = function(){
        alert('禁止粘贴！');
        return false;
    }

    //特效4：表单验证事件
    document.getElementById('form_user').onsubmit = function() {
        var result = check();
        if(result) {
            //模拟登录成功，提交登录信息
            var userName = uName.value;
            alert(userName+'登录成功');

        } else {
            //模拟登录失败，输出失败原因
            alert("登录失败，"+msg);
        }
        return false;
    }

    //表单验证函数
    function check() {
        var userName = uName.value;
        var userPsd = uPwd.value;
        var input_code = vCode.value;
        var code = sCode.innerHTML;
        if(userName == '' || userPsd == '' || input_code.toLowerCase() !=
```

```
        code.toLowerCase()) {
        msg = ''
        if(userName == '') {
            msg += '用户名不能为空，'
        }
        if(userPsd == '') {
            msg += '密码不能为空，'
        }
        if(input_code.toLowerCase() != code.toLowerCase()) {
            msg += '验证码输入不正确！'
        }
        return false;
    }
    return true;
}
}
```

保存并运行网页，直接单击【登录】按钮，运行效果如图 6-23 所示。

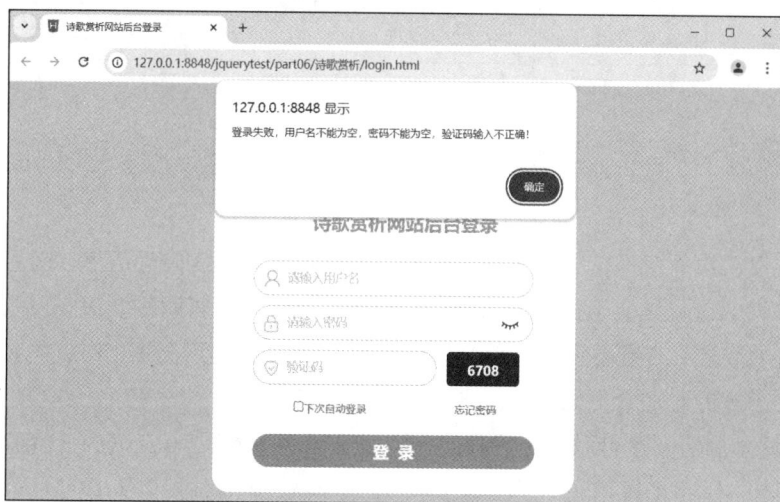

图 6-23　表单元素内容为空时单击【登录】按钮运行效果

输入用户名，然后按【Alt+P】快捷键，运行效果如图 6-24 所示。

图 6-24　按【Alt+P】快捷键运行效果

首先复制密码，然后在"密码"文本框处进行粘贴，系统弹出"禁止粘贴！"的对话框，运行效果如图 6-25 所示。

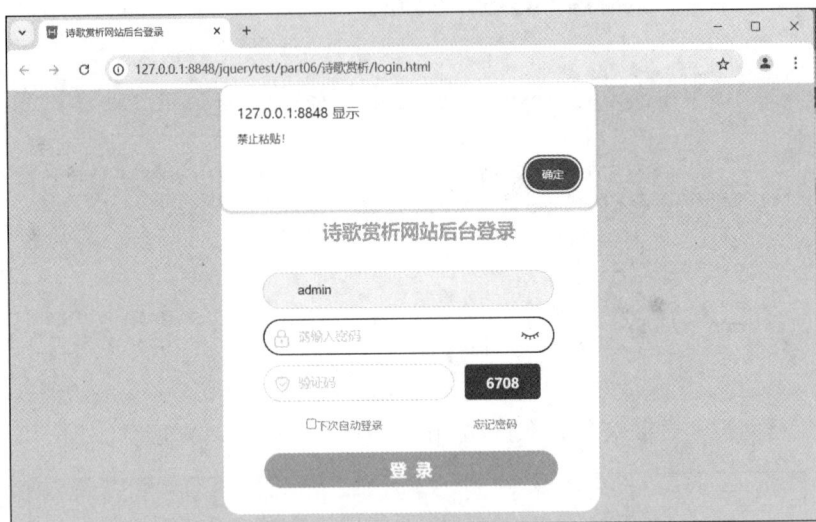

图 6-25　"密码"文本框禁止粘贴运行效果

知识拓展

事件委托又称事件代理，其利用事件冒泡，只指定一个事件处理程序，就可以管理某一类型的所有事件。这就类似于日常生活中同学们要签收快递，有两种方法：一是每位同学在校门口等待签收快递；二是委托给学校的某快递代收点代为签收。现实生活中，为节省时间，大多采用代为签收的方法，代为签收的方法有两个优点。

① 非新同学的快递是可以代为签收的，类似于程序中的现有的 DOM 节点是有事件的。

② 新同学的快递也是可以代为签收的，类似于程序中新添加的 DOM 节点也是有事件的。

一般来说，DOM 需要有事件处理程序，用户直接为其添加事件处理程序就可以了，如果有很多的 DOM 需要添加相同的事件处理程序呢？比如有 100 个<li>，每个<li>都有相同的 click 事件，用户可能会用 for 循环的方法来遍历所有的<li>，然后给它们添加事件处理程序。在 JavaScript 中，添加到页面上的事件处理程序数量将直接影响页面的整体运行性能。如果要用事件委托，不给每个子节点单独设置事件监听器，而是把事件监听器设置在其父节点上，让其利用事件冒泡的原理影响到每个子节点，这样与 DOM 的操作就只交互了一次，提高了程序的性能。

【案例 6-14】利用事件委托机制为菜单项添加鼠标指针经过与离开特效。

参考代码如下：

```
<!DOCTYPE html>
<html>
    <head>
```

```html
        <meta charset="UTF-8">
        <title>事件委托</title>
        <style>
            ul{
                margin: 20px auto;
                width: 456px;
                height: 35px;
                line-height: 35px;
                background-color: #99CCFF;
                padding: 0px;
            }
            li{   list-style: none;
                  float: left;
                  color: #fff;
                  padding: 0px 25px;
            }
        </style>
    </head>
    <body>
        <ul>
            <li>学校概况</li>
            <li>机构设置</li>
            <li>教学改革</li>
            <li>师资队伍</li>
        </ul>
        <script>
            var ul = document.querySelector('ul');
            ul.addEventListener('mouseover',function(e){
                e.target.style.backgroundColor = '#FFCC99';
                e.target.style.cursor = 'pointer';
            });
            ul.addEventListener('mouseout',function(e){
                e.target.style.backgroundColor = '#99CCFF';
            });
        </script>
    </body>
</html>
```

保存并运行程序，当鼠标指针经过某一菜单项时改变菜单项背景色，当鼠标指针离开某一菜单项时恢复原来的背景色，运行效果如图 6-26 所示。

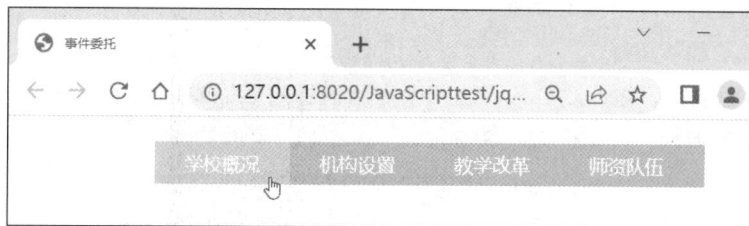

图 6-26　菜单项特效运行效果

单元小结

本单元主要讲解了事件、事件驱动、事件流，以及事件对象等相关基本概念，通过页面事件、鼠标事件、键盘事件、表单事件、剪贴板事件等常用事件处理及属性的操作，介绍如何实现用户和页面之间的动态交互。

单元实训

当鼠标指针移动时，系统随机产生一串大小不一、颜色渐变的实心圆，跟随鼠标指针的移动而移动，运行效果如图 6-27 所示。

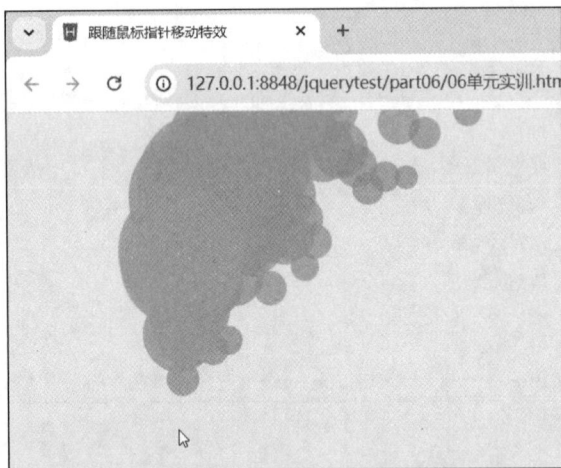

图 6-27　改进的鼠标指针跟随特效运行效果

习题

一、单选题

1．下面关于事件的描述错误的是（　　　）。

A．事件指的是可以被 JavaScript 侦测到的行为

B．事件处理程序指的是事件触发后要执行的代码

C．事件源是指触发事件的元素

D．以上说法都不正确

2．单击页面按钮，被侦测到并弹出一个提示信息对话框的过程被称为（　　　）。

A．事件处理程序　　　B．事件驱动　　　　　C．事件流　　　　　　　D．事件对象

3．以下选项中不适合 JavaScript 代码与 HTML 代码相分离的是（　　　）。

A．动态绑定式　　　　B．嵌入式　　　　　　C．行内绑定式　　　　　D．事件监听

4．以下选项中可在 IE8 中获取事件对象的是（　　　）。

A.　document.event B.　元素对象.event

C.　window.event D.　以上选项都不可以

5.　下列选项中的（　　　）方法，可以在 Chrome 浏览器中进行事件监听的同时设置事件流的处理方式。

A.　attachEvent() B.　detachEvent()

C.　addEventListener() D.　removeEventListener()

6.　下列选项中，（　　　）可在 Chrome 浏览器中阻止事件冒泡。

A.　returnValue B.　cancelBubble

C.　stopPropagation() D.　preventDefault()

7.　下列选项中不属于 JavaScript 事件绑定方式的是（　　　）。

A.　行内绑定式 B.　动态绑定式 C.　嵌入式 D.　事件监听

8.　当用户单击输入文本框时，会触发以下哪种事件？（　　　）

A.　mouseover B.　focus C.　blur D.　mouseout

9.　在网页中双击时会触发（　　　）事件。

A.　click B.　dblclick C.　dbclick D.　clicks

10.　W3C 规定在以下哪个阶段进行事件处理？（　　　）

A.　冒泡阶段 B.　捕获阶段

C.　冒泡阶段和捕获阶段 D.　以上说法都不正确

二、判断题

1.　事件是指可以被 JavaScript 侦测到的行为，是一种"触发—响应"的机制。（　　　）

2.　事件驱动是指用户的行为被侦测到后，执行相应的事件处理程序的过程。（　　　）

3.　匿名函数处理的事件监听不能被移除。（　　　）。

4.　W3C 规定了事件发生后，首先实现事件捕获，但不对事件进行处理。（　　　）

5.　在 Chrome 浏览器中，可以利用 addEventListener()方法监听事件，如 click 事件。（　　　）

6.　this 返回的是绑定事件的对象。（　　　）

7.　事件对象的 type 属性可用于获取发生事件的类型。（　　　）

8.　禁止使用鼠标选择需要用到 selectstart 事件。（　　　）

9.　JavaScript 中事件的发生，都会产生一个事件对象。（　　　）

10.　DOM 0 级事件模型中，同一个 DOM 对象的同一个事件只能有一个事件处理程序。（　　　）

三、简答题

请简述事件委托的原理。

学习单元7
JavaScript对象

07

单元概述

    网络信息人人共享，网络安全人人有责。为维护网络安全，我们在网页设计过程中应注重对安全防护的设计。本单元介绍利用 JavaScript 对象为网站的登录页面添加验证码验证，以及进一步强化注册页面的表单验证，强化 Web 前端的安全设计。本单元主要包括对象的定义与调用，String 对象、Math 对象、Date 对象等常用内置对象的使用，以及正则表达式（Regular Expression，RegExp）的应用。

学习目标

1. 知识目标
（1）掌握对象的基本概念。
（2）掌握自定义对象的定义与使用。
（3）掌握常用内置对象的使用。

2. 技能目标
（1）能够根据实际需求定义对象，并利用自定义对象解决实际问题。
（2）根据实际情况选择并应用内置对象，简化程序设计步骤，提高程序设计效率。
（3）通过正则表达式的应用加强程序安全设计。

3. 素养目标
（1）培养学生自主学习的能力。
（2）通过对实现任务的技术不断进行升级改进，培养学生精益求精的工匠精神。

任务 7.1　登录页面动态生成验证码——对象的基本应用

任务描述
为防止恶意破解密码、刷票、论坛灌水、恶意注册等行为，很多网站采用验证码的方式

进行安全防护。本任务实现为登录页面添加动态生成的验证码，以增强登录
页面的安全性，同时将登录页面相关信息传递到登录成功页面。

对象的基本应用

任务分析

页面一开始运行时，系统自动产生一组验证码并在验证码区域显示，当单
击验证码区域时，系统自动更新一组验证码。验证码是由系统随机产生的 4 位
数字、字母组合而成的，用户单击【登录】按钮时，系统验证用户输入的用户名和密码是否为空、
输入的验证码和随机生成的验证码是否一致，若验证通过，则将输入的用户名传递给登录成功
页面；若验证失败，则弹出验证失败对话框。用户可以借助 JavaScript 内置 Math 对象的相关
函数实现随机数的产生，然后利用 String 对象相关函数实现对随机数的连接。页面跳转时的参
数传递，可以利用 Location 对象的 href 属性实现。在传递过程中利用 encodeURI() 和 decodeURI()
函数对参数进行编码和解码，解决传递过程中若参数值为中文，传递后显示乱码的问题。

知识链接

世界万物皆为对象，对象是客观世界存在的人、事或物体等实体，如汽车、轮船和飞机
等均可看作对象。人们在描述这些对象时都是围绕它们的特征和行为进行描述的，比如它们
的品牌、价格、出厂日期、使用方法等。在程序设计中，一个网页、一幅图片、一个按钮等
都可以看成一个对象，它们各自拥有自己的属性和方法。

7.1.1　初识对象

在 JavaScript 中，对象是一种数据类型，它是由属性和方法组成的一个集合。属性是指
事物的特征，方法是指事物的行为。例如，用户进行登录时用户就是一个对象，该对象拥有
用户名、密码、电话号码等属性，同时拥有注册、登录等方法。

在程序设计中，为方便开发，JavaScript 提供了很多常用的功能强大的内置对象，如前面
案例中用到的日期对象 Date、数组对象 Array 等。根据需要，用户还可以自定义对象，对象
的属性可以定义为变量，对象的方法可以定义为函数，调用时分别用"对象名.属性名"或"对
象名.方法名()"方式调用。

7.1.2　自定义对象

1. 对象的定义

JavaScript 中定义对象常有 3 种方式：利用字面量创建对象、利用内置构造函数创建对象
和利用自定义构造函数创建对象。

（1）利用字面量创建对象

在 JavaScript 中，对象的字面量定义是通过"{}"语法实现的，对象的成员以键值对
"key:value"的形式存放在"{}"中，key 表示属性名或者方法名，value 表示对应的值，多
个对象成员之间使用逗号分隔。这种创建方式的优点就是简单、直观、易懂，基本的使用方

法可参考如下代码：

```
var userObj1 = {};                    //创建一个空对象
var userObj2={name:'Jack'};           //创建一个含有 name 属性的对象
var userObj3={name:'Jack',age:19};    //创建一个含有 name 属性和 age 属性的对象
```

当对象的成员比较多时，为了让代码阅读起来更加流畅，可以对代码进行缩进与换行。基本的使用方法可参考如下代码：

```
//创建一个含有 3 个属性和一个方法的对象
var userObj4={
    name:'Jack',
    age:19,
    hobbies:Singing,
    doWork:function(){
        return 'Jack is a music teacher';
    }
}
```

在创建完对象后，可以通过"."的方式访问对象的属性和方法。例如，要输出刚刚定义的 **userObj4** 对象的属性和方法，基本的使用方法可参考如下代码：

```
console.log("姓名: "+userObj4.name);   //访问 name 属性，输出结果："姓名: Jack"
console.log("年龄: "+userObj4.age);    //访问 age 属性，输出结果："年龄: 19"
console.log("爱好: "+userObj4.hobbies);
//访问 hobbies 属性，输出结果："爱好: Singing"
console.log("工作: "+userObj4.doWork());
//调用 doWork()方法，输出结果："工作: Jack is a music teacher"
```

JavaScript 允许在代码执行时动态地给对象添加成员，因此可以实现将用户输入的内容添加到对象的成员中。

【案例 7-1】在页面上通过两个文本框输入属性名和属性值，单击新增对象按钮，获取文本框内容，将其组成键值对添加到对象中。

参考代码如下：

```
<body>
请输入属性名<input type="text" id ='keyTxt' /><br/>
请输入属性值<input type="text" id = 'valueTxt'/>
<input type="button" id = 'addBtn' value="新增一个对象"/>
<script>
    var keyTxt = document.getElementById('keyTxt');
    var valueTxt = document.getElementById('valueTxt');
    var addBtn = document.getElementById('addBtn');
    var obj = {}
    addBtn.onclick = function(){
        obj[keyTxt.value] = valueTxt.value;
        console.log(obj);
    }
</script>
</body>
```

保存并运行程序，运行结果如图 7-1 所示。

在两个文本框中分别输入属性名"name"和属性值"Jack"后单击【新增一个对象】按钮，系统会获取两个文本框的值，组成一个键值对，并将其添加到 obj 对象中，控制台输出"{name:'Jack'}"；当再次输入属性名"age"和属性值"19"后单击【新增一个对象】按钮，系统会再次把新的键值对添加到 obj 对象中，控制台输出"{name:'Jack',age:'19'}"。

（2）利用内置构造函数创建对象

JavaScript 提供了 Object()、String()、Number()等内置构造函数，可通过"new 构造函数名()"方式创建对象。人们习惯将使用 new 关键字创建对象的过程称为实例化，将实例化后得到的对象称为构造函数的实例，具体应用如案例 7-2 所示。

【案例 7-2】利用内置构造函数创建对象，参考代码如下：

```javascript
//利用 new Object()创建对象
var userObj5 = new Object();
userObj5.name = 'Jack';
userObj5.age = 19;
userObj5.hobbies = 'Singing';
userObj5.doWork = function(){
    console.log('Jack is a music teacher');
}
console.log(userObj5);
```

保存并运行程序，运行结果如图 7-2 所示。

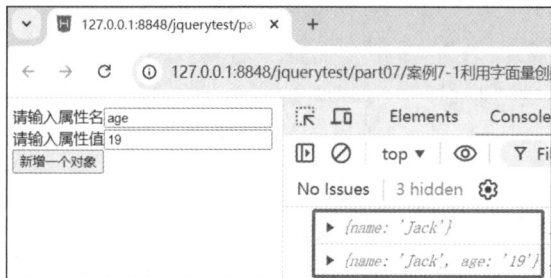

图 7-1　案例 7-1 运行结果

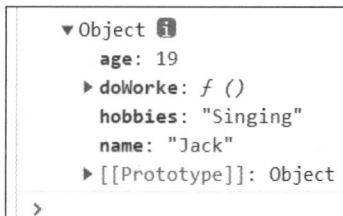

图 7-2　利用内置构造函数创建对象运行结果

（3）利用自定义构造函数创建对象

除了直接使用内置函数，根据需要，用户也可以通过自定义构造函数方式创建对象，其基本语法如下：

```javascript
//利用自定义构造函数创建对象
//定义构造函数
function 构造函数名(属性1,属性2,...){
    this.属性1 = 属性1;
    this.属性2 = 属性2;
    ...
    this.方法1 = function(){
        ...//方法体1
    };
    this.方法2 = function(){
```

```
        ...//方法体 2
    };
    ...
}
//利用构造函数创建对象
var 对象名 1 = new 构造函数名(值 1,值 2,...);
var 对象名 2 = new 构造函数名(值 1,值 2,...);
```

利用自定义构造函数创建对象时，首先要定义一个构造函数，构造函数的命名推荐采用大驼峰式命名规则，即组成函数名的所有单词首字母大写；然后通过"new 构造函数名(参数列表)"方式进行调用。构造函数中的 this 指向当前新创建的对象。这种创建方式可以完成对象的批量创建，实现了代码的重用，减少了代码的冗余。

【**案例 7-3**】定义一个构造函数，通过构造函数创建两个对象。

参考代码如下：

```
<body>
    <script>
        //  定义构造函数
        function Person(name,age){
            this.name = name;
            this.age = age;
            this.doWork = function(){
                console.log(this.name +' is a music teacher');
            };
            this.doSport = function(){
                console.log(this.name +'likes basketball');
            };
        }
        //利用构造函数创建对象
        var person1 = new Person('Jack',19);
        var person2 = new Person('Tom',17);
        console.log(person1.name +"  "+person1.age);
        person1.doWork();
        person1.doSport();
        console.log(person2.name +"  "+person2.age);
        person2.doWork();
        person2.doSport();
    </script>
</body>
```

保存并运行程序，运行结果如图 7-3 所示。

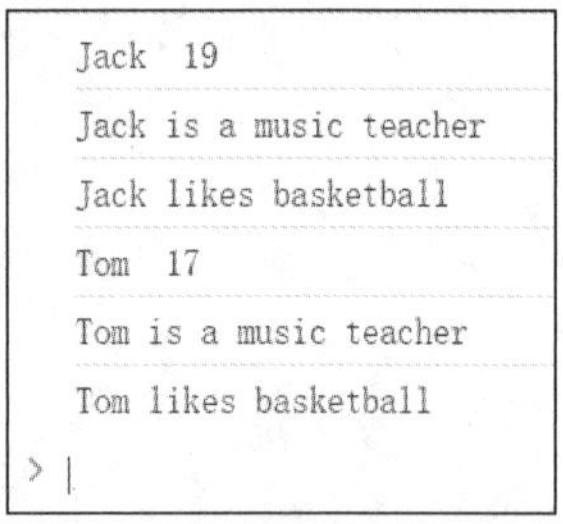

程序中对象 person1 和 person2 都调用了 Person()构造函数，这样只需要将不同的属性值传递进去就可以创建同一类的不同对象了。

```
Jack  19
Jack is a music teacher
Jack likes basketball
Tom  17
Tom is a music teacher
Tom likes basketball
>  |
```

图 7-3　案例 7-3 运行结果

2．遍历对象的属性和方法

使用 for...in 循环不仅可以遍历数组元素，还可以遍历对象的属性和方法。

【**案例 7-4**】利用 for...in 循环遍历对象的属性和方法。

参考代码如下：

```
<script>
    var userObj4={
        name:'Jack',
        age:19,
        hobbies:'Singing',
        doWork:function(){
            return 'Jack is a music teacher';
        }
    }
    for(var k in userObj4){
        console.log(k + ":" + userObj4[k]);
    }
    console.log(userObj4['doWork']());
</script>
```

保存并运行程序，运行结果如图 7-4 所示。

在上述代码中，k 是一个变量名，因为表示键名，习惯将其命名为 k 或 key。在 for...in 循环遍历每个对象的成员时，k 用来获取当前成员的名称，使用 userObj4[k] 获取对应的值，图 7-4 中运行结果的前半部分就是遍历 userObj4 对象中所有成员的显示结果。如果对象中包含方法，可以通过 "userObj4[k]()" 进行调用，图 7-4 中运行结果后半部分就是遍历 userObj4 对象中的方法的显示结果。

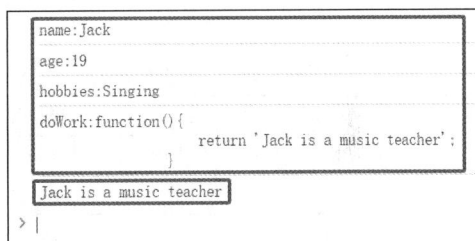

图 7-4　案例 7-4 运行结果

在程序设计过程中，若遇到判断一个对象中的某个成员是否存在时，可以使用 in 运算符。

【案例 7-5】利用 in 运算符判断一个对象中的某个成员是否存在。

参考代码如下：

```
<script>
    var userObj4={
        name:'Jack',
        age:19,
        hobbies:'Singing',
        doWork:function(){
            return 'Jack is a music teacher';
        }
    }
    console.log('name' in userObj4);        //输出结果: true
    console.log('doWork' in userObj4);      //输出结果: true
    console.log('telephon' in userObj4);    //输出结果: false
</script>
```

从上述代码可以看出，当对象的成员存在时返回 true，不存在时返回 false。

7.1.3　内置对象

为了方便程序开发，JavaScript 提供了很多实用的内置对象，包括字符串对象 String、数学对象 Math、日期对象 Date、数组对象 Array 等。在本书前面的案例中，利用 Date 对象和 Array 对象设置时间的显示，这些内置对象提供的丰富的方法给程序开发带来了极大的便利。

1. String 对象

字符串是 JavaScript 中非常常用的一种数据类型，是利用一对单引号或者双引号创建的字符型数据。String 对象提供了一些用于对字符串进行处理的属性和方法，可以方便地实现字符串的查找、截取、替换、大小写转换等操作，具体如表 7-1 所示。

内置对象

表 7-1　String 对象的常用属性和方法

分类	名称	作用
属性	length	返回字符串的长度
方法	charAt(index)	返回 index 位置的字符，位置从 0 开始计算
	str[index]	返回 index 位置的字符串（HTML5 中新增）
	indexOf(searchValue)	返回 searchValue 在字符串中首次出现的位置
	lastIndexOf(searchValue)	返回 searchValue 在字符串中最后出现的位置
	substring(start[,end])	截取从 start 位置到 end 位置之间的一个子字符串
	substr(start[,length])	截取从 start 位置开始长度为 length 的子字符串
	toLowerCase()	返回字符串的小写形式
	toUpperCase()	返回字符串的大写形式
	split([separator[,limit]])	使用 separator 分隔符将字符串分隔成数组，limit 用于限制数量
	replace(str1,str2)	使用字符串 str2 替换字符串 str1，返回替换结果

需要注意的是，JavaScript 的字符串是不可变的，String 对象定义的方法都不能改变字符串的内容。比如，String.toUpperCase()方法返回的是一个新的字符串，而不是修改原始字符串。在这些方法的参数中，位置是一个索引值，从 0 开始计算，第一个字符的索引值是 0，最后一个字符的索引值是字符串的长度减 1。

【案例 7-6】在进行用户注册页面设计时，为提高程序执行效率，一般在信息存入外部文件之前先在当前页面对信息进行验证。本案例要求用户名长度必须为 6 位或 6 位以上，不能包含字符串"admin"的任何大小写形式，同时模拟外部文件中已经有一个注册用户名为"user001"的用户，如果和已有用户名重名需提示注册失败。

参考代码如下：

```
<body>
    用户名<input type="text" id ='userName' /><br/>
    密码<input type="password" id = 'psd'/><br/>
    <input type="button" id = 'loginBtn' value="注册"/>
    <script>
        var userName = document.getElementById('userName');
        var psd = document.getElementById('psd');
        var loginBtn = document.getElementById('loginBtn');
        var userList = {name:'user001',psd:'123'}
        loginBtn.onclick = function(){
            if(userName.value.length<6){
```

```
            alert('用户名长度必须是 6 位及以上。')
        }else if(userName.value.toLowerCase().indexOf('admin')!=-1){
            alert('用户名不能包含 admin! ')
        }else if(userName.value==userList[name]){
            alert('该用户名已经存在，请重新输入用户名。')
        }else{
            alert('注册成功! ')
        }
    }
    </script>
</body>
```

保存并运行文件，如果输入用户名的长度小于 6 位，运行结果如图 7-5 所示；如果用户名中包含敏感词"admin"，运行结果如图 7-6 所示；如果输入了一个系统中已经存在的用户名，运行结果如图 7-7 所示；如果输入符合验证规则的用户名和密码，运行结果如图 7-8 所示。

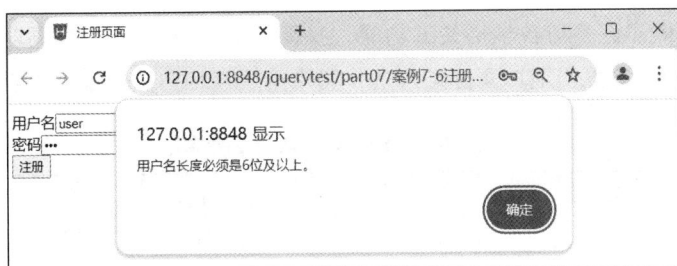

图 7-5　案例 7-6 用户名长度验证结果

图 7-6　案例 7-6 用户名中敏感词验证结果

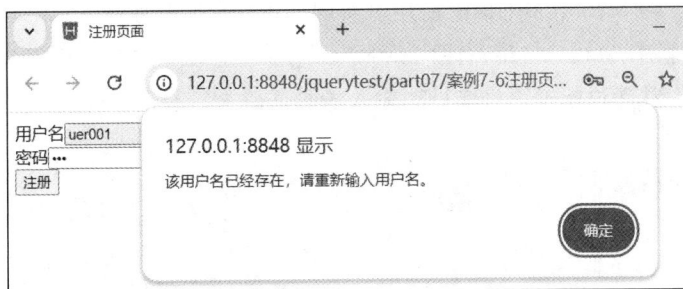

图 7-7　案例 7-6 中用户名重名验证结果

193

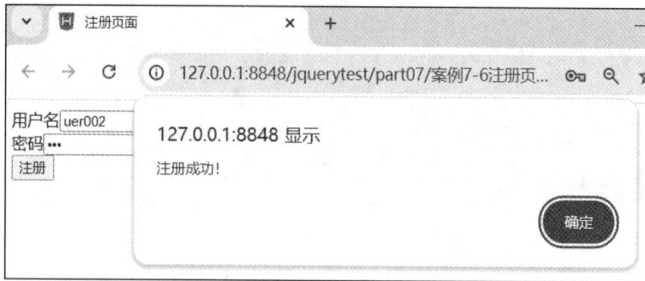

图 7-8　案例 7-6 验证通过后的注册成功提示结果

上述代码通过 length 属性来验证用户名长度；通过 toLowerCase()方法将用户名统一转换为小写，然后利用 indexOf()方法查找是否包含敏感词"admin"；通过和已有对象 userList 中的 name 属性值进行比较，判断用户名是否已经存在。若各个文本框的输入均满足验证条件，此时单击【注册】按钮，系统会弹出对话框提示注册成功。

2. Math 对象

Math 对象提供了许多与数学相关的功能，它是 JavaScript 的一个全局对象，不需要创建，直接作为对象使用就可以调用其属性和方法，其常用属性和方法如表 7-2 所示。

表 7-2　Math 对象的常用属性和方法

分类	名称	作用
属性	PI	返回圆周率近似结果，结果为 3.141592653589793
方法	abs(x)	返回 x 的绝对值，可以传入普通数值或用字符串表示的数值
	max(value1[,value2,...])	返回所有参数中的最大值
	min(value1[,value2,...])	返回所有参数中的最小值
	pow(base,exponent)	返回基数（base）的指数（exponent）次幂，即 $base^{exponent}$
	sqrt(x)	返回 x 的平方根
	ceil(x)	返回大于或等于 x 的最小整数值，即向上取整
	floor(x)	返回小于或等于 x 的最大整数值，即向下取整
	round(x)	返回 x 的四舍五入后的整数值
	random()	返回大于或等于 0.0 且小于 1.0 的随机数

Math.random()用来获取随机数，每次调用该方法返回的结果都不相同，该方法返回的结果是一个浮点数，与 Math.floor()搭配使用可实现产生随机整数效果。

【案例 7-7】利用 Math.random()和 Math.floor()两个方法，生成一个简单、随机的具有 5 位数字的验证码，并通过单击事件实现对输入的验证码进行验证。

参考代码如下：

```
<!DOCTYPE html>
<html>
    <head>
        <meta charset="utf-8">
        <title>JavaScript 简单验证码使用</title>
        <style>
```

```css
.code {
    font: italic bolder 18px/30px Arial;
    color: blue;
    cursor: pointer;
    width: 70px;
    height: 30px;
    text-align: center;
    background-color: #D8B7E3;
    display: inline-block;
}
span {
    text-decoration: none;
    font-size: 12px;
    color: #288bc4;
    padding-left: 10px;
}
span:hover {
    text-decoration: underline;
    cursor: pointer;
}
</style>
<script>
    //页面加载时，生成随机验证码
    window.onload = function() {
        createCode(4);
    }
    //生成验证码的方法
    function createCode(length) {
        var code = "";
        var codeLength = parseInt(length); //验证码的长度
        var checkCode = document.getElementById("checkCode");
        //所有组成验证码的候选字符，当然也可以用中文字符
        var codeChars = new Array(0, 1, 2, 3, 4, 5, 6, 7, 8, 9,
            'a', 'b', 'c', 'd', 'e', 'f', 'g', 'h', 'i', 'j', 'k', 'l',
    'm', 'n', 'o', 'p', 'q', 'r', 's', 't', 'u', 'v', 'w', 'x', 'y', 'z',
    'A', 'B', 'C', 'D', 'E', 'F', 'G', 'H', 'I', 'J', 'K', 'L', 'M', 'N',
    'O', 'P', 'Q', 'R', 'S', 'T', 'U', 'V', 'W', 'X', 'Y', 'Z');
        //循环组成验证码的字符串
        for(var i = 0; i < codeLength; i++) {
            var charNum = Math.floor(Math.random() * 62);
        //获取随机验证码索引
            code += codeChars[charNum];    //组合成指定字符验证码
        }
        if(checkCode) {
            checkCode.className = "code"; //为验证码区域添加样式名
            checkCode.innerHTML = code;    //将生成验证码赋值到显示区
        }
    }
    //检查验证码是否正确
    function validateCode() {
        //获取显示区生成的验证码
```

```
                    var checkCode = document.getElementById("checkCode").innerHTML;
                    //获取输入的验证码
                    var inputCode = document.getElementById("inputCode").value;
                    console.log(checkCode);
                    console.log(inputCode);
                    if(inputCode.length <= 0) {
                        alert("请输入验证码！");
                    } else if(inputCode.toUpperCase() != checkCode.toUpperCase()) {
                        alert("验证码输入有误！");
                        createCode(4);
                    } else {
                        alert("验证码正确！");
                    }
                }
        </script>
    </head>
    <body>
        <div>
            验证码: <input type="text" id="inputCode" />
            <div id="checkCode" class="code" onclick="createCode(4)"></div>
            <span onclick="createCode(4)">看不清换一张</span><br /><br />
            <input type="button" onclick="validateCode()" value="确定" />
        </div>
    </body>
</html>
```

保存并运行文件，运行结果如图 7-9 所示。

网页一开始加载时就生成一组验证码并显示在验证码区域，当单击"看不清换一张"链接或者单击生成的验证码时，系统会重新生成一组验证码并自动刷新验证码显示。如果在"验证码"文本框内容为空时直接单击【确定】按钮，系统会弹出对话框提示用户要输入验证码，运行效果如图 7-10 所示。

图 7-9　案例 7-7 初始运行结果

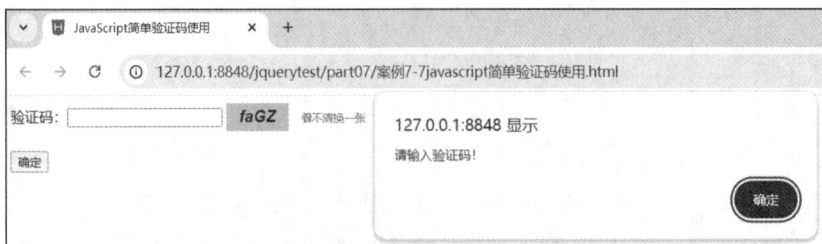

图 7-10　案例 7-7 输入验证码为空运行效果

当用户输入正确验证码后再单击【确定】按钮时，系统会弹出对话框提示用户验证码正确，运行效果如图 7-11 所示。

图 7-11　案例 7-7 验证码输入正确运行效果

3. Date 对象

JavaScript 中的 Date 对象用来处理日期和时间，例如在线日历、时间、计时器等都是 Date 对象的应用，其常用方法如表 7-3 所示。

表 7-3　Date 对象的常用方法

方法名称	作用
getFullYear()	返回表示年份的 4 位数字，如 2025
getMonth()	返回月份，范围为 0~11，0 表示 1 月，1 表示 2 月，以此类推
getDate()	返回月中的某一天，范围为 1~31
getDay()	返回星期数，范围为 0~6，0 表示星期日，1 表示星期一，以此类推
getHours()	返回小时数，范围为 0~23
getMinutes()	返回分钟数，范围为 0~59
getSeconds()	返回秒数，范围为 0~59
getMilliseconds()	返回毫秒数，范围为 0~999
getTime()	返回从 1970-01-01 00:00:00 距离 Date 对象所代表时间的毫秒数
setFullYear()	设置年份
setMonth()	设置月份
setDate()	设置月份中的某一天
setHours()	设置小时数
setMinutes()	设置分钟数
setMilliseconds()	设置毫秒数
setTime()	通过从 1970-01-01 00:00:00 计时的毫秒数来设置时间

JavaScript 中的 Date 对象需要使用 new Date()实例化对象后才能使用，Date()是 Date 对象的构造函数，在创建 Date 对象时，可以为 Date()构造函数传入一些参数，来表示具体的日期。

【案例 7-8】Date 对象的实例化及常用方法的使用。

参考代码如下：

```
<!DOCTYPE html>
<html>
    <head>
        <meta charset="UTF-8">
        <title>Document</title>
```

```
    </head>
    <body>
        <script>
            // 方式1: 没有参数，使用当前系统的当前时间作为对象保存的时间
            var date1 = new Date();
            console.log(date1);
            year = date1.getFullYear();      //获取年份
            month = date1.getMonth() + 1;    //获取月份
            date = date1.getDate();          //获取某一天
            hours = date1.getHours();        //获取小时数
            minutes = date1.getMinutes();    //获取分钟数
            seconds = date1.getSeconds();    //获取秒数
            console.log(year + '-' + month + '-' + date + ' ' + hours + ':' +
    minutes + ':' + seconds);
            //方式2: 传入年、月、日、时、分、秒，其中月的范围是0~11，即真实月份减1
            var date2 = new Date(2025, 9, 6, 10, 57, 56);
            //输出结果: Mon Oct 06 2025 10:57:56 GMT+0800（中国标准时间）
            console.log(date2);
            //方式3: 用字符串表示日期和时间
            var date3 = new Date('2025-10-6 10:57:56');
            //输出结果: Mon Oct 06 2025 10:57:56 GMT+0800（中国标准时间）
            console.log(date3);
        </script>
    </body>
</html>
```

保存并运行程序，在预览网页中按【F12】键查看控制台运行结果，如图7-12所示。

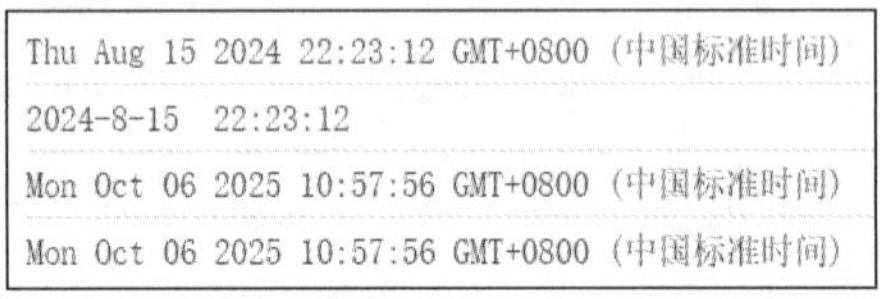

在上述代码中，方式1中的date1对象是通过无参构造函数定义的，返回对象创建时的时间，通过getFullYear()、getMonth()、getDate()等方法获取date1对象的年、月、日等特定内容；方式2和方式3的Date对象在创建时利用传入参数来指定一个时

```
Thu Aug 15 2024 22:23:12 GMT+0800（中国标准时间）
2024-8-15  22:23:12
Mon Oct 06 2025 10:57:56 GMT+0800（中国标准时间）
Mon Oct 06 2025 10:57:56 GMT+0800（中国标准时间）
```

图7-12　案例7-8运行结果

间，返回的对象是指定的时间。但需要注意的是，方式2至少需要指定年、月两个参数，后面省略的参数会自动调用默认值；方式3至少需要指定年份。另外，当传入的数值大于合理范围时，会自动转换成相邻数值，如上述方式2中，将月份设置为-1表示去年12月，将月份设置为12则表示明年1月，基本的使用方法可参考如下示例：

```
<script>
    console.log(new Date('2025'));   //Wed Jan 01 2025 08:00:00 GMT+0800
    （中国标准时间）
    console.log(new Date(2025,9));   //Wed Oct 01 2025 00:00:00 GMT+0800
    （中国标准时间）
    console.log(new Date(2025,-1));  //Sun Dec 01 2024 00:00:00 GMT+0800
    （中国标准时间）
    console.log(new Date(2025,12));  //Thu Jan 01 2026 00:00:00 GMT+0800
    （中国标准时间）
```

```
console.log(new Date(2025,0,0));  //Tue Dec 31 2024 00:00:00 GMT+0800
（中国标准时间）
</script>
```

任务实施

1. 优化验证码元素定义

打开学习单元 6 完成的资源网页 login.html，优化验证码元素的定义。由于本任务的验证码是通过 JavaScript 代码动态产生的，因此将前面任务中固定的验证码"6708"删除即可，代码位置及优化后的参考代码如下：

```
<html>
    <head> ... </head>
    <body>
        ...
        <input type="text" id="vcode" placeholder="验证码" /><span id="code"
        title="看不清，换一张"></span>
        ...
    </body>
</html>
```

2. 新增验证码生成函数

修改 logincheck.js 文件，在文件的表单验证函数 check()函数前面添加自动生成验证码函数 getRandCode()，并将验证码写入前端网页指定区域。其中验证码由任意 4 位数字、字母组成，函数定义代码参考如下：

```
//定义自动生成验证码函数,函数功能: 产生 4 位由数字、字母组成的验证码,并将验证码写入指定区域
function getRandCode() {
    var arrays = new Array(
        '1', '2', '3', '4', '5', '6', '7', '8', '9', '0',
        'a', 'b', 'c', 'd', 'e', 'f', 'g', 'h', 'i', 'j',
        'k', 'l', 'm', 'n', 'o', 'p', 'q', 'r', 's', 't',
        'u', 'v', 'w', 'x', 'y', 'z',
        'A', 'B', 'C', 'D', 'E', 'F', 'G', 'H', 'I', 'J',
        'K', 'L', 'M', 'N', 'O', 'P', 'Q', 'R', 'S', 'T',
        'U', 'V', 'W', 'X', 'Y', 'Z'
    );
    code = ''; //初始化验证码
    //随机从数组中获取 4 个元素组成验证码
    for(var i = 0; i < 4; i++) {
        var r = Math.floor(Math.random() * arrays.length);
        code += arrays[r];
    }
    document.getElementById('code').innerHTML = code; //将验证码写入指定区域
}
```

3. 调用验证码生成函数

当登录页面加载时，系统自动调用验证码生成函数生成一组验证码并显示在页面上；当单击页面上的验证码时，系统会自动更新一组验证码，因此验证码生成函数需要在两种情况下调用，参考代码如下：

```
//定义页面加载事件
window.onload = function() {
```

```
// 1. 统一获取事件源
var uName = document.querySelector('#box_name');
var uPwd = document.querySelector('#box_pass');
var eye = document.querySelector('#eye');
var vCode = document.querySelector('#vcode');
var sCode = document.querySelector('#code');
var sBtn = document.querySelector(".btn");

getRandCode();                        // 页面加载时调用
sCode.onclick = getRandCode;          // 单击验证码时调用

//特效1: 显示/隐藏密码明文
...
}
```

登录页面动态
生成验证码

4. 修改表单提交事件

修改用户输入信息验证通过后的响应事件，把用户名提取出来，作为参数传递到登录成功页面，为支持中文参数的传递，利用 encodeURI() 函数对要传递的参数进行编码，参考代码如下：

```
//特效4: 表单验证事件
document.getElementById('form_user').onsubmit = function() {
    var result = check();
    if(result) {
        //模拟登录成功，提交登录信息
        var userName = uName.value;
        //alert(userName+'登录成功');
        var myUrl = 'loginSuccess.html?user=' + userName;
        location.href = encodeURI(myUrl);
                //encodeURI()用于编码，解决传递参数时若值为中文则会出现乱码的问题

    } else {
        //模拟登录失败，输出失败原因
        alert("登录失败，"+msg);
    }
    return false;
}
```

5. 定义登录成功页面

新建 loginSuccess.html 文件，设计用户登录成功后跳转页面的显示效果。为文件添加 JavaScript 代码，将登录页面传递过来的参数进行解码、分割以及截取，以便获取所需的参数信息，并将参数信息显示在页面上，参考代码如下：

```
<!DOCTYPE html>
<html>
    <head>
        <meta charset="UTF-8">
        <title>登录成功页面</title>
        <style  type="text/css">
```

```
                    div{
                        text-align: center;
                        color: crimson;
                        font-weight: bold;
                        height: 150px;
                        padding-top: 100px;
                        font-size: 30px;
                    }
            </style>
    </head>
<body>
    <div>
            <h4>恭喜，登录成功！</h4>
    </div>
    <script>
    var params = decodeURI(location.search).substr(1);
                //decodeURI()用于解码，解决传递参数时若值为中文则会出现乱码的问题
            var arr = params.split('=');
            var h4Obj = document.querySelector('h4');
            h4Obj.innerHTML = "恭喜" + unescape(arr[1]) + "，登录成功！";
    </script>
    </body>
</html>
```

保存并运行程序，初始状态下系统会自动生成一组验证码并在网页指定区域显示，运行效果如图 7-13 所示。

图 7-13　登录页面初始运行效果

当鼠标指针移动到验证码显示区域时，鼠标指针显示成小手形状，同时弹出"看不清，换一张"的信息提示，当单击验证码显示区域时，系统会随机再生成一组验证码，显示效果如图 7-14 所示。

当用户输入的用户名或密码为空或验证码不正确时，系统就会提示登录失败，同时弹出写有失败原因的提示对话框。例如，用户输入了用户名、密码和验证码，但验证码输入错误，运行效果如图 7-15 所示。

图 7-14　刷新验证码显示效果

图 7-15　验证码输入错误运行效果

当用户输入的用户名、密码不为空并且验证码输入正确时，单击【登录】按钮，系统会自动跳转到登录成功的模拟页面，并将用户名传递到模拟页面中，运行效果如图 7-16 所示。

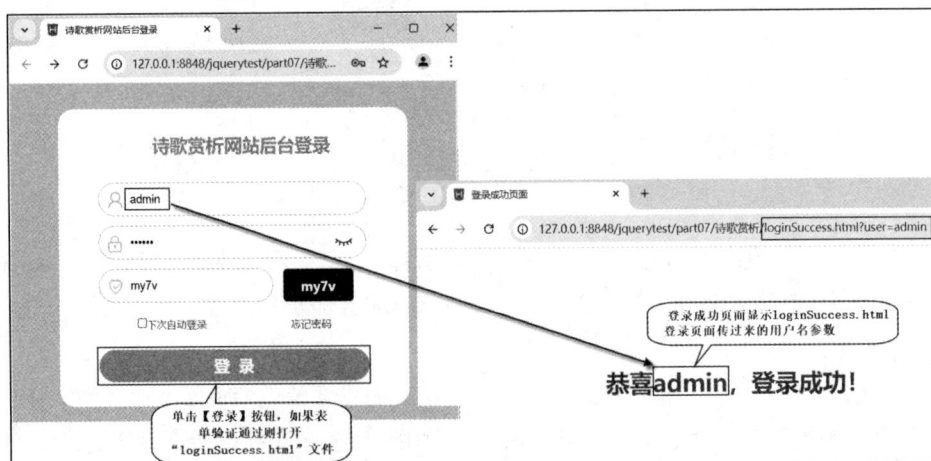

图 7-16　登录成功后登录页面运行效果

任务 7.2 强化注册页面验证功能——正则表达式的应用

任务描述

在前面完成的注册页面案例中，表单验证中应用了值的非空验证，但在实际应用中，由于不同表单元素收集的信息所代表的含义不同，因此验证规则也不尽相同，比如电话号码和常用邮箱，在实际应用中本身就具有特定的组成规则。为了使注册页面收集的信息更加规范，本任务将进一步对用户名、密码、常用邮箱、电话号码等不同功能表单进行不同规则的验证。

任务分析

用户名由 8～20 个字符组成，密码则由 6～10 个字符组成，两者均可以包含任意字母、数字、中文字符或下画线。常用邮箱要符合电子邮件格式，手机号码也要遵循手机号码的组成规则，这些都可以通过正则表达式验证来实现。

正则表达式的
应用

知识链接

在表单中输入内容进行规则验证时，由于不同表单元素所代表的功能不同，因此需要遵循的验证规则各不相同，要实现这些规则繁多而复杂的验证，就需要使用正则表达式。借助正则表达式，可利用最简短的描述语法实现诸如查找、匹配、替换等功能。

7.2.1 正则表达式概念

正则表达式是一种描述字符串结构的语法规则，也是一种特定的格式化模式，用于验证各种字符串是否符合特定的格式化模式。正则表达式本身也是对象。

正则表达式通常被用来检索、替换符合某个模式（规则）的文本。例如，在项目开发中，正则表达式被用来实现限定用户名只能由字母、数字或下画线组成，隐藏手机号码指定数位的数字，过滤敏感词及验证表单等功能。

7.2.2 定义正则表达式

在 JavaScript 中使用正则表达式之前，需要创建正则表达式对象。创建正则表达式对象的方式有两种，一种是使用字面量方式创建，另一种是通过 RegExp() 构造函数的方式创建。

1. 使用字面量方式创建

使用字面量方式创建的基本语法格式如下：

```
var 变量名=/表达式/[修饰符];
```

语法说明如下。

① 表达式：代表了某种规则，可以使用某些特殊字符来代表特殊的规则，后文会详细介绍。

② 修饰符：可选项，用于进一步对正则表达式进行设置，正则表达式修饰符如表 7-4 所示。

表 7-4　正则表达式修饰符

修饰符	作用
g	用于在目标字符串中实现全局匹配
i	忽略大小写进行匹配
m	实现多行匹配

对于表 7-4 中的修饰符，可以根据实际需求进行多种组合。例如，既要全局匹配又要忽略大小写，可以直接使用 gi，并且在组合时没有顺序要求。因此，修饰符的合理使用可以使正则表达式变得更加简洁、直观。其基本的使用方法可参考如下示例：

```
var reg1 = /hbcit/;
var reg2 = /hbcit/gi;
```

2. 通过 RegExp()构造函数的方式创建

通过 RegExp()构造函数的方式创建的语法格式如下：

```
var reg = new RegExp("表达式"[,"修饰符"])
```

其中表达式与修饰符的含义与使用字面量方式创建中的含义相同。其基本的使用方法可参考如下示例：

```
var reg1 = new RegExp("hbcit");
var reg2 = new RegExp("hbcit","gi");
```

7.2.3　使用正则表达式

在开发中，经常需要根据正则表达式完成对指定字符串的检索和匹配。此时，既可以使用 JavaScript 中的 RegExp 对象提供的正则表达式方法，又可以使用 String 对象提供的正则表达式方法，常用的方法如表 7-5 所示。

表 7-5　RegExp 对象与 String 对象常用的方法

对象名	方法名	作用
RegExp 对象	test()	检索字符串中指定的值，返回 true 或 false
	exec()	检索字符串中指定的值，返回找到的值，并确定其位置
String 对象	match()	找到一个或多个正则表达式匹配的值
	search()	检索与正则表达式匹配的字符串的起始位置
	replace()	替换与正则表达式匹配的值
	split()	把字符串分割为字符串数组

1. test()方法

在开发过程中，若无须获取正则表达式与字符串匹配的结果，只需要检测正则表达式与指定的字符串是否匹配，则可使用 test()方法，该方法的基本语法格式如下：

```
正则表达式对象实例.test(字符串)
```

如果字符串中含有与正则表达式匹配的文本，返回 true，否则返回 false，基本的使用方法可参考如下：

```
<script>
    var str = "Better late than never";
    var reg = /late/;
    var result = reg.test(str);
    console.log(result);    //输出结果为: true
</script>
```

2. exec()方法

exec()方法用于在目标字符串中检索匹配，一次仅返回一个匹配结果。例如，在指定字符串 str 中检索 "abc"，参考代码如下：

```
<script>
    //获取首次匹配结果
    var str = 'abcdefabcdef';
    var reg = /abc/i;
    console.log(reg.exec(str));
            //返回['abc', index: 0, input: 'abcdefabcdef',groups: undefined]
</script>
```

执行 exec()方法，匹配成功则返回一个数组，否则返回 null。

3. match()方法

match()方法不仅可以在字符串内检索指定的值，还可以在目标字符串中根据正则表达式匹配出所有符合要求的内容，匹配成功后将其保存到数组中，匹配失败则返回 null，基本语法格式如下：

```
字符串对象.match(子字符串或 RegExp 对象)
```

基本的使用方法可参考如下：

```
<script>
    var str = "Better late than never";
    var reg = /te/gi;
    var result = str.match(reg);
    console.log(result);    //输出结果为: ['te', 'te']
</script>
```

4. search()方法

search()方法可以返回指定模式的子字符串在字符串中首次出现的位置，如果没有找到任何匹配的子字符串则返回-1，基本语法格式如下：

```
字符串对象.search(子字符串或 RegExp 对象)
```

基本的使用方法可参考如下：

```
<script>
    var str = "Better late than never";
    var reg = /te/gi;
    var result = str.search(reg);
    console.log(result);    //输出结果为: 3
</script>
```

5. replace()方法

replace()方法用于在字符串中用一些字符替换另一些字符，或者替换一个与正则表达式匹配的子字符串，基本语法格式如下：

```
字符串对象.replace(子字符串或 RegExp 对象，替换的子字符串)
```

基本的使用方法可参考如下：

```html
<script>
    var str = "Better late than never";
    var result1 = str.replace(/te/,'TE');
console.log(result1);   //输出结果为： BetTEr late than never
    var result2 = str.replace(/te/g,'TE');
console.log(result2);   //输出结果为： BetTEr laTE than never
</script>
```

6. split()方法

split()方法用于根据指定的分隔符将一个字符串分割成字符串数组，其分割后的字符串数组中不包括分隔符。基本语法格式如下：

```
字符串对象.split(分隔符[, n])
```

分隔符可以是字符串也可以是正则表达式。*n* 用于限制输出数组的个数，为可选项。

基本的使用方法可参考如下：

```html
<script>
    var str = "Better late than never";
    var result1 = str.split(/t/);
    console.log(result1);
    var result2 = str.split(/t/,2);
    console.log(result2);
</script>
```

运行程序，输出结果如图 7-17 所示。

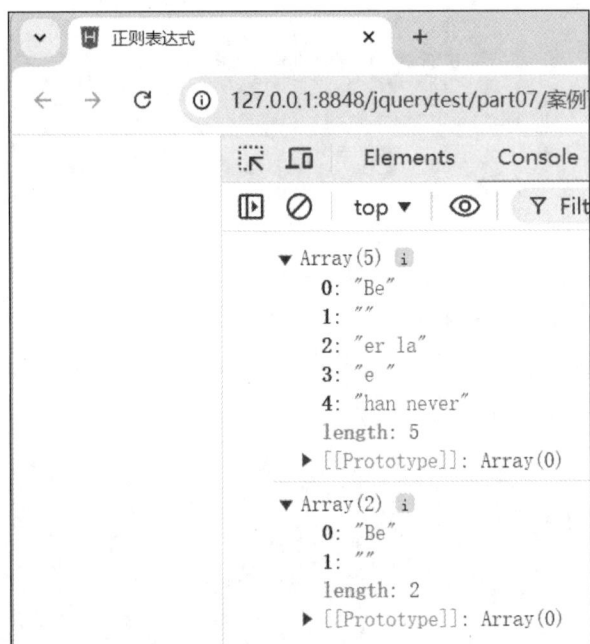

图 7-17　使用 split()方法输出结果

由上述结果可以看出，当指定返回数组的个数 *n* 时，如果 *n* 大于 0，则 split()方法将返回

最多 *n* 个元素的数组，其中最后一个元素包含所有剩余的分割后的字符串。

7.2.4 正则表达式中的特殊字符

一个正则表达式可以由简单的字符构成，如前文案例中的"/late/"，也可以是简单的字符和特殊字符的组合，如"/l*t/"。其中，特殊字符也被称为元字符，在正则表达式中是具有特殊意义的专用字符，如"*"。正则表达式中常用的特殊字符主要分为以下几类。

正则表达式中的
特殊字符

1. 边界符

正则表达式中的边界符用于提示字符所处的位置，如表 7-6 所示。

表 7-6　边界符

边界符	作用
^	表示匹配行首的文本
$	表示匹配行尾的文本

需要注意的是，正则表达式中不需要加引号，不区分数值型和字符型。两种边界符的基本使用方法参考如下：

```
console.log(/^more/.test("more and more"));        //输出结果为：true
console.log(/^ore/.test("more and more"));          //输出结果为：false
console.log(/more$/.test("more and more"));         //输出结果为：true
console.log(/mor$/.test("more and more"));          //输出结果为：false
console.log(/^more$/.test("more and more"));        //输出结果为：false
console.log(/^more$/.test("more"));                 //输出结果为：true
```

在上述代码中，"^"用于检测是否以某一字符串开头，"$"用于检测是否以某一字符串结尾，而当"^"和"$"同时使用时，采用的是精确匹配方式，表示只能匹配"^"和"$"之间的内容。

2. 字符类别

JavaScript 中的字符类别可以很容易地实现某些正则表达式匹配。有效地使用字符类别可以使正则表达式更加简洁，便于阅读。常用的字符类别如表 7-7 所示。

表 7-7　常用的字符类别

字符类别	作用
.	匹配除换行符之外的任何单个字符
\d	匹配一个数字字符，等价于[0-9]
\D	匹配一个非数字字符，等价于[^0-9]
\w	匹配字母、数字或下画线，等价于[A-Za-z0-9_]
\W	匹配非字母、数字或下画线，等价于[^A-Za-z0-9_]
\s	匹配任何空白字符，包括空格、制表符、换页符等，等价于[\f\n\r\t\v]
\S	匹配任何非空白字符，等价于[^\f\n\r\t\v]

字符类别	作用
\b	匹配一个单词边界，也就是指单词和空格间的位置。例如，'er\b'可以匹配"never"中的'er'，但不能匹配"verb"中的'er'
\B	匹配非单词边界。例如，'er\B'能匹配"verb"中的'er'，但不能匹配"never"中的'er'
\f	匹配一个换页符
\t	匹配一个水平制表符
\v	匹配一个垂直制表符
\r	匹配一个回车符
\n	匹配一个换行符
\xhh	匹配 ISO-8859-1 值为 hh（2 个十六进制数字）的字符，例如，'\x41'表示"A"
\uhhhh	匹配 Unicode 值为 hhhh（4 个十六进制数字）的字符，例如，'\u597d'表示"好"

字符类别基本的使用方法可参考如下：

```
<script>
    //匹配数字字符：\d
    //非数字字符：\D
    result1_1 = "ad3ad2ad".match(/\d/g); // ['3', '2']
    result1_2 = "ad3ad2ad".match(/\D/g); // ['a', 'd', 'a', 'd', 'a', 'd']
    //匹配除换行符以外的任何单个字符：.
    result2 = "a\nb\rc".match(/./g); // ['a', 'b', 'c']
    //匹配字母、数字或下画线：\w
    result3 = "a5_汉字@!-=".match(/\w/g); // ['a', '5', '_']
    //匹配空白字符：\s
    //匹配非空白字符：\S
    result4_1 = "ad\na d\rad".match(/\s/g); //['\n', ' ', '\r']
    result4_2 = "ad\na d\rad".match(/\S/g); //['a', 'd', 'a', 'd', 'a', 'd']
    //匹配单词开始或结束的位置
    result5_1 = "how are you".match(/\b\w/g); //['h', 'a', 'y']
    result5_2 = "how are you".match(/\B\w/g); //['o', 'w', 'r', 'e', 'o', 'u']
    // 匹配字符串开始和结束的位置：^、$
    result6_1 = "how are you".match(/^\w/g); // ['h']
    result6_2 = "how are you".match(/\w$/g); // ['u']
    console.log(result1_1);
    console.log(result1_2);
    console.log(result2);
    console.log(result3);
    console.log(result4_1);
    console.log(result4_2);
    console.log(result5_1);
    console.log(result5_2);
    console.log(result6_1);
    console.log(result6_2);
</script>
```

运行程序，结果如图 7-18 所示。

```
▶(2) ['3', '2']
▶(6) ['a', 'd', 'a', 'd', 'a', 'd']
▶(3) ['a', 'b', 'c']
▶(3) ['a', '5', '_']
▶(3) ['\n', ' ', '\r']
▶(6) ['a', 'd', 'a', 'd', 'a', 'd']
▶(3) ['h', 'a', 'y']
▶(6) ['o', 'w', 'r', 'e', 'o', 'u']
▶['h']
▶['u']
```

图 7-18 字符类别使用运行结果

3. 字符集合

正则表达式中的“[]”可以实现字符集合，与连字符“-”一起使用时，表示匹配指定范围内的字符，并且元字符“^”与“[]”一起使用时，表示匹配不在指定范围内的字符，常用字符集合如表 7-8 所示。

表 7-8 字符集合

字符集合	作用
[xyz]	字符集合。匹配所包含的任意一个字符。例如，[abc]可以匹配"plain"中的'a'
[^xyz]	负值字符集合。匹配未包含的任意字符。例如，[^abc]可以匹配"plain"中的'p'、'l'、'i'、'n'
[a-z]	字符范围。匹配指定范围内的任意字符。例如，[a-z]可以匹配'a'到'z'范围内的任意小写字母字符
[^a-z]	负值字符范围。匹配不在指定范围内的任意字符。例如，[^a-z]可以匹配不在'a'到'z'范围内的任意字符

需要注意的是，连字符“-”在通常情况下表示一个普通字符，只有在表示字符范围时才作为元字符使用。“-”表示的范围要遵循字符编码的顺序，如“a-Z”“a-9”都是不合法的范围，基本的使用方法可参考如下代码：

```
<script>
    var str = "Where there's a will, there's a way.有志者事竟成。";
    console.log(str.match(/[wh]/g));  //返回字符集合中的任意一个字符'w'、'h'
    console.log(str.match(/[h-lw-y]/gi));  //返回 h~l、w~y 范围内的字符
    console.log(str.match(/[\u4e00-\u9fa5]/g));  //返回任意一个中文字符
    console.log(str.match(/[^a-z\u4e00-\u9fa5]/gi));
                                    //返回除 a~z、A~Z，以及中文字符范围外的字符
</script>
```

运行程序，结果如图 7-19 所示。

```
▶(5) ['h', 'h', 'w', 'h', 'w']
▶(10) ['W', 'h', 'h', 'w', 'i', 'l', 'l', 'h', 'w', 'y']
▶(6) ['有', '志', '者', '事', '竟', '成']
▶(11) [' ', "'", ' ', ' ', ',', ' ', "'", ' ', ' ', '.', '。']
```

图 7-19 字符集合使用运行结果

在上例中，"[h~lw~y]"表示匹配 h~l、w~y 范围内的字符，"[\u4e00-\u9fa5]"表示匹配任意一个中文字符。

4. 限定符

在项目开发中，若需要匹配一个连续出现的字符，比如 4 个连续出现的数字"0311"时，通过前文的学习，可以创建如下所示的正则表达式对象：

```
var reg = /\d\d\d\d/gi;
```

以上方式虽然可以满足用户的需求，但是重复出现的"\d"既不便于阅读，又不便于书写。此时，可以使用限定符来完成某个字符连续出现的匹配，具体如表 7-9 所示。

表 7-9　限定符

字符	作用
*	匹配前面的子表达式 0 次或多次。例如，'zo*'能匹配"z"以及"zoo"。*等价于{0,}
+	匹配前面的子表达式 1 次或多次。例如，'zo+'能匹配"zo"以及"zoo"，但不能匹配"z"。+等价于{1,}
?	匹配前面的子表达式 0 次或一次。例如，"do(es)?"可以匹配"do"或 "does"。?等价于{0,1}
{n}	n 是一个非负整数，表示匹配确定的 n 次。例如，'o{2}'不能匹配"Bob"中的'o'，但是能匹配"food"中的两个'o'
{n,}	n 是一个非负整数，表示至少匹配 n 次。例如，'o{2,}'不能匹配"Bob"中的'o'，但能匹配"fooooood"中的所有'o'。'o{1,}'等价于'o+'，'o{0,}'则等价于'o*'
{n,m}	m 和 n 均为非负整数，其中 n≤m，表示最少匹配 n 次且最多匹配 m 次。例如，"o{1,3}"将匹配"fooooood"中的前 3 个'o'。'o{0,1}'等价于'o?'。请注意在逗号和两个数之间不能有空格

参照表 7-9 给出的限定符，若要匹配 4 个连续出现的数字，则可以通过以下的代码实现：

```
var reg = /\d{4}/gi;
```

再如，我们有时为用户名设置验证规则，要求用户名必须由 6~8 位字母（包括大写字母和小写字母）、数字、下画线组成，那么我们通过"[]"限定字符范围，同时结合"{}"限定个数来实现，具体实现方式可参考如下：

```
var reg = /^[a-zA-Z0-9_]{6,8}$/;
```

由此可见，限定符的灵活运用，可以使正则表达式更加清晰、易懂。

5. 括号字符

圆括号"()"在正则表达式中主要有两个作用，一是改变限定符的作用范围，二是分组。正则表达式添加圆括号前后的不同结果对比如下所示：

```
<script>
    var str1 = "Betty beat a bit of butter to make a better butter.";
    console.log(str1.match(/be|i|u/gi)); //返回['Be', 'be', 'i', 'u', 'be', 'u']
    console.log(str1.match(/b(e|i|u)/gi));//返回['Be', 'be', 'bi', 'bu', 'be', 'bu']
    var str2 = "Yellow bananas are better than green ones";
    console.log(str2.match(/bet{2}/gi));            //返回['bett']
    console.log(str2.match(/b(an){2}/gi));          //返回['banan']
</script>
```

从上述代码可以看出，在 str1 的验证过程中，正则表达式"/be|i|u/"没加圆括号，表示匹配 be、i 和 u，而加了圆括号"/b(e|i|u)/"表示匹配 be、bi 和 bu；在 str2 的验证过程中，正

则表达式"/bet{2}/"没加圆括号时，表示匹配 2 个 t 字符，而正则表达式"/b(an){2}/"加了
圆括号进行了分组，表示匹配 2 个 an 字符串。

6. 贪婪匹配与惰性匹配

当点字符"."和限定符连用时，可以实现匹配指定数量和范围的任意字符。例如，"/a.*c/"
可以匹配从 a 开始到 c 结束，中间包含 0 个或多个任意字符的字符串。

正则表达式在实现指定数量和范围的任意字符匹配时，支持贪婪匹配与惰性匹配两种方
式。所谓贪婪匹配，表示匹配尽可能多的字符，而惰性匹配表示匹配尽可能少的字符。默认
情况下使用贪婪匹配，若要使用惰性匹配，需要在上一个限定符的后面加上"？"符号，基
本的使用方法可参考如下：

```
<script>
    var str = "Where there's a will, there's a way.有志者事竟成。";
    console.log(str.match(/h.*e/gi));    //返回["here there's a will, there"]
    console.log(str.match(/h.*?e/gi));   //返回['he', 'he', 'he']
    var s = "abcabcabc"
    console.log(s.match(/a.*c/gi));      //返回['abcabcabc']
    console.log(s.match(/a.*?c/gi));     //返回['abc', 'abc', 'abc']
</script>
```

从上述代码可以看出，使用贪婪匹配时，str 会获取最先出现的 h 到最后出现的 e 之
间的内容，即可获得匹配结果为["here there's a will, there"]的一个数组元素。同样，使用
贪婪匹配时，s 会获取最先出现的 a 到最后出现的 c 之间的内容，即可获得匹配结果为
['abcabcabc']的一个数组元素。使用惰性匹配时，str 会获取最先出现的 h 到最先出现的 e
之间的内容，即可获得匹配结果为['he', 'he', 'he']的 3 个数组元素。同样，使用惰性匹配时，
s 会获取最先出现的 a 到最先出现的 c 之间的内容，即可获得匹配结果为['abc', 'abc', 'abc']
的 3 个数组元素。

7. 正则运算符优先级

通过前面的学习可知，正则表达式中的运算符有很多。在实际应用时，各种运算符会遵循
优先级顺序进行匹配。正则表达式中常用的运算符的优先级，由高到低的顺序如表 7-10 所示。

表 7-10　正则运算符优先级

运算符	描述
\	转义字符
()、(?:)、(?=)、[]	圆括号和方括号
*、+、?、{n}、{n,}、{n,m}	限定符
^、$、\任何元字符、任何字符	定位点和序列（"\任何元字符"是指转义后的元字符，如\d 表示匹配一个数字字符；"\任何字符"是指它可以匹配除换行符之外的任何单个字符）
|	"或"操作。字符具有高于替换运算符的优先级，使得"m|food"匹配"m"或"food"。若要匹配"mood"或"food"，可使用圆括号创建子表达式"(m|f)ood"

任务实施

打开学习单元 5 中的任务 2 完成后的诗歌赏析网站，修改 register.js 文件中各个表单元素的验证规则。

1. 修改用户名验证规则

利用正则表达式修改用户名验证规则，验证规则是用户名由 8～20 个字符，包括任意字母（包括大小写）、数字和下画线组成，参考代码如下：

```javascript
//用户名验证函数
function checkUsername() {
    //1.获取用户名值
    var username = document.getElementById('user_name').value;
    //2.定义正则表达式
    var reg_username = /^\w{8,20}$/;
    //3.判定给出提示信息
    var flag = reg_username.test(username);
    var oImgBox = document.createElement("img");
    if (flag) {
        //用户名合法
        document.getElementById('user_name').style.cssText = "border:
        1px solid green;";
        document.getElementById('usernametip').innerHTML ="";
        oImgBox.setAttribute("src", "img/valid.png");
        document.getElementById('usernametip').appendChild(oImgBox);
    } else {
        //用户名非法
        document.getElementById('user_name').style.cssText = "border:
        1px solid red;";
        document.getElementById('usernametip').innerHTML = "请输入 8～20 个
        字符，包括字母、中文、数字、下画线";
    }

    return flag;
}
```

2. 修改电话号码验证规则

利用正则表达式修改电话号码验证规则，本任务的验证规则是按照手机号码的组成规则进行验证，用户也可自行添加固定电话号码的组成规则进行验证，参考代码如下：

```javascript
//电话号码验证函数
function checkTele() {
    var telephone = document.getElementById('tel').value;
    var reg_telephone = /^(13[0-9]|14[01456879]|15[0-35-9]|16[2567]|17
    [0-8]|18[0-9]|19[0-35-9])\d{8}$/;
    var flag = reg_telephone.test(telephone);
    var oImgBox = document.createElement("img");
    if(flag) {
        document.getElementById('tel').style.cssText = "border:
        1px solid green;";
        document.getElementById('teltip').innerHTML = "";
        oImgBox.setAttribute("src", "img/valid.png");
        document.getElementById('teltip').appendChild(oImgBox);
    } else {
```

```
            document.getElementById('tel').style.cssText = "border: 1px solid red;";
            document.getElementById('teltip').innerHTML = "请规范输入电话号码";
    }
    return flag;
}
```

3. 修改常用邮箱验证规则

利用正则表达式修改常用邮箱验证规则，参考代码如下：

```
//常用邮箱验证函数
function checkEmail() {
    var email = document.getElementById('email').value;
    var reg_email = /^\w+@\w+\.\w+$/;
    var flag = reg_email.test(email);
    var oImgBox = document.createElement("img");
    if(flag) {
        document.getElementById('email').style.cssText = "border:
        1px solid green;";
        document.getElementById('emailtip').innerHTML = "";
        oImgBox.setAttribute("src", "img/valid.png");
        document.getElementById('emailtip').appendChild(oImgBox);
    } else {
        document.getElementById('email').style.cssText = "border: 1px solid red";
        document.getElementById('emailtip').innerHTML = "请规范输入常用邮箱";
    }
    return flag;
}
```

4. 修改密码验证规则

利用正则表达式修改密码验证规则，本任务的验证规则是密码由 6 ~ 10 个字符，包括任意字母（包括大小写）、数字和下画线组成，参考代码如下：

```
//密码验证函数
function checkPassword() {
    var password_1 = document.getElementById('password_1').value;
    var reg_password = /^\w{6,10}$/;
    var flag = reg_password.test(password_1);
    var oImgBox = document.createElement("img");
    if(flag) {
        document.getElementById('password_1').style.cssText = "border:
        1px solid green;";
        document.getElementById('pwd1tip').innerHTML = "";
        oImgBox.setAttribute("src", "img/valid.png");
        document.getElementById('pwd1tip').appendChild(oImgBox);
    } else {
        document.getElementById('password_1').style.cssText = "border:
        1px solid red;";
        document.getElementById('pwd1tip').innerHTML = "请输入 6 ~ 10 个字符，
        包括字母、中文、数字、下画线";
    }
    return flag;
}
```

5. 修改确认密码验证规则

修改确认密码验证规则，本任务的验证规则为在"确认密码"文本框输入的内容要和"设置密码"文本框内容保持一致，参考代码如下：

```
//确认密码验证函数
function checkPasswordAgain() {
    var password1 = document.getElementById('password_1').value;
    var password2 = document.getElementById('password_2').value;
    var oImgBox = document.createElement("img");
    if(password1 == password2) {
        document.getElementById('password_2').style.cssText = "border:
        1px solid green;";
        document.getElementById('pwd2tip').innerHTML = "";
        oImgBox.setAttribute("src", "img/valid.png");
        document.getElementById('pwd2tip').appendChild(oImgBox);
        return true;
    } else {
        document.getElementById('password_2').style.cssText = "border:
        1px solid red;";
        document.getElementById('pwd2tip').innerHTML = "两次输入密码不一致，
        请重新输入";
        return false;
    }
}
```

6. 修改验证码验证规则

修改验证码验证规则，本任务的验证规则为"验证码"文本框输入的内容要和获取的验证码内容保持一致，参考代码如下：

```
//验证码验证函数，将验证码和手机接收到的验证码进行比较，此处假设手机接收到的验证码为"661562"
function checkCaptcha() {
    var captcha = document.getElementById('captcha').value;
    var oImgBox = document.createElement("img");
    if(captcha == '661562') {
        document.getElementById('captcha').style.cssText = "border:
        1px solid green;";
        document.getElementById('captchatip').innerHTML = "";
        oImgBox.setAttribute("src", "img/valid.png");
        document.getElementById('captchatip').appendChild(oImgBox);
        return true;
    } else {
        document.getElementById('captcha').style.cssText = "border:
        1px solid red;";
        document.getElementById('captchatip').innerHTML =
        "验证码不正确，请重新输入";
        return false;
    }
}
```

强化注册页面
验证功能

小提示 本任务为了方便读者的学习，将每个函数相对独立地进行定义。在编写过程中，读者可能会发现很多函数中的表单元素获取语句都是重复的，造成代码冗余。因此在所有功能实现后，读者可以自行将获取表单元素的语句统一放到 window.onload 事件处理程序的最前面，这样后面定义的所有函数便可直接使用了。

保存并运行网页，当网页中表单元素的输入值不符合验证规则时，该表单边框变为红色，并且在该表单元素输入文本框后面出现红字提示错误原因，如图 7-20 所示。

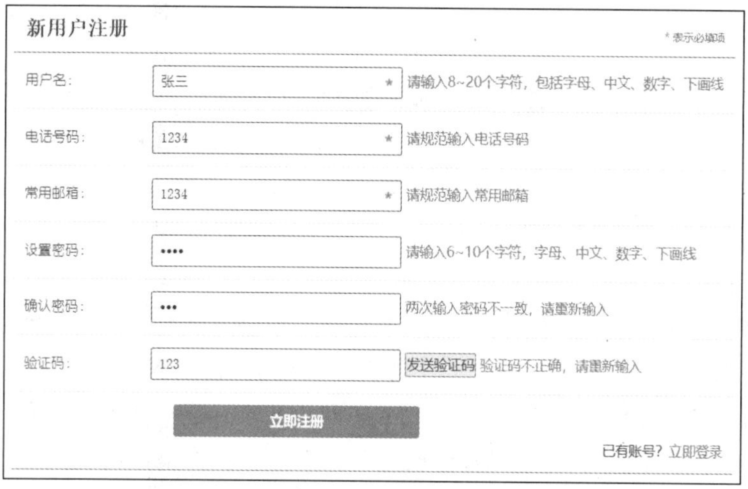

图 7-20　各个表单元素验证失败运行效果

在注册页面按照验证规则输入数据，符合验证规则的表单元素后面出现一个绿色对钩，如图 7-21 所示，然后单击【立即注册】按钮，网页跳转到注册成功的模拟页面，如图 7-22 所示。

图 7-21　表单元素验证成功运行效果

图 7-22　注册成功跳转页面运行效果

知识拓展

1. 正则表达式中花括号、方括号和圆括号的区别

在正则表达式中，花括号"{}"一般用来表示匹配的长度，方括号"[]"用来定义匹配的字符范围，而圆括号"()"用来提取匹配字符串，表达式中有几个"()"就有几个相应的匹配字符串。

2. 零宽断言

零宽断言是一种特殊的正则表达式子模式，它不消耗字符位置，用于检查某个位置右侧的文本是否符合指定的模式。JavaScript 正则表达式支持两种以下零宽断言。

① (?=...)：零宽正向断言，表示某个位置右侧必须与括号内的模式匹配。

② (?!...)：零宽负向断言，表示某个位置右侧不能与括号内的模式匹配。

基本的使用方法可参考如下示例：

```
<script>
    var pattern=/str(?=ings)ing/;
    //表示匹配 str 后面必须有 ings 的字符串
    console.log("strings.a".match(pattern)); //["string", index: 0, input:
    "strings.a"]
    // 同理，匹配 string 后面必须有 s 的字符串
    console.log("strings.a".match(/string(?=s)/)); //["string", index: 0,
    input: "strings.a"]
    console.log("string_x".match(pattern)); // null
    console.log("string_x".match(/string(?=s)/)); // null
    var pattern=/string(?!s)/; // 匹配 string 后面不带 s 的字符串
    console.log("strings".match(pattern)); //null
    console.log("string.".match(pattern)); //["string", index: 0, input: "string."]
</script>
```

单元小结

本单元主要讲解了 JavaScript 对象，包括对象的定义、调用，String 对象、Math 对象、Date 对象等常用内置对象的使用，以及正则表达式的应用。通过自定义对象，开发者可以灵活解决一些实际应用问题；通过合理选择内置对象，开发者可以简化程序设计步骤，提高程序设计效率；通过正则表达式的应用，开发者可以加强程序安全性设计。

单元实训

利用 JavaScript 实现一个随时间变化而变化的时钟，要求时钟的每个数字都显示为图片形式。若当前系统时间为"00:27:43"，则时钟的实现效果如图 7-23 所示。

图 7-23　时钟的实现效果

习题

一、单选题

1. 在使用构造函数创建对象时，构造函数内部的 this 表示（　　　）。

A. 构造函数本身　　　　B. 新创建的对象　　　　C. window 对象　　　　D. 原型对象

2. 获取一个字符在字符串中首次出现的位置，使用（　　　）方法。

A. charAt()　　　　　　B. indexOf()　　　　　　C. lastIndexOf()　　　　D. substr()

3. 若字符串的 indexOf()方法查找失败，则返回（　　　）。

A. 0　　　　　　　　　　B. −1　　　　　　　　　C. false　　　　　　　　D. null

4. 为 Date 对象设置年份使用（　　　）方法。

A. getFullYear()　　　　B. setFullYear()　　　　C. getDate()　　　　　　D. setDate()

5. 获取当前的星期数，使用 Date 对象的（　　　）方法。

A. getDate()　　　　　　B. getDay()　　　　　　C. getTime()　　　　　　D. getWeek()

6. 下列选项中，（　　　）方法默认逆向检索。

A. indexOf()　　　　　　B. lastIndexOf()　　　　C. Array.isArray()　　　D. includes()

7. 若 var str = 'abc'; 则 str[1] 的值为（　　　）。

A. a

B. b

C. c

D. 语法错误，不能获取其值

8. 在 Math 对象中，获取绝对值的方法为（　　　）。

A. sqrt()　　　　　　　　B. floor()　　　　　　　C. pow()　　　　　　　　D. abs()

9. 若 obj 是一个对象，则 'name' in obj 的作用是（　　　）。

A. 判断 obj 中是否含有 name 属性　　　　　　　B. 判断 obj 中是否含有 name()方法

C. 判断 obj 中是否含有 name 成员　　　　　　　D. 判断 obj 中的 name 属性的值是否为空

10. 正则表达式对象中，表示匹配 0 个或多个任意字符的字符串的是（　　　）。

A. ".d"　　　　　　　　　B. ".*"　　　　　　　　C. ".g"　　　　　　　　D. ".a"

11. 关于正则表达式对象 "/abc/i"，描述正确的是（　　　）。

A. "/" 表示转义字符　　　　　　　　　　　　　　B. "abc" 表示要检索的内容

C. "i" 表示不要忽略大小写　　　　　　　　　　　D. 以上说法全部正确

12. 下列选项中，关于正则表达式的特点，说法错误的是（　　　）。

A. 正则表达式的灵活性、逻辑性和功能性非常强

B. 可以迅速地用简单的方式达到字符串的复杂控制

C. 正则表达式是使用任意字符编写的

D. 需要明白这些字符代表的含义，才可以灵活地运用

13. RegExp()构造函数的正则表达式模式文本中，（   ）用于匹配字符串"\\"。

A. \\   B. \\\

C. \\\\   D. 以上选项都不正确

14. 正则表达式 a(bc){2}可匹配的结果是（   ）。

A. abcbb   B. abbcc   C. abcbc   D. abc

15. 以下创建正则表达式对象的方式错误的是（   ）。

A. /^a.*y$/gi   B. new RegExp(^a.*y$, 'gi')

C. RegExp(/^a.*y$/, 'gi')   D. new RegExp('^a.*y$', 'gi')

二、多选题

1. 下列选项中，访问对象成员的语法正确的是（   ）。

A. obj.name   B. obj['name']   C. obj->name   D. obj('name')

2. 下列选项中，属于内置对象的是（   ）。

A. Math   B. Date   C. Array   D. String

3. 若在对象的成员方法 a()中调用成员方法 b()，可以使用（   ）语法。

A. b()   B. 当前对象名.b()   C. this.b()   D. this['b']()

4. 下列选项中，关于正则表达式中特殊字符说法正确的是（   ）。

A. .匹配除"\n"外的任何单个字符

B. \W 匹配任意的字母、数字和下画线，相当于[a-zA-Z0-9]

C. \D 匹配所有 0~9 以外的字符，相当于[^0-9]

D. \S 匹配任何空白字符（包括换行符、制表符、空格符等），相当于[\t\r\n\v\f]

三、判断题

1. Math.random()生成的随机数不包括 1。（   ）

2. toUpperCase()方法用于获取字符串的小写形式。（   ）

3. charAt(index)方法用于获取 index 位置的字符，位置从 1 开始计算。（   ）

4. lastIndexOf(searchValue)表示获取 searchValue 在字符串中最后出现的位置。（   ）

5. 属性是一个变量，用来表示一个对象的特征。（   ）

6. 在使用字面量语法定义对象时，属性名不能省略引号。（   ）

7. 字符串的字符位置索引从 1 开始。（   ）

8. 在定义构造函数时，函数名必须首字母大写。（   ）

9. 在 JavaScript 中，方法作为对象成员的函数，表明对象所具有的行为。（   ）

10. 定义 getRandom()函数：

```
function getRandom(min, max) {
return Math.floor(Math.random() * (max - min + 1) + min);
```

```
}
var random = getRandom(1, 10);
```

执行该段代码之后，random 表示随机数为 1～10 的数。（　　）

11. 在使用 Math 对象前，需要先实例化对象。（　　）

12. 字符串对象使用 new String()来创建。（　　）

13. 正则表达式是一种特定的用于描述字符串结构的格式化模式。（　　）

14. 模式修饰符 gi 和 ig 均表示"全局匹配且忽略大小写"。（　　）

15. exec()方法在对字符串进行正则匹配失败时返回 false。（　　）

四、简答题

请利用正则表达式完成对用户名的验证，要求：用户名由 4～12 位任意大写字母和小写字母组成。

学习单元8

JavaScript框架之jQuery 应用

08

单元概述

随着互联网的高速发展和 Web 3.0 的兴起，JavaScript 越来越受到重视，因此很多 JavaScript 类库应运而生，从早期的 Prototype、Dojo 到之后的 jQuery、Ext JS，互联网领域 正在掀起一场 JavaScript 风暴。jQuery 以其简约、优雅的风格，成为众多 JavaScript 类库中 最优秀的类库之一。本单元主要介绍 jQuery 的基本应用。

学习目标

1. 知识目标

（1）了解 jQuery 的相关概念。

（2）掌握 jQuery 对象相关概念。

（3）掌握 jQuery 选择器以及 jQuery 方法的相关概念。

2. 技能目标

（1）掌握 jQuery 环境的下载、安装、配置与使用。

（2）掌握利用 jQuery 对象及选择器实现网页特效设计。

（3）灵活运用 jQuery 方法实现对网页元素的操作。

3. 素养目标

（1）培养学生自主学习的能力。

（2）了解 jQuery 技术的发展，激发学生的爱国情怀。

任务 8.1 为网页添加定时广告特效——jQuery 基础

任务描述

诗歌赏析网站上线成功后吸引了大量用户，现为网站插播广告以实现商业价值。为吸引 用户关注，广告以慢慢下滑的方式显示；广告会占用页面较大篇幅，为避免引起用户反感，为广告设置 3s 后以慢慢上滑的方式进行隐藏的特效，或者为广告设置大幅广告慢慢隐藏、小幅广告慢慢显示并停留在页面上的特效。

任务分析

为一个运行的网站添加广告特效，快捷、高效是开发者关注的重点。相对于 JavaScript 而言，jQuery 通过对 JavaScript 的函数进行封装，使得语法更加简洁，同时解决了很多浏览器的兼容性问题，因此本任务选用 jQuery 替代 JavaScript。本任务会讲解如何下载、安装、配置 jQuery 环境，利用 jQuery 实现广告定时显示与隐藏，或者定时进行大幅广告、小幅广告的切换。

jQuery 基础

知识链接

jQuery 在广告特效方面有着不俗的表现，是实践中常用的技术之一。

8.1.1 初识 jQuery

jQuery 是一个语法简洁并兼容多浏览器的 JavaScript 类库，是于 2006 年 1 月创建的开源项目，核心理念是"Write less, do more"（写得更少，做得更多），因此也吸引了世界各地众多 JavaScript 高手的关注。现在的 jQuery 主要包括核心库、用户接口（User Interface，UI）、插件和 jQuery Mobile 等。

jQuery 是免费、开源的，使用 MIT（Massachusetts Institute of Technology，麻省理工学院）许可协议。jQuery 凭借简洁的语法和跨平台的兼容性，使开发者在操作文档对象、选择 DOM 元素、制作动画效果、进行事件处理、使用异步 JavaScript 和 XML 技术（Asynchronous JavaScript And XML，AJAX）及其他功能上更加便捷。除此以外，jQuery 提供 API 让开发者编写插件，其模块化的使用方式使开发者可以很轻松地开发出功能强大的静态或动态网页。

8.1.2 jQuery 的优势

jQuery 的优势如下。

（1）轻量级。jQuery 是轻量级的 JavaScript 类库，其代码非常小巧。

（2）强大的选择器。jQuery 有众多选择器，如元素选择器、属性选择器、表单选择器等。jQuery 的选择器允许对元素数组或单个数组进行操作，其是参考 CSS 1.0 ~ CSS 3.0 的选择器实现的，这使得 jQuery 非常简单易学。同时，jQuery 还拥有自己独特的选择器。

（3）更少的代码。与原生 JavaScript 相比较，一般来说，实现同样的效果或功能，用 jQuery 编写的代码更少。

如要选择 HTML 页面中一个 id 为 con 的\<div\>，可以分别用以下两种方式实现。

原生 JavaScript 实现的参考代码如下：

```
document.getElementById('con');
```

jQuery 实现的参考代码如下：

```
$('#con');
```

由此可见，使用 jQuery 可以写得更少。

（4）出色的 DOM 封装。jQuery 封装了大量的关于操作 DOM 的一些方法，这使得开发者在开发过程中能轻易地完成原本复杂的操作，使开发变得更加得心应手。

（5）可靠的事件处理机制。相较于直接使用 JavaScript 内置的事件处理机制，使用 jQuery 的事件处理机制，具有更高的灵活性和更好的封装性，这使得 jQuery 在处理事件绑定时更加可靠。

（6）封装好的 AJAX 函数。通过 jQuery AJAX 函数，用户能够使用 HTTP GET 和 HTTP POST 从远程服务器上请求文本、HTML 数据、XML 数据或 JavaScript 对象简谱（JavaScript Object Notation，JSON）数据等，同时还能够把这些外部数据直接载入网页的被选元素中。这大大简化了常规 AJAX 对浏览器进行测试的代码编写，用户只需一行简单的代码，就可实现 AJAX 功能。

（7）解决了浏览器的兼容性问题。jQuery 出色地解决了各个浏览器之间的兼容性问题，能够在 Firefox 3.6+、Safari 5.0+、Opera 和 Chrome 等多种浏览器上正常使用。

（8）隐式迭代。当使用 jQuery 查找相同名称（类名、标签名）的元素并隐藏它们时，无须循环遍历每一个返回的元素，jQuery 会自动操作所匹配对象的集合，从而大大减少了代码量。

（9）拥有丰富的插件。jQuery 的易扩展性吸引了全球的开发者来开发 jQuery 插件，到目前为止，jQuery 已拥有数百官方插件，包含多个种类、不同平台上的插件，很大程度上提高了开发者的开发速度并使产品多样化。

（10）开源。jQuery 是一个开源的产品，任何人都可以免费使用并对其提出修改意见。

8.1.3　jQuery 版本对比

目前 jQuery 有 3 个主要的大版本：jQuery 1.x 系列的经典版本保持了对早期浏览器的支持，使用较为广泛，最终版本是 jQuery 1.12.4；jQuery 2.x 系列的版本不再兼容 IE6～IE8 浏览器，从而更加轻量级，最终版本是 jQuery 2.2.4；而 jQuery 3.x 系列的版本不兼容 IE6～IE8 浏览器，此系列的版本增加了一些新方法，对一些方法的行为进行了优化和改进。目前 jQuery 1.x 和 jQuery 2.x 系列的版本已停止更新，除非有特殊需求，否则一般不会使用这两大版本，本书选择使用 jQuery 3.x。

8.1.4　jQuery 库文件的引入方式

jQuery 库文件的引入方式有两种。

1. 引入本地下载的 jQuery 库文件

本地下载的 jQuery 库文件不需要安装，直接将下载的 jQuery 库文件复制到项目的指定位置，当使用该文件时，直接在网页头部进行引用即可。例如，将 jQuery 库文件 jquery-3.7.1.min.js 和引入库文件的网页放置到同一个目录下，则网页中引入 jQuery 库文件的语句参考如下：

```
<script src="jquery-3.7.1.min.js"></script>
```

2. 引入在线的 jQuery 库文件

引入在线的 jQuery 库文件时，用户无须下载，通过内容分发网络（Content Delivery Network，CDN）引入即可。例如，在网页中引入 jQuery 官网的在线 jQuery 库文件的语句参考如下：

```
<script src="https://code.jquery.com/jquery-3.7.1.min.js"></script>
```

【案例 8-1】引入 jQuery 库文件，如果引入成功，浏览网页时将会弹出内容为"jQuery 库文件引入成功了！"的对话框，参考代码如下：

```
<!DOCTYPE html>
<html>
    <head>
        <meta charset="UTF-8">
        <title>jQuery 环境测试</title>
        <script src="js/jquery-3.7.1.min.js"></script>
        <!--<script src="https://code.jquery.com/jquery-3.7.1.min.js"></script>-->
    </head>
    <body>
        <div>环境测试</div>
        <script>
            $(document).ready(
                function() {
                    alert("jQuery 库文件引入成功了！");
                }
            )
        </script>
    </body>
</html>
```

8.1.5　jQuery 对象

在实际开发中，用户一般操作两类对象，即 jQuery 对象和 DOM 对象。DOM 对象指的是普通的 JavaScript 对象，而 jQuery 对象则是包装 DOM 对象后产生的对象。jQuery 对象的作用是通过自身提供的一系列快捷功能来降低 DOM 操作的复杂度，提高程序的开发效率，同时解决不同浏览器间的兼容性问题。

将 jQuery 库文件引入后，在全局作用域下会增加"$"和"jQuery"两个全局变量，这两个全局变量引用的是同一个对象，称为 jQuery 顶级对象。在代码中可以使用 jQuery 代替$，但为了方便，通常直接使用$。例如，利用 jQuery 技术获取页面上的<div>元素，并将该元素设置为隐藏，参考代码如下：

```
$("div").hide();        //使用$()
jQuery("div").hide();   //使用jQuery()
```

jQuery 顶级对象类似于构造函数，用来创建 jQuery 实例化对象（简称 jQuery 对象），但它不需要使用 new 进行实例化，其内部会自动进行实例化，返回实例化后的对象。用户可以为$()传入一个参数来创建一个 jQuery 对象，也可以利用$直接调用 jQuery 静态方法，示例代码如下：

```
console.log($("div"));                   //利用$(参数)创建 jQuery 对象
console.log($.trim("   HeBei   "));      //利用$直接调用 jQuery 静态方法 trim()
```

在使用过程中，只有 jQuery 对象才能使用 jQuery 方法，DOM 对象则只能使用原生的 JavaScirpt 方法，两者不能混用，例如：

```
var myDiv=document.querySelector("div");
myDiv.hide();                            //DOM 对象调用 jQuery 方法，调用错误
$(myDiv).style.display="none";           //jQuery 对象调用 DOM 属性，调用错误
```

在上述代码中定义的 myDiv 是 DOM 对象，当 myDiv 调用 jQuery 方法 hide()时系统提示错误；$(myDiv)定义的是 jQuery 对象，当该对象调用 DOM 属性时，系统同样会提示错误。

修改上述代码，要将 DOM 对象转换成 jQuery 对象，可以将该 DOM 对象作为参数构建 jQuery 对象，参考代码如下：

```
var myDiv=document.querySelector("div");   //获取 DOM 对象
var  jqDiv = $(myDiv);                      //将 DOM 对象转换成 jQuery 对象
jqDiv.hide();                              //调用正确
```

jQuery 对象是一个封装了 DOM 元素的类数组对象，它提供了一系列属性和方法来简化对 DOM 的操作。用户可以通过索引 [index] 直接从 jQuery 对象集合中获得位于该索引位置的 DOM 元素。一旦获得了 DOM 元素，用户就可以调用它的原生 DOM 属性和方法了，参考代码如下：

```
$("div")[0].style.display="none";
$("div").get(0).style.display="none";
```

在使用 jQuery 时需要注意代码的书写位置，jQuery 代码需要写在要操作的 DOM 元素的后面，确保 DOM 元素已经加载后，再运行 jQuery 代码。如果将 jQuery 代码写在 DOM 元素前面，则代码不会生效，例如：

```
<body>
    <script>
        console.log($("div").text('world'));
    </script>
    <div>hello</div>
</body>
```

上述代码的目的是通过 jQuery 代码实现修改<div>元素的内容，但从运行结果来看，<div>元素的内容并没有被修改。其原因是 jQuery 没有找到<div>元素。如果一定要将 jQuery 代码写在 DOM 元素的前面，则可以利用 jQuery 中的页面加载事件方法，常用的语法格式有以下 3 种：

```
$(document).ready(function () {
    //页面 DOM 加载后执行的代码
 });    //语法格式 1
$().ready(function () {
    //页面 DOM 加载后执行的代码
 }); // 语法格式 2
$(function () {
    //页面 DOM 加载后执行的代码
 });// 语法格式 3
```

jQuery 提供的 3 种页面加载事件的方法，都是将页面 DOM 元素加载完成后要执行的代码提前写到函数中传给 jQuery，由 jQuery 在合适的时机去执行。利用 jQuery 的页面加载事件修改上述代码，参考代码如下：

```
<body>
    <script>
        $(function(){
            console.log($("div").text('world'));
        });
    </script>
    <div>hello</div>
</body>
```

保存并运行程序，此时网页上的<div>元素的内容显示"world"文本内容，说明程序正常执行。

需要注意的是，虽然 jQuery 页面加载事件与 window.onload 的功能类似，但是两者在使用时有一定的区别。window.onload 与 jQuery 页面加载事件对比如表 8-1 所示。

表 8-1 window.onload 与 jQuery 页面加载事件对比

对比项	window.onload	jQuery 页面加载事件
执行时机	必须等待网页中的所有内容（包括外部资源，如图片等）加载完成后才能执行	网页中的所有 DOM 结构绘制完成后就执行（可能关联内容并未加载完成）
编写个数	不能编写多个事件处理函数	能够编写多个事件处理函数
简化写法	无	$()

从表 8-1 可以看出，jQuery 页面加载事件与 JavaScript 中的 window.onload 相比，不仅可以在网页中的所有 DOM 结构绘制完成后就能立即执行，还允许注册多个事件处理函数。

任务实施

1. 下载 jQuery

打开 jQuery 的官方网站首页，如图 8-1 所示。

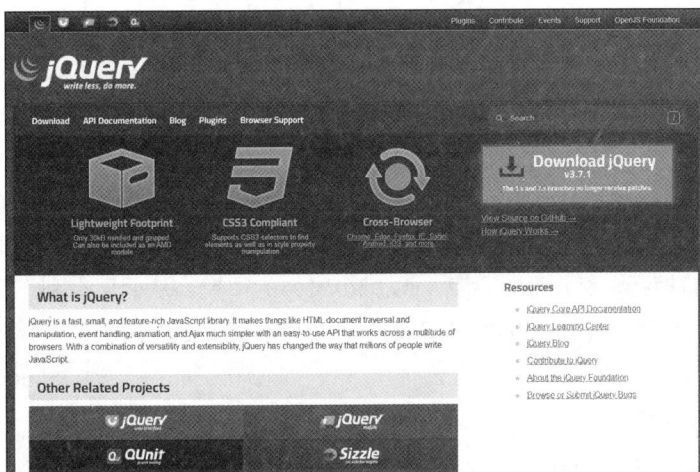

图 8-1 jQuery 官方网站首页

单击网页右上方的【Download jQuery】按钮，进行最新的 jQuery 3.x 系列版本的下载，打开页面如图 8-2 所示。

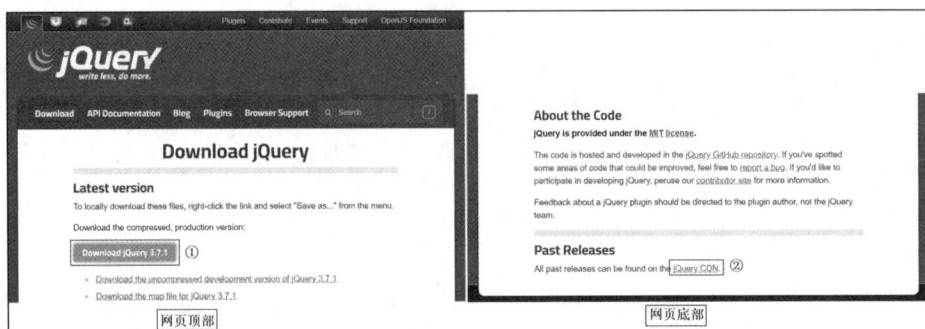

图 8-2　jQuery 3.x 系列版本下载页面

将鼠标指针移到网页顶部"Download jQuery 3.7.1"链接上（图 8-2 中的标识①）并右击，在弹出的快捷菜单中选择"将链接另存为"命令，将文件 jquery-3.7.1.min.js 下载到本地。

读者还可以通过单击图 8-2 中网页底部标识②处的"jQuery CDN"链接打开最新稳定版本页面，该页面可以任选 jQuery 1.x、jQuery 2.x 和 jQuery 3.x 系列版本进行下载，同时还可以选择各个版本的压缩版或未压缩版，如图 8-3 所示。

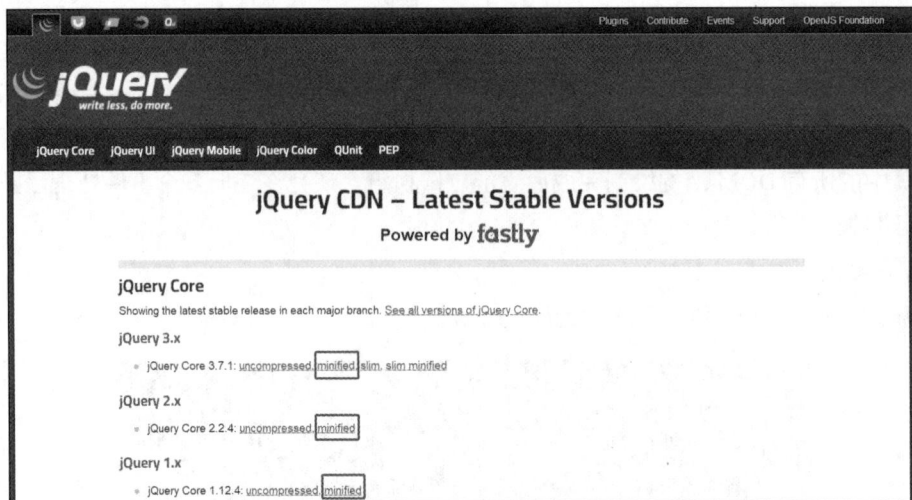

图 8-3　多版本下载页面

图 8-3 中，"uncompressed"表示未压缩版，"minified"表示压缩版。所谓压缩，指的是去掉代码中的所有换行、缩进和注释等，以减小文件的体积，从而更有利于在网络上传输。"slim"表示简化版，"slim minified"表示简化版的压缩版，简化版中没有提供 AJAX 和动画特效模块。

2. 配置运行环境

将下载的 jquery-3.7.1.min.js 文件复制到项目的指定位置，以便后续编码引用。本任务中将 jquery-3.7.1.min.js 文件复制到项目的 js 文件夹下。

3. 引入 jQuery 库文件

打开项目的 index.html 文件，在文件头部将 js 文件夹下的 jquery-3.7.1.min.js 文件引入项目中，参考代码如下：

```
<script type="text/javascript" src="js/jquery-3.7.1.min.js"></script>
```

4. 为页面添加广告图片

将图片 adbig.png 和 adsmall.png 复制到项目的 img 文件夹下，在 index.html 文件页脚的 <footer> 代码块下添加图片加载代码，参考代码如下：

```
<!--页面广告 start -->
    <div id='adBig'>
        <img id='big' src="img/adbig.png">
    </div>
    <div id='adSmall'>
        <img id='small' src="img/adsmall.png">
    </div>
<!--页面广告 end -->
```

为网页添加定时
广告特效

5. 为广告图片设置 CSS 样式

在项目的 css 文件夹下新建 adimg.css 样式文件，设置广告图片的显示位置及样式，参考代码如下：

```
#adBig {
    position: fixed;
    left: 2px;
    top: 2px;
    width: 184px;
    height: 299px;
    border: 2px darkred solid;
    display: none;
}
#big{
    width: 181px;
    height: 296px;
}
#adSmall {
    position: fixed;
    left: 2px;
    top: 2px;
    width: 184px;
    height: 84px;
    border: 2px darkred solid;
    display: none;
}
#small{
    width: 181px;
    height: 78px;
}
```

6. 引入广告样式文件

在 index.html 文件的头部引入 adimg.css 样式文件，两张广告图片的初始状态都是隐藏状态，引入 adimg.css 样式文件的参考代码如下：

227

```
<link rel="stylesheet" type="text/css" href="css/adimg.css" />
```

7. 为广告添加显示与隐藏特效 1

在项目的 js 文件夹下新建 adimg.js 文件，编写 jQuery 代码。特效 1 实现在浏览网页时，大幅广告慢慢下滑显示，3s 后慢慢上滑隐藏，参考代码如下：

```
$(function(){
    // 大幅广告慢慢下滑显示
    $("#adBig").slideDown(1000);
    // 3s 后慢慢上滑隐藏
    setTimeout("$('#adBig').slideUp(1000)",3000);
});
```

8. 引入广告特效的 JavaScript 代码

在 index.html 文件头部引入实现广告特效的代码文件 adimg.js，参考代码如下：

```
<script type="text/javascript" src='js/adimg.js'></script>
```

保存并运行程序，运行效果如图 8-4 和图 8-5 所示。

图 8-4　大幅广告慢慢下滑显示效果

图 8-5　大幅广告全部显示效果

9. 为广告添加显示与隐藏特效 2

修改 adimg.js 文件，设置大幅广告慢慢下滑显示，3s 后慢慢上滑隐藏，同时小幅广告慢慢滑动显示的特效，参考代码如下：

```
$(function(){
    // 大幅广告慢慢下滑显示
    $("#adBig").slideDown(1000);
    // 3s 后，大幅广告隐藏，小幅广告显示
    setTimeout("showImage();",3000);
});
function showImage()
{
    $("#adBig").slideUp(1000,function(){$("#adSmall").slideDown(1000);});
}
```

保存并运行程序，运行最终效果如图 8-6 所示。

图 8-6　大幅广告隐藏，小幅广告显示效果

> **说明**　任务 8.1 的广告图片显示与隐藏特效函数将在任务 8.2 中详细讲解。

任务 8.2　为网页添加轮播图特效——jQuery 应用

任务描述

为强化诗歌赏析网站的品牌形象，改善网站的用户体验，为网站头部添加轮播图特效，增添网站动感和活力。

任务分析

在上一任务中，诗歌赏析网站头部的 banner 部分显示的是一幅静态图片，要将静态图片修改为多幅图片轮播特效，可以利用 jQuery 获取元素、设置元素样式以及调用定时器等技术结合完成。

知识链接

jQuery 以快捷、高效的特点闻名，是开发者青睐的技术之一。

8.2.1　jQuery 元素获取

jQuery 元素获取

在程序开发过程中，经常需要对 HTML 元素进行操作，在操作前必须先

准确地找到对应的 DOM 元素。为此，jQuery 提供了类似 CSS 选择器的机制，利用 jQuery 选择器可以轻松地获取 DOM 元素。jQuery 支持 CSS 1.0～CSS 3.0 规则中几乎所有的选择器，如标签选择器、类选择器、ID 选择器、后代选择器等，使用$()或 jQuery()可以非常方便地获取需要操作的 DOM 元素，语法格式如下：

```
$(selector)  或   jQuery(selector)
```

如$("div")表示获取 DOM 元素中的所有<div>元素。

根据选择器获取元素方式的不同，可将选择器大致分为基本选择器、层级选择器、筛选选择器、内容选择器、可见性选择器、属性选择器、子元素选择器和表单选择器等。

1. 基本选择器

jQuery 基本选择器和 CSS 选择器非常类似，jQuery 常用基本选择器如表 8-2 所示。

表 8-2　jQuery 常用基本选择器

选择器	功能描述	示例
#id	获取指定 id 的元素	$("#lastname"); //获取 id 为 lastname 的元素
*	匹配所有元素	$("*"); //匹配所有元素
.class	获取同一类名的元素	$(".intro"); //获取所有类名为 intro 的元素
element	获取相同标签名的所有元素	$("p"); //获取所有标签名为 p 的元素
el1,el2,el3	获取多个元素	$("h1,div,p"); //同时获取所有<h1>、<div>和<p>的元素

【案例 8-2】利用基本选择器输出类名为 nav 的所有元素，并输出第一个类名为 nav 的元素的 HTML 内容，参考代码如下：

```
<body>
    <div class="nav">我是 nav div1</div>
    <div class="nav">我是 nav div2</div>
    <script>
        console.log($(".nav"));
        console.log($(".nav")[0].innerHTML);
    </script>
</body>
```

运行结果如图 8-7 所示。

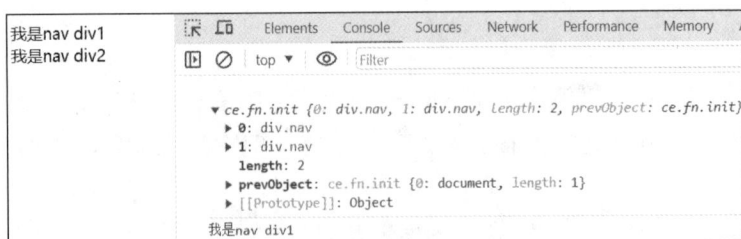

图 8-7　基本选择器使用运行结果

2. 层级选择器

jQuery 层级选择器可以通过一些指定的符号来完成多层级元素之间的获取，jQuery 常用层级选择器如表 8-3 所示。

表 8-3 jQuery 常用层级选择器

选择器	功能描述	示例
parent > child	获取父元素下的所有子元素	$("div > p"); //获取<div>元素下的所有名为 p 的直接子元素（一级）
parent descendant	获取父元素下的所有后代元素	$("div p"); //获取<div>元素下的所有名为 p 的后代元素（多级）
element + next	获取当前元素紧邻的兄弟元素	$("div + p"); //获取紧邻<div>元素的下一个名为 p 的兄弟元素
element ~ siblings	获取当前元素后的所有兄弟元素	$("div ~ p"); //获取<div>元素后的所有名为 p 的兄弟元素

【案例 8-3】分别利用层级选择器输出<ul>下的所有<li>子元素和所有<li>后代元素，参考代码如下：

```
<body>
    <ul class=".out">
        <li>我是外层 ul 的 li</li>
        <li>我是外层 ul 的 li</li>
        <li>
            <ol>
                <li>我是内层 ol 的 li</li>
                <li>我是内层 ol 的 li</li>
                <li>我是内层 ol 的 li</li>
            </ol>
        </li>
    </ul>
    <script>
        console.log($("ul>li"));     //获取<ul>下的<li>
        console.log($("ul li"));     //获取<ul>下的<li>
    </script>
</body>
```

运行结果如图 8-8 所示。

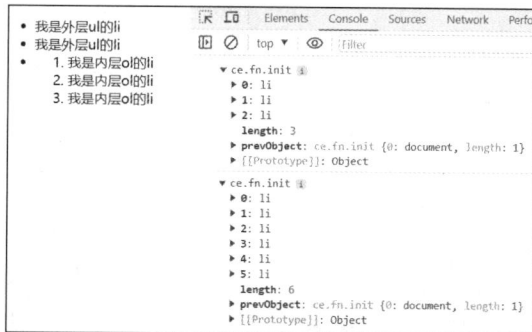

图 8-8 层级选择器使用运行结果

在使用 jQuery 选择器获取元素后，如果不考虑获取到的元素数量，直接对元素进行操作，则在操作时会发生隐式迭代。隐式迭代是指当要操作的元素实际上有多个时，jQuery 会自动对所有的元素进行操作。

【案例 8-4】利用隐式迭代的方式为所有\<li\>元素设置颜色，参考代码如下：

```html
<body>
    <ul>
        <li>梅</li>
        <li>兰</li>
        <li>竹</li>
        <li>菊</li>
    </ul>
    <script>
        console.log($("li"));              //获取所有<li>
        $("li").css("color", "pink");      //对所有<li>进行相同操作
    </script>
</body>
```

运行结果如图 8-9 所示。

在使用 jQuery 之前，若要使用原生 JavaScript 实现上述操作，需要先获取到一个元素集合，然后对集合进行遍历，取出每一个元素，再执行操作。而 jQuery 具有隐式迭代的功能，开发者不需要手动进行遍历，jQuery 会根据元素的数量自动进行处理。

- 梅
- 兰
- 竹
- 菊

图 8-9 隐式迭代使用运行结果

3．筛选选择器

开发中若需要对获取的元素进行筛选，可以使用 jQuery 提供的筛选选择器完成，jQuery 常用筛选选择器如表 8-4 所示。

表 8-4 jQuery 常用筛选选择器

选择器	功能描述	示例
:first	获取指定选择器中的第一个元素	$("li:first"); //获取第一个\<li\>元素
:last	获取指定选择器中的最后一个元素	$("li:last"); //获取最后一个\<li\>元素
:even	获取索引为偶数的指定选择器中的奇数位元素，索引默认从 0 开始	$("li:even"); //获取所有\<li\>元素中，索引为偶数的奇数位元素，如索引为 0、2、4 的第 1 个、第 3 个和第 5 个\<li\>元素
:odd	获取索引为奇数的指定选择器中的偶数位数据，索引默认从 0 开始	$("li:odd"); //获取所有\<li\>元素中，索引为奇数的偶数位元素，如索引为 1、3、5 的第 2 个、第 4 个和第 6 个\<li\>元素
:eq(index)	获取索引等于 index 的元素，索引默认从 0 开始	$("li:eq(3)"); //获取索引等于 3 的\<li\>元素
:gt(index)	获取索引大于 index 的元素	$("li:gt(3)"); //获取索引大于 3 的\<li\>元素
:lt(index)	获取索引小于 index 的元素	$("li:lt(3)"); //获取索引小于 3 的\<li\>元素
:not(seletor)	获取除指定的选择器外的其他元素	$("input:not(:empty)"); //获取所有不为空的\<input\>元素
:focus	匹配当前获取焦点的元素	$("input:focus"); //匹配当前获取焦点的\<input\>元素
:animated	匹配所有正在执行动画效果的元素	$("div:animated"); //匹配当前正在执行动画效果的\<div\>元素

【案例 8-5】 利用筛选选择器为指定元素设置样式，参考代码如下：

```
<body>
    <ul>
        <li>我是第 1 个 li，索引为 0</li>
        <li>我是第 2 个 li，索引为 1</li>
        <li>我是第 3 个 li，索引为 2</li>
        <li>我是第 4 个 li，索引为 3</li>
        <li>我是第 5 个 li，索引为 4</li>
        <li>我是第 6 个 li，索引为 5</li>
    </ul>
    <script>
        $("ul li:first").css("color", "red");
        $("ul li:eq(2)").css("color", "yellowgreen");
        $("ul li:odd").css("color","burlywood");
    </script>
</body>
```

运行结果如图 8-10 所示。

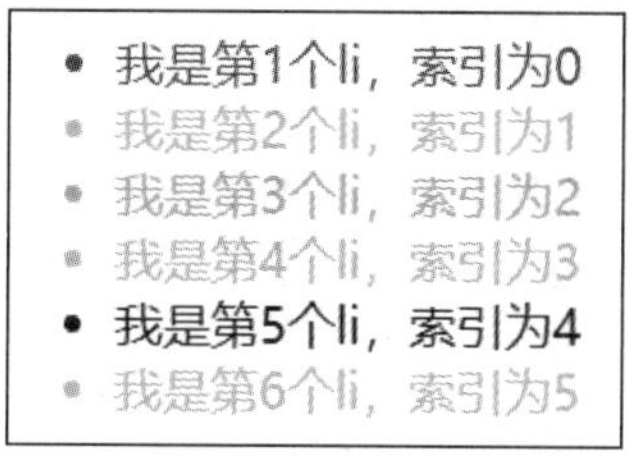

图 8-10　筛选选择器使用运行结果

4. 其他常用选择器

（1）内容选择器

jQuery 提供了根据内容完成指定元素的获取的功能，jQuery 常用内容选择器如表 8-5 所示。

表 8-5　jQuery 常用内容选择器

选择器	功能描述	示例
:contains(text)	获取内容包含 text 文本的元素	$("li:contains('Hello')"); //获取内容包含 "Hello" 的 <li>元素
:empty	获取内容为空的元素	$("li:empty"); //获取内容为空的<li>元素
:has(selector)	获取内容包含指定选择器的元素	$("li:has('a')"); //获取内容包含<a>元素的所有<li>元素
:parent	获取带有子元素或包含文本的元素	$("li:parent"); //获取带有子元素或包含文本的<li>元素

（2）可见性选择器

为了方便开发，jQuery 提供了隐藏或可见元素的获取的功能，jQuery 常用可见性选择器如表 8-6 所示。

表 8-6　jQuery 常用可见性选择器

选择器	功能描述	示例
:hidden	获取所有隐藏元素	$("li:hidden");　//获取所有隐藏的<li>元素
:visible	获取所有可见元素	$("li:visible");　//获取所有可见的<li>元素

（3）属性选择器

jQuery 中提供了根据元素的属性获取指定元素的功能，jQuery 常用属性选择器如表 8-7 所示。

表 8-7　jQuery 常用属性选择器

选择器	功能描述	示例
[attr]	获取具有指定属性的元素	$("[href]");　//获取所有具有 href 属性的元素
[attr=value]	获取属性值等于 value 的元素	$("[href='#']");　//获取所有 href 属性值等于"#"的元素
[attr!=value]	获取属性值不等于 value 的元素	$("[href!='#']");　//获取所有 href 属性值不等于"#"的元素
[attr$=value]	获取属性值以 value 结尾的元素	$("[href$='.jpg']");　//获取所有 href 属性值以".jpg"结尾的元素
[attr^=value]	获取属性值以 value 开始的元素	$("[title^='Tom']");　//获取所有 title 属性值以"Tom"开始的元素
[attr*=value]	获取属性值包含 value 的元素	$("[title*='Tom']");　//获取所有 title 属性值中包含"Tom"的元素

（4）子元素选择器

开发中若需要通过子元素的方式获取元素，则可以利用 jQuery 提供的子元素选择器完成，jQuery 常用子元素选择器如表 8-8 所示。

表 8-8　jQuery 常用子元素选择器

选择器	功能描述	示例
:nth-child(index/ even/odd/公式)	index 默认从 1 开始,获取指定 index、even、odd 或符合指定公式（如 2n，n 默认从 0 开始）的子元素	$("p:nth-child(2)");　//获取属于其父元素的第二个子元素的所有<p>元素
:first-child	获取第一个子元素	$("p:first-child");　//获取属于其父元素的第一个子元素的所有<p>元素
:last-child	获取最后一个子元素	$("p:last-child");　//获取属于其父元素的最后一个子元素的所有<p>元素
:only-child	如果当前元素是唯一的子元素,则获取	$("p:only-child");　//获取属于其父元素的唯一子元素的所有<p>元素
:nth-last-child(n)	获取父元素的第 n 个子元素，计数从父元素的最后一个子元素开始向前计算	$("p:nth-last-child(2)");　//获取属于其父元素的第二个子元素的 <p> 元素，从最后一个子元素开始计数
:nth-of-type(n)	选择同属于一个父元素，并且标签名相同的子元素中的第 n 个子元素	$("p:nth-of-type(2)");　//获取属于其父元素的第二个<p>元素的所有<p>元素

续表

选择器	功能描述	示例
:first-of-type	获取父元素下每种类型的首个子元素,基于子元素的标签类型进行筛选	$("p:first-of-type"); //获取属于其父元素的第一个\<p\>元素的所有\<p\>元素
:last-of-type	获取父元素下每种类型的最后一个子元素,基于子元素的标签类型进行筛选	$("p:last-of-type"); //获取属于其父元素的最后一个\<p\>元素的所有\<p\>元素
:only-of-type	获取所有没有兄弟元素,且具有相同的元素名称的元素	$("p:only-of-type"); //获取属于其父元素的特定类型的唯一子元素的所有\<p\>元素
:nth-last-of-type(n)	获取属于父元素的特定类型的第 n 个子元素,计数从最后一个元素开始,到第一个元素	$("p:nth-last-of-type(2)"); //获取属于其父元素的第二个\<p\>元素的所有\<p\>元素,从最后一个子元素开始计数

（5）表单选择器

表单操作在 Web 开发中是最常见的操作之一,为此,jQuery 专门提供了操作表单元素的表单选择器,jQuery 常用表单选择器如表 8-9 所示。

表 8-9　jQuery 常用表单选择器

选择器	功能描述	示例
:input	获取页面中的所有表单元素,包含\<select\>和\<textarea\>元素	$(":input"); //获取所有\<input\>元素
:text	获取所有的文本框	$(":text"); //获取所有 type="text"的\<input\>元素
:password	获取所有的密码文本框	$(":password"); //获取所有 type="password"的\<input\>元素
:radio	获取所有的单选按钮	$(":radio"); //获取所有 type="radio"的\<input\>元素
:checkbox	获取所有的复选框	$(":checkbox"); //获取所有 type="checkbox" 的\<input\>元素
:submit	获取 submit（提交）按钮	$(":submit"); //获取所有 type="submit"的\<input\>元素
:reset	获取 reset（重置）按钮	$(":reset"); //获取所有 type="reset"的\<input\>元素
:button	获取所有被用作按钮的 HTML 元素,其中既包括\<button\>元素,也包括具有 type="button"属性的\<input\> 元素	$(":button"); //获取所有 type="button"的\<input\>元素
:image	获取 type="image"的图像域	$(":image"); //获取所有 type="image"的\<input\>元素
:file	获取 type="file"的文件域	$(":file"); //获取所有 type="file"的\<input\>元素
:enabled	获取所有可用表单元素	$(":enabled"); //获取所有可用表单元素
:disabled	获取所有不可用表单元素	$(":disabled"); //获取所有不可用表单元素
:selected	获取所有被选中的表单元素,主要针对下拉列表	$(":selected"); //获取所有被选中的\<input\>元素
:checked	获取所有选中的表单元素,主要针对单选按钮和复选框	$(":checked"); //获取所有被选中的\<input\>元素

8.2.2 jQuery 元素处理

在获取页面上的元素后，jQuery 提供了一系列可以对元素进行遍历、创建、添加和删除操作的方法，同时还提供了一些用于元素内容、元素样式以及元素属性操作的方法。

1. jQuery 元素操作

jQuery 提供了一系列方法，用于元素的遍历、创建、添加和删除操作。

（1）遍历元素

jQuery 具有隐式迭代的功能，当一个 jQuery 对象中包含多个元素时，jQuery 会对这些元素进行相同的操作。如果想对这些元素进行遍历，可以使用 jQuery 提供的 each()方法，其基本语法如下：

```
$(selector).each(function(index,domEle){
//对每个元素进行操作
});
```

上述代码中，each()方法会遍历$(selector)对象中的元素。该方法的参数是一个函数。这个函数将会在遍历时被调用，每个元素调用一次该函数。在函数中，index 表示每个元素的索引，domEle 表示每个 DOM 元素的对象（不是 jQuery 对象），若想使用 jQuery 方法，需要将这个 DOM 对象转换成 jQuery 对象，即$(domEle)。

【案例 8-6】利用 each()方法遍历元素。

```
<!DOCTYPE html>
<html>
<head>
  <meta charset="UTF-8">
  <title>Document</title>
  <script src="js/jquery-3.7.1.min.js"></script>
</head>
<body>
  <ul>
    <li>我是第 1 个 li</li>
    <li>我是第 2 个 li</li>
    <li>我是第 3 个 li</li>
  </ul>
  <script>
    $('li').each(function (index, domEle) {
      console.log('第' + (index + 1) + '个 li 对象: ');
      console.log(domEle);
    });
  </script>
</body>
</html>
```

运行结果如图 8-11 所示。

$.each()方法和 each()方法的用法类似，主要用于遍历数组或对象的属性，是一种用于数据处理的实用工具，具体语法如下：

```
$.each(Object, function(index, element){
    //对每个元素进行操作
});
```

图 8-11　利用 each()方法遍历元素运行结果

其中 index 表示每个元素的索引，element 表示遍历的内容。

【案例 8-7】利用$.each()方法遍历元素。

```html
<!DOCTYPE html>
<html>
  <head>
    <meta charset="UTF-8">
    <title>Document</title>
    <script src="js/jquery-3.7.1.min.js"></script>
  </head>
  <body>
    <script>
      // 遍历数组
      var arr = ["Java", "Python", "C++"];
      $.each(arr, function (index, element) {
        console.log(index+":"+element);
      });
      // 遍历对象
      var obj = { course: "Java", credit: 3 };
      $.each(obj, function (index, element) {
        console.log(index+":"+element);
      });
    </script>
  </body>
</html>
```

运行结果如图 8-12 所示。

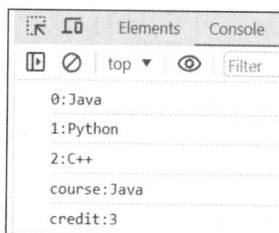

图 8-12　利用$.each()方法遍历元素运行结果

（2）创建元素

在 jQuery 中直接在$()函数中传入一个 HTML 字符串，即可方便地动态创建一个元素。

【案例 8-8】利用 jQuery 动态创建一个元素，并将元素输出到控制台，参考代码如下：

```
<script>
    $(function(){
        var li = $("<li>新增成员</li>");
        console.log(li);
    });
</script>
```

（3）添加元素

jQuery 创建完成的元素会保存在内存中，要使元素在页面上显示，需要将它添加到页面上。jQuery 添加元素的方式有两种，分别是内部添加和外部添加。内部添加是指在元素内部添加元素，用户可以指定在元素内部的最前面还是最后面添加元素，分别通过 prepend()方法和 append()方法实现。外部添加是指在目标元素的前面或者后面添加元素，分别通过 before()方法和 after()方法实现。

【案例 8-9】利用 jQuery 动态创建元素，根据需要将创建的元素添加到另一个元素的内部或者外部，参考代码如下：

```
<body>
    <ul>
        <li>兰</li>
        <li>竹</li>
    </ul>
    <script>
        var li1 = $("<li>梅</li>");
        var li2 = $("<li>菊</li>");
        $('ul').prepend(li1);   // 将 li1 元素添加到<ul>元素内部的最前面
        $('ul').append(li2);    // 将 li2 元素添加到<ul>元素内部的最后面
        var ul2 = $('<ul><li>琴</li><li>棋</li><li>书</li><li>画</li></ul>')
        $('ul').after(ul2);     // 将新增 ul2 元素添加到<ul>元素的后面
    </script>
</body>
```

运行结果如图 8-13 所示。

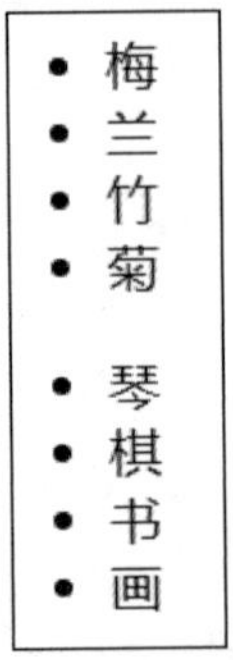

图 8-13　添加元素运行结果

（4）删除元素

常用删除元素操作一般是指删除某个元素或者某个元素的子元素，jQuery 中提供了相应的两种方法，如表 8-10 所示。

表 8-10　删除元素的方法

方法	功能描述
empty()	删除元素的子元素，但不删除元素本身
remove([selector])	删除元素的子元素和本身，可选参数选择器 selector 用于筛选元素

元素删除方法 empty() 仅能删除匹配元素的子元素，而元素本身依然存在；remove() 方法则可以同时删除匹配元素本身和匹配元素的文本内容。此外，用户还可以通过 html() 方法修改元素内容，如果在参数中传入一个空字符串，也可以实现删除元素子节点的效果，如"$('ul').html('')"。

【案例 8-10】利用 jQuery 将指定的元素删除，参考代码如下：

```
<body>
    <ul id="first">
        <li>梅</li>
        <li>兰</li>
    </ul>
    <ul id="second">
        <li>笔</li>
        <li>墨</li>
    </ul>
    <script>
        $('#first').empty();        // 删除 id 为 first 的元素的子元素
        $('#second').remove();      // 删除 id 为 second 的元素的子元素和本身
    </script>
</body>
```

运行结果如图 8-14 所示。

图 8-14　删除元素运行结果

查看运行结果，在控制台的"Elements"面板中，源代码中只有一个 id 为 first 的 <ul> 元素，说明 id 为 second 的 <ul> 元素以及 id 为 first 的 <ul> 元素的子元素全部被删除。

2. 元素内容操作

jQuery 中操作元素内容的方法主要包括 html()方法、text()方法和 val()方法。html()方法用于获取或设置元素的 HTML 内容，text()方法用于获取或设置元素的文本内容，val()方法用于获取或设置表单元素的值。具体使用说明如表 8-11 所示。

表 8-11　元素内容操作方法

方法	功能描述
html()	获取第一个匹配元素的 HTML 内容
html(htmlString)	设置第一个匹配元素的 HTML 内容为 htmlString
text()	获取所有匹配元素包含的文本内容组合起来的文本
text(text)	设置所有匹配元素的文本内容为 text
val()	获取表单元素的值
val(value)	设置表单元素的值为 value

需要注意的是，val()方法可以操作表单中下拉列表、单选按钮和复选框的选中情况。当要获取的元素是<select>元素时，返回结果是一个包含所选值的数组；当要为表单元素设置选中情况时，可以传递数组参数。

【案例 8-11】利用 jQuery 提供的操作元素内容的方法动态获取元素内容，参考代码如下：

```html
<body>
    <div id='div1'>
        我是<b>div1</b>标签下的 b 标签
    </div>
    <div id='div2'>
        我是<b>div2</b>标签下的 b 标签
    </div>
    <input type="text" value="请输入内容">
    <script>
        // 获取元素的内容
        console.log($('#div1').html());
        console.log($('#div2').text());
        console.log($('input').val());
        // 设置元素内容
        $('#div1').html('我是<b>html()</b>方法设置的内容');
        $('#div2').text('我是<b>text()</b>方法设置的内容');
        $('input').val('123456');
    </script>
</body>
```

运行结果如图 8-15 所示。

通过运行结果可以看出，获取元素内容时，html()方法获取的元素内容含有 HTML 标签（如<b>标签）；而 text()方法获取的是去除 HTML 标签的内容，是将该元素包含的文本内容组合起来的文本。设置元素内容时，html(htmlString)方法会解析 htmlString 参数中包含的 HTML 内容；而 text(text)方法不解析 text 参数中包含的 HTML 内容。

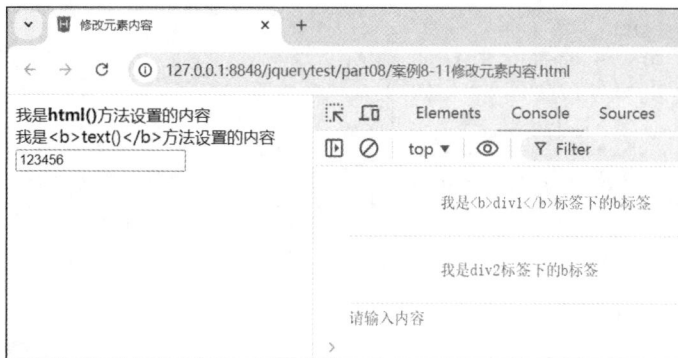

图 8-15　修改元素内容运行结果

3. 元素样式操作

jQuery 提供了两种方式用于元素样式的操作，分别是 css() 方法和设置样式类，前者通过 css() 方法直接操作元素样式，后者通过给元素添加或删除类名来操作元素样式。

（1）利用 css() 方法操作元素样式

使用 jQuery 提供的 css() 方法可以获取或者设置元素的样式，具体使用说明如表 8-12 所示。

表 8-12　css() 方法的具体使用说明

方法	功能描述
css(propertyName)	获取第一个匹配元素的样式
css(propertyName,value)	为所有匹配的元素设置样式
css(properties)	将一个键值对形式的对象 properties 设置为所有匹配元素的样式

在表 8-12 中，propertyName 是一个字符串，表示样式属性名；value 表示样式属性值；properties 表示样式对象。需要注意的是，当 css() 方法接收对象作为参数时，如果属性名由两个单词组成，需要将属性名中的 "-" 去掉，并将两个单词的首字母大写。

【案例 8-12】使用 css() 方法获取或设置元素的样式，参考代码如下：

```html
<head>
    <meta charset="UTF-8">
    <title>Document</title>
    <script src="js/jquery-3.7.1.min.js"></script>
    <style>
        div {
            width: 200px;
            height: 200px;
            background-color: yellow;
        }
    </style>
</head>
<body>
    <div>龙</div>
    <script>
        console.log($('div').css('width')); // 获取样式
        $('div').css('width', '100px');      // 设置样式
```

241

```
        // 设置多个样式
        $('div').css({
            height: '100px',
            backgroundColor: 'red',
            color: 'yellow',
            textAlign: 'center'
        });
    </script>
</body>
```

运行结果如图 8-16 所示。

（2）利用样式类操作元素样式

利用 css()方法设置单个样式时比较方便，但要同时设置多个样式时，在 css()方法中需要编写多个键值对，既不美观又不方便。而把要设置的多个样式定义在一个样式类中，通过添加或者删除类名操作元素样式就方便很多。jQuery 提供的操作元素样式的样式类的方法如表 8-13 所示。

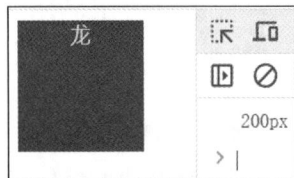

图 8-16　利用 css()方法操作元素样式运行结果

表 8-13　jQuery 提供的操作元素样式的样式类的方法

方法	功能描述
addClass(className)	为每个匹配的元素追加指定类名的样式
removeClass(className)	从所有匹配的元素中删除全部或者指定类名的样式
toggleClass(className)	判断指定类名的样式是否存在，存在则删除，不存在则添加

【案例 8-13】利用样式类实现 Tab 栏切换效果，基本步骤如下。

① 首先将 jquery-3.7.1.min.js 文件放到项目的 js 文件夹下。

② 在 css 文件夹下定义 flowers.css 样式文件，样式定义参考如下：

Tab 栏切换特效

```
* {
    margin: 0;
    padding: 0;
}
li {
    list-style-type: none;
}
.tab {
    width: 600px;
    margin: 100px auto;
}
.tab_list {
    height: 39px;
    border: 1px solid #ccc;
    background-color: #f1f1f1;
}
.tab_list li {
    float: left;
    height: 39px;
    line-height: 39px;
    padding: 0 20px;
```

```css
        text-align: center;
        cursor: pointer;
}
.tab_list .current {
        background-color: #c81623;
        color: #fff;
}
.item {
        display: none;
        text-align: center;
}
```

③ 编写 HTML 代码，参考代码如下：

```html
<!DOCTYPE html>
<html>
    <head>
        <meta charset="UTF-8">
        <title>Document</title>
        <link type="text/css" rel="stylesheet" href="css/flowers.css" />
        <script src="js/jquery-3.7.1.min.js"></script>
    </head>
    <body>
        <div class="tab">
            <div class="tab_list">
                <ul>
                    <li class="current">梅花</li>
                    <li>兰花</li>
                    <li>竹子</li>
                    <li>菊花</li>
                    <li>牡丹</li>
                </ul>
            </div>
            <div class="tab_con">
                <div class="item" style="display: block;">
                    <h1>梅花</h1>
                    <img src="img/meihua2.gif" width="600px" />
                </div>
                <div class="item">
                    <h1>兰花</h1><img src="img/lanhua.png" width="600px" />
                </div>
                <div class="item">
                    <h1>竹子</h1><img src="img/zhuzi.png" width="600px" />
                </div>
                <div class="item">
                    <h1>菊花</h1><img src="img/juhua.png" width="600px" />
                </div>
                <div class="item">
                    <h1>牡丹</h1><img src="img/mudan2.GIF" width="600px" />
                </div>
            </div>
        </div>
```

243

```
        <script>
            $(".tab_list li").click(function() {
                /*$(this).addClass("current");
                $(this).siblings().removeClass("current");*/
                $(this).addClass("current").siblings().removeClass("current");
                var index = $(this).index();
                $(".tab_con .item").eq(index).show().siblings().hide();
            });
        </script>
    </body>
</html>
```

保存并运行程序，运行结果如图 8-17 所示。

图 8-17　Tab 栏切换运行结果

当用户单击页面不同的标签时，在标签栏下方会显示相应内容。

4．元素属性操作

jQuery 提供了一些操作元素属性的方法，利用这些方法可以快捷地操作元素属性，常用的元素属性操作方法如表 8-14 所示。

表 8-14　常用的元素属性操作方法

方法	功能描述
attr(name)	获取第一个匹配元素的自定义属性值，获取失败则返回 undefined
attr(name, value)	为所有匹配的元素设置一个自定义属性值
attr(properties)	将一个键值对形式的对象 properties 设置为所有匹配元素的自定义属性
removeAttr(name)	从每一个匹配的元素中删除一个属性
prop(name)	获取第一个匹配元素的属性值，获取失败则返回 undefined
prop(name, value)	为所有匹配的元素设置一个属性
prop(properties)	将一个键值对形式的对象 properties 设置为所有匹配元素的属性
data(name)	获取指定元素上存储的数据
data(name, value)	设置指定元素上存储的数据

在表 8-14 中，参数 name 表示属性名，value 表示属性值；data()方法除了可以获取或设置指定元素上存储的数据，还可以读取以"data-"开头的属性。

需要注意的是，当用户操作表单元素（如下拉列表、单选按钮）时，如果表单元素的选中状态发生了改变，则使用 attr() 方法无法获取属性，此时推荐使用 prop() 方法。

【案例 8-14】利用 jQuery 提供的操作元素属性的方法动态操作 <div> 元素的属性，参考代码如下：

```html
<head>
    <meta charset="UTF-8">
    <title>Document</title>
    <script src="js/jquery-3.7.1.min.js"></script>
    <style>
        .first {
            background-color:darkseagreen;
            }
        .second {
            width: 200px;
            height: 100px;
            border: 2px solid red;
        }
    </style>
</head>
<body>
    <div class="first">元素属性操作</div>
    <script>
        // 设置元素属性
        $('div').attr('class', 'second');
        $('div').attr('data-index', 3);
        // 获取元素属性
        console.log($('div').attr('class'));
        console.log($('div').attr('data-index'));
        // 删除元素属性
        $('div').removeAttr('data-index');
        console.log($('div').attr('class'));
        console.log($('div').attr('data-index'));
    </script>
</body>
```

保存并运行程序，运行结果如图 8-18 所示。

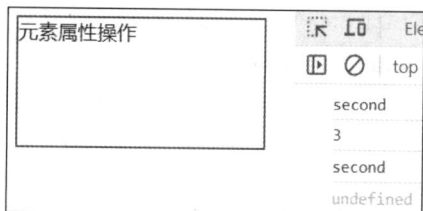

图 8-18　元素属性操作运行结果

8.2.3　jQuery 事件机制

事件的处理在 jQuery 中是一个很重要的功能。jQuery 简化了事件的操作，用户可以直接调用相关事件的操作方法来实现事件的处理。页面事件、表单事件、鼠标事件以及键盘事件等，都可以用 jQuery 来完成。

1. 事件注册

在 jQuery 中，实现事件注册有两种方式，一种是通过事件方法进行注册，另一种是通过 on()方法进行注册。

（1）通过事件方法注册事件

在 jQuery 中通过事件方法注册事件是通过调用某个事件方法，如调用 click()、change()等，并传入事件处理函数实现事件注册。jQuery 的事件方法和 DOM 中的事件属性相比，省略了开头的"on"，如 jQuery 中的 click()事件方法对应 DOM 中的 onclick 事件属性。并且，jQuery 的事件方法允许为一个事件绑定多个事件处理函数，只需多次调用事件方法，传入不同的函数即可。jQuery 中的一些常用的事件方法如表 8-15 所示。

jQuery 事件机制

表 8-15　jQuery 中的一些常用的事件方法

分类	方法	功能描述
表单 事件	blur([[eventData], handler])	当元素失去焦点时触发
	focus([[eventData], handler])	当元素获得焦点时触发
	change([[eventData], handler])	当元素的值发生改变时触发
	focusin([[eventData], handler])	在父元素上检测子元素获得焦点的情况
	focusout([[eventData], handler])	在父元素上检测子元素失去焦点的情况
	select([[eventData], handler])	当文本框（包括\<input\>和\<textarea\>）中的文本被选中时触发
	submit([[eventData], handler])	当表单提交时触发
键盘 事件	keydown([[eventData], handler])	按键盘按键时触发
	keypress([[eventData], handler])	按键盘按键（【Shift】、【Fn】、【Caps Lock】等非字符键除外）时触发
	keyup([[eventData], handler])	键盘按键释放时触发
鼠标 事件	mouseover([[eventData], handler])	当鼠标指针移入元素或其子元素时触发
	mouseout([[eventData], handler])	当鼠标指针移出元素或其子元素时触发
	mouseenter([[eventData], handler])	当鼠标指针移入元素时触发
	mouseleave([[eventData], handler])	当鼠标指针移出元素时触发
	click([[eventData], handler])	当单击元素时触发
	dblclick([[eventData], handler])	当双击元素时触发
	mousedown([[eventData], handler])	当鼠标指针移动到元素上方，并按鼠标按键时触发
	mouseup([[eventData], handler])	当在元素上释放鼠标按键时触发
浏览器 事件	scroll([[eventData], handler])	当滚动条发生变化时触发
	resize([[eventData], handler])	当调整浏览器窗口的大小时触发

在表 8-15 中，参数 handler 表示触发事件时执行的事件处理函数，参数 eventData 表示事件处理函数传入的数据，可以使用"事件对象.data"获取该数据。

【案例 8-15】设计一个表格，利用 jQuery 样式操作为表格内容区域添加隔行变色效果。为表格注册鼠标事件，当鼠标指针移入表格的内容行时，该行背景色变为粉红色，当鼠标指针移出时恢复默认颜色，参考代码如下：

```
<!DOCTYPE html>
<html>
    <head>
        <meta charset="UTF-8">
        <title>Document</title>
        <script src="js/jquery-3.7.1.min.js"></script>
        <style>
            table {
                width: 800px;
                margin: 100px auto;
                text-align: center;
                border-collapse: collapse;
                font-size: 14px;
            }
            thead tr {
                height: 30px;
                background-color: skyblue;
            }
            tbody tr {
                height: 30px;
            }
            tbody td {
                border-bottom: 1px solid #d7d7d7;
                font-size: 12px;
            }
            .bg {
                background-color: pink;
            }
        </style>
    </head>
    <body>
        <table>
            <thead>
                <tr>
                    <th>编号</th><th>名称</th><th>重量</th><th>产地</th>
                </tr>
            </thead>
            <tbody>
                <tr>
                    <td>001</td><td>苹果</td><td>3000kg</td><td>河北</td>
                </tr>
                <tr>
                    <td>002</td><td>杧果</td><td>4000kg</td><td>海南</td>
                </tr>
                <tr>
                    <td>003</td><td>荔枝</td><td>2000kg</td><td>广东</td>
                </tr>
                <tr>
```

```
                    <td>004</td><td>龙眼</td><td>4000kg</td><td>福建</td>
                </tr>
                <tr>
                    <td>005</td><td>木瓜</td><td>5000kg</td><td>海南</td>
                </tr>
            </tbody>
        </table>
        <script>
            $("tbody tr:even").css("color", "#00BBFF");
            $("tbody tr").mouseover(function() {
                $(this).addClass("bg");
             //   $(this).siblings("tr").removeClass("bg");
            });
            $("tbody tr").mouseout(function() {
                $(this).removeClass("bg");
            });
        </script>
    </body>
</html>
```

保存并浏览网页，运行结果如图 8-19 所示。

编号	名称	重量	产地
001	苹果	3000kg	河北
002	忙果	4000kg	海南
003	荔枝	2000kg	广东
004	龙眼	4000kg	福建
005	木瓜	5000kg	海南

图 8-19   表格特效运行结果

上例中为表格的内容行注册了鼠标指针的移入、移出事件，$(this)表示触发事件的元素的 jQuery 对象，this 表示当前 DOM 对象。

在 jQuery 中，如果一直对同一个元素或元素的其他关系元素（兄弟元素、父子元素）进行操作，那么可以使用“.语法”，一直写下去，这就是 jQuery 中的链式编程，使用链式编程可以大大减少代码量，让代码看起来更简洁。利用链式编程优化设计，参考代码如下：

```
<script>
    $("tbody tr:even").css("color", "#00BBFF");
    $("tbody tr").mouseover(
        function(){
            $(this).addClass("bg").siblings().removeClass("bg");
        }
    );
</script>
```

（2）通过 on()方法绑定事件处理函数

jQuery 提供的 on()方法用于为元素绑定一个或多个事件处理函数，基本语法如下：

```
// 用法1: 一次绑定一个事件处理函数
element.on(event, fn);
```

```
// 用法 2：一次绑定多个事件处理函数
element.on({ event: fn }, { event: fn }, …);
// 用法 3：为不同事件注册相同的事件处理函数
element.on(events, fn);
```

其中，event 表示事件类型，如 click、mouseover 等；events 表示多个事件类型，每个事件类型之间使用空格分隔；fn 表示回调函数，即绑定在元素身上的监听函数。

对上例进行修改，利用 on()方法的形式实现鼠标指针的移入、移出效果的事件注册，参考代码如下：

```
<script>
    $("tbody tr:even").css("color", "#00BBFF");
    $("tbody tr").on({
        mouseover:function() {
            $(this).addClass("bg");
        },
        mouseout:function() {
            $(this).removeClass("bg");
        }
    });
</script>
```

通过 on()方法为表格的内容行注册鼠标指针移入和鼠标指针移出两个事件处理函数，运行效果与【案例 8-15】的相同。

此外，jQuery 还提供了 hover()方法，可以代替鼠标指针移入、移出事件，语法如下：

```
element.hover(over, out)
```

其中，over 表示鼠标指针移入元素时执行的事件处理函数，out 表示鼠标指针移出时执行的事件处理函数。利用 hover()方法再次修改上例代码，运行效果与【案例 8-15】的相同，修改代码参考如下：

```
<script>
    $("tbody tr:even").css("color", "#00BBFF");
    $("tbody tr").hover(
        function(){
            $(this).addClass("bg");
        },
        function() {
            $(this).removeClass("bg");
        }
    );
</script>
```

2. 事件委托

jQuery 中事件委托通过 on()方法实现，具体用法如下：

```
element.on(event, selector, fn)
```

其中，event 表示事件类型，selector 表示子元素选择器，fn 表示事件处理函数。事件委托的优势在于，可以为未来动态创建的元素注册事件，其原理是将事件委托给父元素后，在父元素中动态创建的子元素也会拥有事件。

【案例 8-16】定义一个无序序列，将子元素的单击事件委托给父元素，并且新增的子元素也拥有单击事件，参考代码如下：

```
<!DOCTYPE html>
<html>
    <head>
        <meta charset="UTF-8">
        <title>Document</title>
        <script src="js/jquery-3.7.1.min.js"></script>
        <style>
            .mystyle{
                background-color: pink;
            }
        </style>
    </head>
    <body>
        <div id="father">
            <p>梅花</p>
            <p>兰花</p>
        </div>
        <button>添加新元素</button>
        <script>
            $('#father').on('click', 'p', function() {
                $(this).toggleClass("mystyle");
            });
            // 动态创建<p>元素
            $('button').on('click',function(){
                $('#father').append('<p>新品花卉</p>');
            });
        </script>
    </body>
</html>
```

保存并运行程序，运行结果如图 8-20 所示。

在运行界面，单击原来的\<p\>元素以及新增\<p\>元素，都能进行元素背景的切换。

3. 事件触发

一般情况下，为元素注册事件后，由用户或浏览器触发事件，若希望某个事件在程序中被触发，就需要手动触发这个事件。在 jQuery 中，实现事件手动触发一般有 3 种方式：通过事件方法实现事件触发，通过 trigger() 方法实现事件触发，通过 triggerHandler() 方法实现事件触发。

（1）通过事件方法实现事件触发

在 jQuery 中，调用事件方法不仅可以实现事件注册，还可以实现事件触发，两者的区别在于是否传入参数，传入参数表示事件注册，不传入参数表示事件触发，示例代码如下：

【案例 8-17】通过事件方法实现事件注册与触发。

```
<body>
  <input type="text">
```

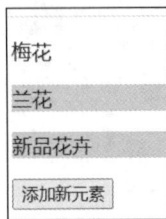

图 8-20 事件委托运行结果

```
  <script>
    // 事件注册
    $('input').focus(function () {
      $(this).val('你好呀! (*￣▽￣)')
    });
    // 事件触发
    $('input').focus()
  </script>
</body>
```

在上述代码中，如果只有事件注册代码段，单击文本框，文本框获取焦点后会自动填充文字内容；当加入事件触发代码段后，页面加载完毕后文本框会自动获取焦点，并会自动填充文字内容。

（2）通过 trigger()方法实现事件触发

通过 trigger()方法可以触发指定事件，修改代码参考如下：

```
<body>
  <input type="text">
  <script>
    // 注册获取焦点事件
    $('input').focus(function () {
      $(this).val('你好呀! (*￣▽￣)')
    });
    // 触发获取焦点事件
    $('input').trigger('focus');
  </script>
</body>
```

在上述代码中，通过 trigger('focus')方法自动触发文本框的获取焦点事件。

（3）通过 triggerHandler()方法实现事件触发

通过事件方法和 trigger()方法触发事件时，都会执行元素的默认行为，而通过 triggerHandler()方法触发事件不会执行元素的默认行为。所谓元素的默认行为，指的是用户执行某个动作后元素自动发生的行为，例如在前面两个案例中，文本框获取焦点时有光标闪烁现象，如果使用 triggerHandler()方法触发事件则不会有光标闪烁现象。

通过 triggerHandler()方法触发事件，修改代码参考如下：

```
<body>
  <input type="text">
  <script>
    // 注册获取焦点事件
    $('input').focus(function () {
      $(this).val('你好呀! (*￣▽￣)')
    });
    // 触发获取焦点事件
    $('input').triggerHandler('focus');
  </script>
</body>
```

在上述代码中，通过 triggerHandler('focus')方法自动触发文本框的获取焦点事件，此时文本框没有光标闪烁的默认行为。

4．事件解除

事件解除指的是解除元素所注册的事件，jQuery 提供了 off()方法以解除元素上注册的事件。off()方法主要有以下 3 种常用的形式：

```
element.off();                    // 解除元素上的所有事件
element.off(event);               // 解除元素上指定的事件
element.off(event, selector);     // 解除元素上的事件委托
```

在上述代码中，当 off()方法不传入参数时，表示解除元素上的所有事件；当 off()方法有 1 个参数时，参数 event 表示事件类型，此时将解除元素上指定的事件；当 off()方法有 2 个参数时，selector 表示子元素选择器，此时将解除元素上的事件委托。

【案例 8-18】为注册事件的元素解除事件，参考代码如下：

```
<body>
  <input type="text">
  <script>
    // 事件注册
    $('input').focus(function () {
      $(this).val('你好呀! (*￣︶￣)')
    });
    // 事件解除
    $('input').off('focus');
  </script>
</body>
```

运行程序，此时文本框的获取焦点事件已经被解除，再次单击文本框时，文本框不会再自动填充文字内容。

在程序开发中，如果某个元素的某个事件只需要触发一次，传统方式是先给元素绑定事件，事件触发后再解除事件，这样实现起来比较麻烦。jQuery 提供了一个 one()方法，可以简单、快速地实现此功能。

【案例 8-19】one()方法的使用。

```
<body>
  <input type="text">
  <script>
    // 事件注册
    $('input').one('focus',function () {
      $(this).val('你好呀! (*￣︶￣)')
    });
    $('input').on('blur',function () {
      $(this).val('不刷新就只有一次机会! ')
    });
  </script>
</body>
```

浏览网页，利用 one()方法注册的文本框获取焦点事件只会被触发一次，只有再次刷新页面才能再次执行一次该事件。

8.2.4 jQuery 动画特效

适当加入动画特效的网页在视觉上更加灵动、美观，可以大大提升用户体验。jQuery 中内置了一系列动画方法，当此类方法不能满足实际需求时，用户还可以自定义动画。

1. 内置动画

jQuery 提供了许多动画效果，比如元素的显示/隐藏效果、滑动效果、淡入/淡出效果等，还提供了一些方法用于控制动画的执行，比如停止动画等。jQuery 中常用的内置动画方法如表 8-16 所示。

jQuery 动画特效

表 8-16　jQuery 中常用的内置动画方法

分类	方法	功能描述
显示/隐藏	show([speed][, easing][, fn])	显示被隐藏的匹配元素
	hide([speed][, easing][, fn])	隐藏已显示的匹配元素
	toggle([speed][, easing][, fn])	元素显示与隐藏切换
滑动	slideDown([speed][, easing][, fn])	垂直滑动显示匹配元素（向下增大）
	slideUp([speed][, easing][, fn])	垂直滑动隐藏匹配元素（向上减小）
	slideToggle([speed][, easing][, fn])	在 slideUp() 和 slideDown() 两种效果间切换
淡入/淡出	fadeIn([speed][, easing][, fn])	淡入显示匹配元素
	fadeOut([speed][, easing][, fn])	淡出隐藏匹配元素
	fadeTo(speed, opacity[, easing][, fn])	以淡入/淡出方式将匹配元素调整到指定的透明度
	fadeToggle([speed][, easing][, fn])	在 fadeIn() 和 fadeOut() 两种效果间切换
停止	stop(stopAll,goToEnd)	停止动画，适用于所有 jQuery 效果

在表 8-16 中，参数 speed 表示动画的执行速度，可设置为毫秒值（如 1000）或预定的 3 种速度（slow、fast 和 normal）；参数 easing 表示缓动效果，默认效果为 swing（开始和结束慢，中间快），还可以使用 linear（勾速）；参数 fn 表示在动画完成时执行的函数；参数 opacity 表示透明度数字（范围为 0～1，0 代表完全透明，0.5 代表透明度为 50%，1 代表完全不透明）。

【案例 8-20】为网页添加展示图片和控制按钮，单击不同按钮，分别控制图片的淡入/淡出、显示/隐藏，以及滑动动画效果，参考代码如下：

```
<!DOCTYPE html>
<html>
  <head>
    <meta charset="UTF-8">
    <title>Document</title>
    <script src="js/jquery-3.7.1.min.js"></script>
  </head>
  <body>
    <button id='btn1'>显示</button>
        <button id='btn2'>隐藏</button>
        <button id='btn3'>切换</button>
```

```
        <button id='btn4'>滑动显示</button>
        <button id='btn5'>滑动隐藏</button>
        <button id='btn6'>滑动切换</button>
        <br /><br />
    <div>
        <img src="img/meihua2.gif" />
    </div>
    <script>
        //1.淡入/淡出效果
        $("div").fadeTo(5000, 0.5);
        $("div").hover(function () {
            $(this).fadeTo(500, 1);
        }, function () {
            $(this).fadeTo(500, 0.5);
        });
        //2.显示/隐藏效果
        $("#btn1").click(function () {
            $("div").show(5000);
        });
        $("#btn2").click(function () {
            $("div").hide(5000);
        });
        $("#btn3").click(function () {
            $("div").toggle(2000);
        });

        //3.滑动显示/隐藏效果
        $("#btn4").click(function () {
            $("div").slideDown(5000);
        });
        $("#btn5").click(function () {
            $("div").slideUp(5000);
        });
        $("#btn6").click(function () {
            $("div").slideToggle(2000);
        });
    </script>
  </body>
</html>
```

　　在上述代码中，如果没有添加 jQuery 特效代码，程序会显示 6 个按钮以及一幅图片，运行效果如图 8-21 所示。

　　添加第一部分淡入/淡出效果代码，浏览网页时，图片加载完毕后会在 5s 内以 0.5 的透明度进行显示；当鼠标指针移入图片时，图片会在 0.5s 内恢复成正常显示；当鼠标指针移出图片时，图片会在 0.5s 内再次以 0.5 的透明度进行显示，运行效果如图 8-22 所示。

　　添加第二部分显示/隐藏效果代码，浏览网页，单击【隐藏】按钮，图片会在 5s 内由原始尺寸向左上角收缩，透明度从 1 变为 0，直至隐藏；单击【显示】按钮，图片会在 5s 内会由左上角向右下角慢慢放大，直到恢复到原始尺寸，同时透明度从 0 变为 1；当单击【切换】按钮时，图片在显示和隐藏两个状态间相互切换，运行效果如图 8-23 所示。

图 8-21　未添加 jQuery 特效代码的运行效果

图 8-22　图片以 0.5 的透明度进行显示的运行效果

添加第三部分滑动显示/隐藏效果代码，浏览网页，单击【滑动隐藏】按钮，图片会向上滑动隐藏；单击【滑动显示】按钮，图片会向下滑动显示；当单击【滑动切换】按钮时，图片在滑动显示和滑动隐藏两个状态间相互切换，运行效果如图 8-24 所示。

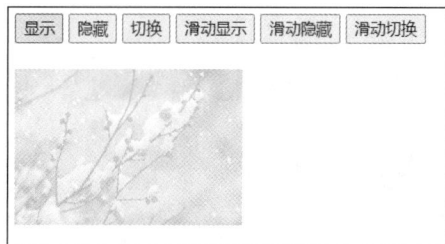

图 8-23　图片在显示和隐藏两个状态间
相互切换运行效果

图 8-24　图片在滑动显示和滑动隐藏两个状态间
相互切换运行效果

在运行上述代码的过程中，如果在短时间内反复单击按钮触发事件，即使用户停止动作，触发的事件也不会终止，图片会一直按照触发事件的顺序依次执行，直到所有事件执行完毕。这样就造成动画显示效果的混乱，为此 jQuery 提供了停止动画的方法以解决此类问题。

在 jQuery 调用动画的过程中，如果在同一个元素上调用一个以上的动画方法，那么对于这个元素来说，除了当前正在调用的动画，其他动画都将被放到效果队列中，这样就形成了动画队列。动画队列中的所有动画都是按照顺序执行的，默认只有当前动画执行完毕，才会执行后面的动画。为此，jQuery 提供了 stop()方法用于停止动画。通过此方法，可以让动画队列后面的动画提前执行。stop()方法适用于所有的 jQuery 效果，基本语法如下：

```
$(selector).stop(stopAll, goToEnd);
```

在上述语法中，两个参数都是可选的，其中，stopAll 参数用于规定是否清除动画队列，默认是 false；goToEnd 参数用于规定是否立即完成当前的动画，默认是 false。

【案例 8-21】为动画添加停止方法，优化【案例 8-20】的设计，参考代码如下：

```
<!DOCTYPE html>
<html>
  <head>
    <meta charset="UTF-8">
    <title>Document</title>
    <script src="js/jquery-3.7.1.min.js"></script>
  </head>
  <body>
    <button id='btn1'>显示</button>
        <button id='btn2'>隐藏</button>
        <button id='btn3'>切换</button>
        <button id='btn4'>滑动显示</button>
        <button id='btn5'>滑动隐藏</button>
        <button id='btn6'>滑动切换</button>
        <br /><br />
    <div>
        <img src="img/meihua2.gif" />
    </div>
    <script>
        //1.淡入/淡出效果
        $("div").fadeTo(5000, 0.5);
        $("div").hover(function () {
          $(this).stop(true).fadeTo(500, 1);
        }, function () {
          $(this).stop(true).fadeTo(500, 0.5);
        });
        //2.显示/隐藏效果
        $("#btn1").click(function () {
          $("div").stop(true).show(5000);
        });
        $("#btn2").click(function () {
          $("div").stop(true).hide(5000);
```

```
  });
  $("#btn3").click(function () {
    $("div").stop(true).toggle(2000);
  });
  //3.滑动显示/隐藏效果
  $("#btn4").click(function () {
    $("div").stop(true).slideDown(5000);
  });
  $("#btn5").click(function () {
    $("div").stop(true).slideUp(5000);
  });
  $("#btn6").click(function () {
    $("div").stop(true).slideToggle(2000);
  });
    </script>
  </body>
</html>
```

运行程序，在页面中单击哪个按钮，就会立即执行哪个按钮对应的当前事件，即使有前面没有执行完的事件也会立即停止，这样不会造成动画显示效果的混乱。

2. 自定义动画

为了满足动画实现的灵活性需求，解决单个方法实现单个动画的单一性问题，jQuery 中提供了 animate()方法让用户可以自定义动画。

animate()方法允许用户定义一系列 CSS 属性的变化，从而使元素从当前状态平滑过渡到目标状态。这些 CSS 属性值的逐渐改变会产生动画效果，为网页增添动态视觉效果。

注意：只有使用数字值可创建动画（如"margin:30px"），使用字符串值无法创建动画（如"background- color:red"）。其基本语法如下：

```
$(selector).animate(styles[, speed][, easing][, fn])
```

其中，styles 表示想要更改的样式，以对象形式传递。

【案例 8-22】自定义动画，实现图片的放大、缩小动画。

```
<body>
    <button id='btn1'>放大</button>
    <button id='btn2'>恢复</button>
    <button id='btn3'>缩小</button>
    <br /><br />
    <img src="img/meihua2.gif" width="200px" />
    <script>
      $("#btn1").click(function () {
        $("img").animate({opacity:1,width:400},1000);
      });
      $("#btn2").click(function () {
        $("img").animate({opacity:0.6,width:200},1000);
      });
      $("#btn3").click(function () {
        $("img").animate({opacity:0.2,width:100},1000);
      });
    </script>
</body>
```

保存并运行程序，运行效果如图 8-25 所示。单击【放大】按钮，图片放大；单击【缩小】按钮，图片缩小；单击【恢复】按钮，图片恢复到初始状态。

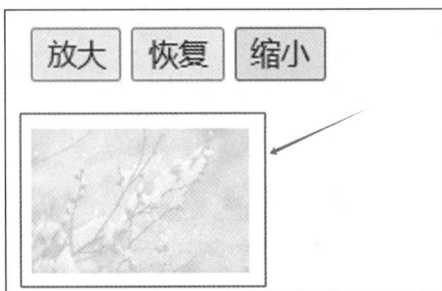

图 8-25　【案例 8-22】运行效果

任务实施

1. 为网页添加轮播图

准备实现轮播效果的图片素材，并将图片复制到项目的 img 文件夹下。打开项目的 index.html 页面，找到 id="imgContainer"的<div>元素，在<div>元素中添加参与图片轮播的 7 幅图片、向前和向后切换图片的按钮，以及跟随图片滚动的小圆点，参考代码如下：

```
<div id="imgContainer">
    <div class="wrapper">
        <div class="contain">
            <img src="img/1.jpg" alt="">
            <img src="img/2.jpg" alt="">
            <img src="img/3.jpg" alt="">
            <img src="img/4.jpg" alt="">
            <img src="img/5.jpg" alt="">
            <img src="img/6.jpg" alt="">
            <img src="img/7.jpg" alt="">
        </div>
        <div class="btn">
            <span class="active"></span>
            <span></span>
            <span></span>
            <span></span>
             <span></span>
            <span></span>
            <span></span>
        </div>
        <a href="javascript:void(0);"><b>&lt;</b></a>
        <a href="javascript:void(0);"><b>&gt;</b></a>
    </div>
</div>
```

为网页添加轮播图特效

2. 设计 CSS 样式

在项目的 css 文件夹下新建 lunbo.css 样式文件，添加轮播图片元素的 CSS 样式设计，参考代码如下：

```
.wrapper {
    width: 740px;
```

```css
    height: 339px;
    border: 1px solid red;
    position: relative;
}
/*7 幅图片叠加到一起 */
.wrapper img {
    width: 100%;
    height: 100%;
    position: absolute;
    left: 0;
    top: 0;
    display: none;
}
.wrapper img:nth-of-type(1) {
    display: block;
}
/* 小圆点 */
.btn {
    width: 150px;
    display: flex;
    justify-content: space-around;
    position: absolute;
    left: 297px;
    bottom: 10px;
    z-index: 100;
}
.btn span {
    display: block;
    width: 15px;
    height: 15px;
    border: 3px solid white;
    border-radius: 50%;
}
/*左右箭头 */
.wrapper a {
    text-decoration: none;
    font-size: 50px;
    color: red;
    position: absolute;
    top: 35%;
}
.wrapper a:nth-of-type(1) {
    left: 10px;
}
.wrapper a:nth-of-type(2) {
    right: 10px;
}
.active {
    background-color: red;
}
```

3. 编写 JavaScript 代码

在项目的 js 文件夹下新建 lunbo.js 文件，添加轮播事件处理程序，参考代码如下：

```javascript
$(function(){
    var index = 0;
    // 单击上一张
    $(".wrapper a:first").click(function(){
        prev_pic();
    })
    // 单击下一张
    $(".wrapper a:last").click(function() {
        next_pic();
    })
    // 悬浮停止
    $(".wrapper").mouseover(function() {
        clearInterval(id);
    });
    $(".wrapper").mouseout(function() {
        autoplay();
    });
    // 下一张
    function next_pic() {
        index++;
        if(index > 6) {
            index = 0;
        }
        addstyle();
    }
    // 上一张
    function prev_pic() {
        index--;
        if(index < 0) {
            index = 6;
        }
        addstyle();
    }
    //控制图片显示和隐藏，以及小圆点的背景色
    function addstyle() {
        $(".contain img").eq(index).fadeIn();
        $(".contain img").eq(index).siblings().fadeOut();
        $(".btn span").eq(index).addClass("active");
        $(".btn span").eq(index).siblings().removeClass("active");
    }
    // 自动轮播
    var id;
    autoplay();
    function autoplay() {
        id = setInterval(function() {
            next_pic();
        }, 2000)
    }
});
```

4. 进入外部文件

在 index.html 文件头部分别引入 lunbo.css、lunbo.js 和 jQuery 库文件，参考代码如下：

```
<link rel="stylesheet" type="text/css" href="css/lunbo.css" />
<script type="text/javascript" src="js/jquery-3.7.1.min.js"></script>
<script type="text/javascript" src='js/lunbo.js'></script>
```

保存并运行程序，浏览网页时，网页自动进行图片轮播，如图 8-26 所示。

图 8-26　网页自动进行图片轮播运行效果

知识拓展

1. jQuery 尺寸方法

在 jQuery 中，尺寸方法用来获取或者设置元素的宽度和高度。jQuery 中常用的尺寸方法如表 8-17 所示。

表 8-17　jQuery 中常用的尺寸方法

方法	说明
width()	获取第一个匹配元素的当前宽度（返回数值型结果）
width(value)	为所有匹配的元素设置宽度（value 可以是字符串或数字）
height()	获取第一个匹配元素的当前高度（返回数值型结果）
height(value)	为所有匹配的元素设置高度（value 可以是字符串或数字）
outerWidth([includeMargin])	获取匹配元素集中第一个元素的外部宽度。includeMargin 参数可选，用于指定是否将元素的外边距计算在内，默认为 false，表示计算的宽度不包含外边距
outerWidth(value [, includeMargin])	为所有匹配的元素设置外部宽度为 value

在表 8-17 中，所有方法的返回值都是数值型。

2. jQuery 位置方法

jQuery 中常用的位置方法如表 8-18 所示。

表 8-18　jQuery 中常用的位置方法

方法	说明
offset()	获取元素的位置，返回的是一个对象，包含 left 和 top 属性
offset(coordinates)	利用对象 coordinates 设置元素的位置，必须包含 left 和 top 属性
scrollTop()和 scrollLeft()	获取匹配元素相对滚动条顶部和左部的位置
scrollTop(value)和 scrollLeft(value)	设置匹配元素相对滚动条顶部和左部的位置

　　当浏览比较长的网页时，若浏览到网页下部想要回到顶部，需要一直向上滚动，为网页添加电梯导航或者返回顶部功能，会大大方便用户的操作。

　　【**案例 8-23**】为网页添加返回顶部特效。当网页向下滚动到某一指定位置时，【返回顶部】按钮会自动慢慢出现。单击按钮，网页慢慢滚动返回顶部，同时【返回顶部】按钮在距离顶部小于指定值时慢慢消失，参考代码如下：

```html
<!DOCTYPE html>
<html>
    <head>
        <meta charset="UTF-8">
        <title>Document</title>
        <script src="js/jquery-3.7.1.min.js"></script>
        <style>
            body {
                height: 2000px;
            }
            #container {
                width: 600px;
                background-color: gray;
                margin: 0 auto;
            }
            nav {
                height: 800px;
                background-color: gray;
            }
            article {
                height: 500px;
                background-color: burlywood;
            }
            footer {
                height: 300px;
                background-color: cadetblue;
            }
            button {
                position: fixed;
                right: 30px;
                bottom: 10px;
                display: none;
            }
        </style>
    </head>
    <body>
        <div id="container">
            <nav></nav>
            <article></article>
            <footer></footer>
        </div>
        <button>返回顶部</button>
        <script>
            // 控制【返回顶部】按钮的显示和隐藏
                var boxTop = $('#container').offset().top;
```

```
            var boxTop = $('article').offset().top;
            $(window).scroll(function() {
                if($(document).scrollTop() >= boxTop) {
                    $('button').fadeIn();
                } else {
                    $('button').fadeOut();
                }
            });
            // 注册单击事件
            $('button').click(function() {
                $('body,html').stop().animate({
                    scrollTop: 0
                });
            });
        </script>
    </body>
</html>
```

在设计网页时，网页要足够长，浏览网页时会出现垂直滚动条，返回顶部的效果才更明显。浏览网页，向下拖动滚动条，运行效果如图 8-27 所示。

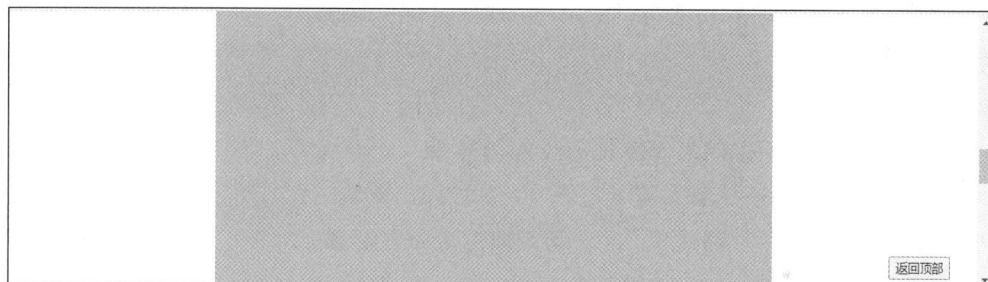

图 8-27　返回顶部运行效果

单元小结

本单元首先介绍了什么是 jQuery、jQuery 的优势、各个版本适用范围的对比、jQuery 库文件的引用方式、jQuery 对象，以及 jQuery 对象与 DOM 对象的对比与相互转换；之后介绍了 jQuery 元素获取、jQuery 元素处理、jQuery 事件机制，以及 jQuery 动画特效。通过对本单元内容的学习，读者可以下载、安装、配置 jQuery 环境，并能够运用 jQuery 相关知识进行页面事件处理及网页特效设计。

单元实训

利用 jQuery 实现图片淡入/淡出展示特效。预览网页，图片加载完毕后在 2s 内以 0.5 的透明度进行展示；当鼠标指针移入图片时，图片突出显示；当鼠标指针移出图片时，图片再次以 0.5 的透明度显示，运行效果如图 8-28 所示。

263

图 8-28　图片淡入/淡出展示效果

习题

一、填空题

1．jQuery 是一个开源的_____类库。

2．jQuery 中的_____方法用于快速实现元素的遍历。

3．通过_____可以实现鼠标指针移出事件。

4．jQuery 中的_____方法可以创建自定义动画。

5．"$(selector).each(function(index, domEle) {});"中的_____参数代表每个元素的索引。

二、选择题

1．下列选项中，可以用来代替 jQuery 的符号是（　　　）。

A．#　　　　　　　　　B．￥　　　　　　　　　C．&　　　　　　　　　D．$

2．jQuery 选择器中，通过（　　　）可获取指定 id 的元素。

A．$("#id")　　　　　　B．$("*")　　　　　　　C．$(".class")　　　　　D．$("div")

3．下列选项中，关于 jQuery 的说法错误的是（　　　）。

A．jQuery 是一个轻量级的脚本

B．jQuery 不支持 CSS1.0～CSS3.0 定义的属性和选择器

C．jQuery 语法简洁易懂，容易学习，文档丰富

D．jQuery 的插件丰富，可以通过插件扩展更多功能

4．下列选项中，关于链式编程的说法错误的是（　　　）。

A．通过"*"链接起来

B．$(" div").eq(index).show()表示让指定索引的\<div\>元素显示

C．链式编程是为了减少代码量，让代码看起来更简洁

D．如果希望同一个对象的方法可以被链式调用，可以使用 return this 返回对象自身

5．下列选项中，用于检查元素是否含有某个特定的类的方法是（　　　）。

A．hasClass()　　　　　B．has()　　　　　　　C．find()　　　　　　　D．is()

6．下列选项中，用于实现停止动画的方法是（　　　）。

A．stop()　　　　　　　B．off()　　　　　　　C．on()　　　　　　　　D．hide()

7. 下列选项中，关于 jQuery 事件操作说法正确的是（　　　）。

A. jQuery 的页面加载事件和 JavaScript 中的页面加载事件完全相同

B. on()方法不仅可用于实现事件注册，还可用于实现事件委托

C. trigger()方法和 triggerHandler()方法都不会执行元素默认行为

D. off()方法不传入参数时，表示解除元素上的事件委托

8. 以下选项中，可以实现鼠标指针移入事件的是（　　　）。

A. mouseup　　　　　　B. mouseover　　　　　C. mouseout　　　　　D. mouseleave

9. 下列选项中，可以获取第一个匹配元素的 HTML 内容的是（　　　）。

A. html()　　　　　　　　　　　　　　　B. text()

C. val()　　　　　　　　　　　　　　　D. 以上选项全部正确

10. 下面选项中，可以在<ul>元素内部的最后添加一个<li>元素的是（　　　）。

A. $("ul").append("<li>我是后来创建的 li</li>");

B. $("ul").append(<li>我是后来创建的 li</li>);

C. $("ul").after("<li>我是后来创建的 li</li>");

D. $("ul").prepend("<li>我是后来创建的 li</li>");

三、判断题

1. jQuery 是一个快速、简洁的 JavaScript 类库，其设计宗旨是"Write less,do more"。
（　　　）

2. jQuery 顶级对象类似于构造函数，用来创建 jQuery 实例化对象（简称 jQuery 对象）。
（　　　）

3. 动画队列中所有动画都是按照顺序执行的，默认只有当前一个动画执行完毕，才会执行后面的动画。（　　　）

4. jQuery 对象可以包装一个或多个 DOM 对象。（　　　）

5. ":first"选择器用于获取指定元素的第一个元素。（　　　）

6. text()方法获取的元素内容包含 HTML 标签。（　　　）

7. 事件委托可以为未来动态创建的元素注册事件。（　　　）

8. "$("#content div").eq(index).siblings().hide();"表示让当前索引下的<div>元素的所有兄弟元素隐藏。（　　　）

9. 在调用 animate()、fadeIn()和 fadeOut()方法之前，调用 stop()方法来停止动画，不能清除动画队列。（　　　）

10. hover()方法的参数依次表示鼠标指针移出和移入事件的处理程序。（　　　）

四、简答题

1. 请简单介绍什么是 jQuery。

2. 简述 JavaScript 中的 window.onload 和 jQuery 中的$(document).ready()的区别。

五、编程题

改进学习单元 4 的单元实训，利用 jQuery 实现多幅图片横向手风琴特效，具体要求如下。

① 初始状态下第一幅图片完全显示，其他图片显示宽度为十分之一。

② 当鼠标指针悬浮在某一幅图片上时，该图片完全显示，其他图片显示宽度为十分之一。

参考运行效果如图 8-29 所示。

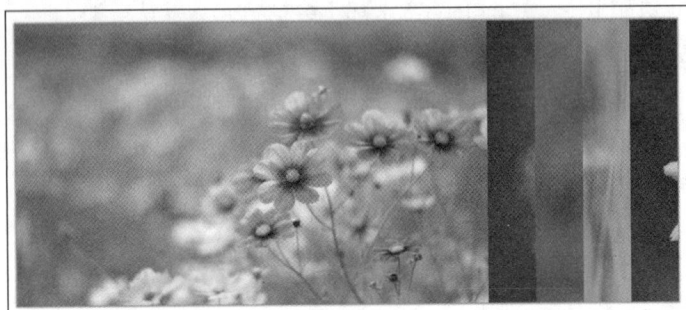

图 8-29　手风琴特效练习参考运行效果